高等职业教育系列教材

液压与气压传动

主　编　苏沛群
副主编　涂　琴
参　编　陈志明　刘光新　邓志辉
主　审　陈剑鹤

机械工业出版社

本书分为液压传动和气压传动两部分，共 15 个项目，主要包括液压与气压传动的基本理论、液压泵、液压缸与液压马达、液压辅助元件、方向控制阀与方向控制回路、压力控制阀与压力控制回路、流量控制阀与速度控制回路、多缸顺序动作回路、典型液压传动系统、液压系统的设计、液压系统的安装使用和维护、气压传动元件、气动常用回路及气动系统实例、气动顺序系统设计安装与维护、气动回路的电气控制与 PLC 控制等内容。

本书可作为高职高专院校机电一体化、机械设计与制造、数控技术、模具设计与制造等专业的教学用书，也适合职工大学、函授学院、成人教育学院等大专层次的机电类、机械类专业的教学用书，还可作为工程技术人员的参考用书。

为配合教学，本书配有电子课件，读者可以登录机械工业出版社教材服务网 www.cmpedu.com 免费注册后下载，或联系编辑索取（QQ：1239258369，电话 010-88379739）。

图书在版编目（CIP）数据

液压与气压传动/苏沛群主编 .—北京：机械工业出版社，2015.2
（2022.7 重印）

高等职业教育系列教材

ISBN 978-7-111-50452-8

Ⅰ.①液…　Ⅱ.①苏…　Ⅲ.①液压传动–高等职业教育–教材　②气压传动–高等职业教育–教材　Ⅳ.①TH137　②TH138

中国版本图书馆 CIP 数据核字（2015）第 123582 号

机械工业出版社（北京市百万庄大街 22 号　邮政编码 100037）
策划编辑：刘闻雨　　责任编辑：刘闻雨　曹帅鹏
责任校对：张艳霞　　责任印制：郜　敏
北京富资园科技发展有限公司印刷

2022 年 7 月第 1 版·第 4 次印刷
184mm×260mm·18 印张·445 千字
标准书号：ISBN 978-7-111-50452-8
定价：59.00 元

电话服务
客服电话：010-88361066
　　　　　010-88379833
　　　　　010-68326294
封底无防伪标均为盗版

网络服务
机 工 官 网：www.cmpbook.com
机 工 官 博：weibo.com/cmp1952
金 书 网：www.golden-book.com
机工教育服务网：www.cmpedu.com

高等职业教育系列教材机电类专业
编委会成员名单

出 版 说 明

《国务院关于加快发展现代职业教育的决定》指出：到 2020 年，形成适应发展需求、产教深度融合、中职高职衔接、职业教育与普通教育相互沟通，体现终身教育理念，具有中国特色、世界水平的现代职业教育体系，推进人才培养模式创新，坚持校企合作、工学结合，强化教学、学习、实训相融合的教育教学活动，推行项目教学、案例教学、工作过程导向教学等教学模式，引导社会力量参与教学过程，共同开发课程和教材等教育资源。机械工业出版社组织国内 80 余所职业院校（其中大部分是示范性院校和骨干院校）的骨干教师共同规划、编写并出版的"高等职业教育系列教材"，已历经十余年的积淀和发展，今后将更加紧密结合国家职业教育文件精神，致力于建设符合现代职业教育教学需求的教材体系，打造充分适应现代职业教育教学模式的、体现工学结合特点的新型精品化教材。

在本系列教材策划和编写的过程中，主编院校通过编委会平台充分调研相关院校的专业课程体系，认真讨论课程教学大纲，积极听取相关专家意见，并融合教学中的实践经验，吸收职业教育改革成果，寻求企业合作，针对不同的课程性质采取差异化的编写策略。其中，核心基础课程的教材在保持扎实的理论基础的同时，增加实训和习题以及相关的多媒体配套资源；实践性课程的教材则强调理论与实训紧密结合，采用理实一体的编写模式；实用技术型课程的教材则在其中引入了最新的知识、技术、工艺和方法，同时重视企业参与，吸纳来自企业的真实案例。此外，根据实际教学的需要对部分内容进行了整合和优化。

归纳起来，本系列教材具有以下特点：

1）围绕培养学生的职业技能这条主线来设计教材的结构、内容和形式。

2）合理安排基础知识和实践知识的比例。基础知识以"必需、够用"为度，强调专业技术应用能力的训练，适当增加实训环节。

3）符合高职学生的学习特点和认知规律。对基本理论和方法的论述容易理解、清晰简洁，多用图表来表达信息；增加相关技术在生产中的应用实例，引导学生主动学习。

4）教材内容紧随技术和经济的发展而更新，及时将新知识、新技术、新工艺和新案例等引入教材。同时注重吸收最新的教学理念，并积极支持新专业的教材建设。

5）注重立体化教材建设。通过主教材、电子教案、配套素材光盘、实训指导和习题及解答等教学资源的有机结合，提高教学服务水平，为高素质技能型人才的培养创造良好的条件。

由于我国高等职业教育改革和发展的速度很快，加之我们的水平和经验有限，因此在教材的编写和出版过程中难免出现疏漏。我们恳请使用这套教材的师生及时向我们反馈质量信息，以利于我们今后不断提高教材的出版质量，为广大师生提供更多、更适用的教材。

机械工业出版社

前　言

　　本书是为适应高等职业教育发展的需要，结合职业教育的特点和职业教学改革的经验，在广泛吸取同类教材优点的基础上，本着"淡化理论、够用为度、培养技能、重在应用"的原则，精心组织编写的。

　　本书特点是强调知识的应用与能力的培养，在内容的选取和安排上，注意与生产实际相结合，处理好理论与实际的关系，体现了高等职业教育的特色。书中引入了"气动回路的电气控制与 PLC 控制"项目，将气动技术和电气控制、PLC 控制进行了有机的结合，较好地体现了当今自动化技术的系统工程理念。在内容组织上，将液压控制阀与其相应的控制回路整合在同一个项目中，有助于高职教学改革中项目化教学的实施。本书力求语言简练、条理清晰、深入浅出。

　　本书教学参考学时数为 60 学时，考虑到机械类不同专业的需要，在书中编入了较多的液压与气动典型系统及工业应用实例，在教学过程中，可针对不同的专业方向有所侧重地加以选择。另外还可安排 8～10 学时的实验。

　　本书由常州信息职业技术学院苏沛群担任主编，常州信息职业技术学院涂琴担任副主编，常州信息职业技术学院陈剑鹤教授主审，参加编写的还有常州信息职业技术学院刘光新、邓志辉和常州纺织服装职业技术学院陈志明。各项目编写分工如下：项目 1、2、3、4、6、7、8、9、13、14 由苏沛群编写，项目 5 由涂琴编写，项目 10、11 由陈志明编写，项目 12 由刘光新编写，项目 15 由邓志辉编写。

　　在本书编写过程中，我们参考了大量的文献，得到了常州信息职业技术学院领导和相关教师的大力帮助和支持，在此谨向有关人员表示衷心的感谢。

　　由于编写水平有限，书中难免存在不足之处，敬请广大读者批评指正。

编　者

目　录

出版说明
前言
项目1　液压与气压传动认知 ………… 1
　任务1.1　液压传动认知 ………… 1
　　1.1.1　液压传动的工作原理 ……… 1
　　1.1.2　液压传动系统的组成 ……… 3
　　1.1.3　液压传动的特点 ………… 3
　　1.1.4　液压传动的应用 ………… 4
　任务1.2　气压传动认知 ………… 5
　　1.2.1　气压传动的工作原理 ……… 5
　　1.2.2　气压传动系统的组成 ……… 6
　　1.2.3　气压传动的特点 ………… 6
　　1.2.4　气压传动的应用 ………… 7
　项目小结 ………………………… 8
　综合训练1 ………………………… 8
项目2　液压传动认知 …………… 9
　任务2.1　认识液压油 …………… 9
　　2.1.1　液压油的主要物理性质 …… 9
　　2.1.2　液压油的选用 …………… 11
　　2.1.3　液压油的污染与防治 ……… 12
　任务2.2　液压传动流体力学
　　　　　　基础 ………………… 13
　　2.2.1　液体静力学 …………… 14
　　2.2.2　流体动力学 …………… 16
　任务2.3　流动液体压力损失的
　　　　　　计算 ………………… 20
　　2.3.1　沿程压力损失 ………… 20
　　2.3.2　局部压力损失 ………… 21
　　2.3.3　管路系统的总压力损失 …… 22
　项目小结 ………………………… 26
　综合训练2 ………………………… 27
项目3　液压泵 ………………… 28
　任务3.1　液压泵工作原理
　　　　　　分析 ………………… 28

　　3.1.1　液压泵的工作原理 ……… 28
　　3.1.2　液压泵的性能参数 ……… 28
　任务3.2　认识液压泵 …………… 30
　　3.2.1　齿轮泵 ………………… 31
　　3.2.2　叶片泵 ………………… 33
　　3.2.3　柱塞泵 ………………… 37
　　3.2.4　液压泵的噪声 ………… 38
　　3.2.5　液压泵的选用 ………… 39
　项目小结 ………………………… 41
　综合训练3 ………………………… 41
项目4　液压缸与液压马达 ……… 43
　任务4.1　液压缸的设计 ………… 43
　　4.1.1　液压缸的类型及特点
　　　　　　（表4-1） …………… 43
　　4.1.2　液压缸的基本参数 ……… 44
　　4.1.3　液压缸活塞的理论推、拉力
　　　　　　及运动速度 ………… 45
　　4.1.4　液压缸的典型结构 ……… 48
　　4.1.5　液压缸的结构设计 ……… 50
　　4.1.6　液压缸的设计与计算 …… 55
　　4.1.7　液压缸常见故障分析 …… 59
　任务4.2　液压马达的选用 ……… 60
　　4.2.1　液压马达的类型及特点 … 60
　　4.2.2　液压马达的工作原理 …… 60
　　4.2.3　液压马达的主要性能参数 … 61
　　4.2.4　液压马达与液压泵的异同 … 63
　　4.2.5　液压马达的选择 ………… 64
　　4.2.6　液压马达的常见故障及
　　　　　　排除方法 …………… 64
　项目小结 ………………………… 65
　综合训练4 ………………………… 66
项目5　液压辅助元件 …………… 68
　任务5.1　油箱的设计 …………… 68
　　5.1.1　油箱的分类及典型结构 …… 68
　　5.1.2　油箱的结构设计 ………… 69

任务 5.2 过滤器的选用 ·············· 70
　5.2.1 过滤器的作用及性能 ········ 70
　5.2.2 过滤器的选用与安装 ········ 72
任务 5.3 蓄能器的选用 ·············· 73
　5.3.1 蓄能器的功用 ·············· 74
　5.3.2 蓄能器的类型和结构 ········ 74
　5.3.3 蓄能器容积的确定 ·········· 76
　5.3.4 蓄能器的安装 ·············· 77
项目小结 ··························· 81
综合训练 5 ························· 81
项目 6 方向控制阀与方向控制回路 ··· 82
任务 6.1 方向控制阀的使用 ········ 82
　6.1.1 单向阀 ····················· 82
　6.1.2 换向阀 ····················· 84
任务 6.2 方向控制回路分析 ········ 91
　6.2.1 换向回路 ··················· 91
　6.2.2 锁紧回路 ··················· 93
项目小结 ··························· 94
综合训练 6 ························· 94
项目 7 压力控制阀与压力控制回路 ··· 95
任务 7.1 压力控制阀的使用 ········ 95
　7.1.1 溢流阀 ····················· 95
　7.1.2 顺序阀 ····················· 98
　7.1.3 减压阀 ··················· 100
任务 7.2 压力控制回路分析 ······ 102
　7.2.1 调压回路 ················· 102
　7.2.2 减压回路 ················· 103
　7.2.3 增压回路 ················· 104
　7.2.4 保压回路 ················· 105
　7.2.5 卸荷回路 ················· 106
　7.2.6 平衡回路 ················· 107
项目小结 ························· 109
综合训练 7 ······················· 109
项目 8 流量控制阀、速度控制回路和
多缸顺序动作回路 ··········· 113
任务 8.1 流量控制阀的使用 ······ 113
　8.1.1 节流阀 ··················· 113
　8.1.2 调速阀 ··················· 114
　8.1.3 溢流节流阀 ··············· 117

　8.1.4 分流 - 集流阀 ············· 117
任务 8.2 速度控制回路分析 ······ 118
　8.2.1 调速回路 ················· 119
　8.2.2 快速运动回路 ············· 126
　8.2.3 速度换接回路 ············· 127
任务 8.3 多缸顺序动作回路
　　　　 分析 ··················· 128
　8.3.1 行程控制的顺序动作
　　　　 回路 ··················· 129
　8.3.2 压力控制的顺序动作
　　　　 回路 ··················· 130
项目小结 ························· 143
综合训练 8 ······················· 144
项目 9 典型液压传动系统 ········· 148
任务 9.1 机械手液压系统分析 ··· 148
　9.1.1 概述 ····················· 148
　9.1.2 自动卸料机械手液压系统的
　　　　 工作原理 ··············· 149
　9.1.3 机械手液压系统特点 ····· 151
任务 9.2 动力滑台液压系统
　　　　 分析 ··················· 151
　9.2.1 概述 ····················· 152
　9.2.2 YT4543 型动力滑台液压系统的
　　　　 工作原理 ··············· 153
　9.2.3 动力滑台液压系统的
　　　　 特点 ··················· 154
任务 9.3 数控机床液压系统
　　　　 分析 ··················· 155
　9.3.1 概述 ····················· 155
　9.3.2 MJ-50 数控车床液压系统
　　　　 工作原理 ··············· 156
　9.3.3 数控机床液压系统特点 ··· 157
任务 9.4 压力机液压系统分析 ··· 158
　9.4.1 概述 ····················· 158
　9.4.2 YB 32-200 型压力机液压
　　　　 系统的工作原理 ········· 159
　9.4.3 压力机液压系统的特点 ··· 161
任务 9.5 塑料注射成型机液压
　　　　 系统分析 ··············· 161

9.5.1 概述 ……………………… 162

9.5.2 SZ – 250/160 型注塑机液压
系统的工作原理 ………… 163

9.5.3 塑料注射成型机液压系统的
特点 ………………………… 166

任务 9.6 汽车起重机液压系统
分析 ………………………… 167

9.6.1 概述 ……………………… 167

9.6.2 Q2 – 8 型汽车起重机的
工作原理 ………………… 168

9.6.3 汽车起重机液压系统的
主要特点 ………………… 171

项目小结 …………………………… 171

综合训练 9 ……………………… 171

项目 10 液压传动系统的设计 ……… 176

任务 10.1 液压系统的设计 ……… 176

10.1.1 明确设计要求、进行工况
分析 ……………………… 176

10.1.2 拟定液压系统原理图 …… 180

10.1.3 液压元件的计算和选择 … 182

10.1.4 液压系统的性能验算 …… 185

10.1.5 绘制工作图和编制技术
文件 ……………………… 187

任务 10.2 液压系统设计举例 …… 187

10.2.1 负载分析 ………………… 188

10.2.2 负载图和速度图的绘制 … 188

10.2.3 液压缸主要参数的确定 … 189

10.2.4 液压系统图的拟定 …… 191

10.2.5 液压元件的选择 ……… 192

10.2.6 液压系统的性能验算 … 194

项目小结 …………………………… 194

综合训练 10 ……………………… 194

**项目 11 液压系统的安装、使用和
维护** ……………………… 196

任务 11.1 液压系统的安装与
调试 ……………………… 196

11.1.1 安装前的准备工作 ……… 196

11.1.2 液压元件和管路安装 …… 196

11.1.3 调试前的准备工作 ……… 197

11.1.4 液压系统的调试 ………… 198

任务 11.2 液压系统的使用与
维护 ……………………… 199

11.2.1 使用时应注意的事项 …… 199

11.2.2 液压系统的维护 ………… 199

任务 11.3 液压系统的故障
分析及排除 ……………… 199

11.3.1 液压系统故障诊断的
一般步骤和方法 ………… 200

11.3.2 油液污染造成的故障分析
及排除方法 ……………… 201

11.3.3 液压系统常见故障的分析
及排除方法 ……………… 202

项目小结 …………………………… 203

综合训练 11 ……………………… 204

项目 12 气压传动元件认知 …………… 205

任务 12.1 气源装置的应用 …… 205

12.1.1 空气压缩机 ……………… 206

12.1.2 气动辅助元件 …………… 207

任务 12.2 气动执行元件的
应用 ……………………… 213

12.2.1 气动执行元件的特点 …… 213

12.2.2 气缸 ……………………… 213

12.2.3 气动马达 ………………… 217

任务 12.3 气动控制元件的
应用 ……………………… 217

12.3.1 方向控制阀 ……………… 218

12.3.2 压力控制阀 ……………… 222

12.3.3 流量控制阀 ……………… 224

项目小结 …………………………… 227

综合训练 12 ……………………… 227

**项目 13 气动常用回路及气动
系统实例** ………………… 228

任务 13.1 气动常用回路分析 … 228

13.1.1 方向控制回路 …………… 228

13.1.2 压力控制回路 …………… 229

13.1.3 速度控制回路 …………… 231

13.1.4 往复运动回路 …………… 232

13.1.5 真空回路 ………………… 233

13.1.6　气液联动回路 …………… 234

13.1.7　延时回路 ………………… 235

13.1.8　安全保护回路……………… 235

任务 13.2　气动系统实例分析 … 237

13.2.1　气动夹紧系统……………… 238

13.2.2　拉门自动开闭系统 ………… 239

13.2.3　气动计量系统……………… 240

项目小结 ………………………… 241

综合训练 13 …………………… 242

项目 14　气动顺序系统设计、安装
与维护 ………………… 244

任务 14.1　行程顺序控制系统
设计 ………………… 244

14.1.1　气动系统设计过程 ……… 244

14.1.2　设计时应考虑的安全
问题 ……………………… 246

14.1.3　单缸基本回路设计 ……… 246

14.1.4　符号绘制规则……………… 247

14.1.5　位移步骤图的绘制 ……… 248

14.1.6　气动原理图的绘制 ……… 248

任务 14.2　气动系统的安装和
维护 ………………… 249

14.2.1　气动系统的安装与调试 … 249

14.2.2　控制元件的安装 ………… 250

14.2.3　气动系统的维护 ………… 251

14.2.4　气动系统的维修 ………… 252

14.2.5　气动系统的常见故障及
排除方法 ……………… 254

项目小结 ………………………… 257

综合训练 14 …………………… 257

项目 15　气动回路的电气控制与 PLC
控制 ………………………… 258

任务 15.1　典型气动系统电气控制的
应用 ……………… 258

15.1.1　常用电气元器件符号
及说明 ……………… 258

15.1.2　典型电气回路 …………… 262

15.1.3　典型气动系统的
电气控制 …………… 264

15.1.4　应用实例 ………………… 264

任务 15.2　可编程序控制器（PLC）在
气动控制中的应用 …… 269

15.2.1　PLC 的组成与特点 ……… 270

15.2.2　三菱 FX_{2N} 系列 PLC 的
编程语言 …………… 270

15.2.3　应用实例 ………………… 271

项目小结 ………………………… 274

综合训练 15 …………………… 274

附录　常用液压与气动元件图形符号
（GB/T 786.1—2009） ………… 275

参考文献 ………………………… 278

项目1　液压与气压传动认知

项目描述

液压与气压传动技术是当今机械装备技术中发展速度最快的技术之一，在我国国民经济的各个部门都得到了广泛的应用。通过本项目的学习，学生将对液压与气压传动的工作原理、组成及优缺点等方面有一个初步的了解。

任务1.1　液压传动认知

任务引入

平面磨床是机械加工企业中常见的通用设备，它是利用液压传动系统来完成工作台的往复运动，实现平面的磨削加工的。那么，什么是液压传动？液压传动系统是如何进行工作的？

任务分析

液压传动是以液体作为工作介质，并以压力能进行动力（或能量）传递、转换与控制的一种传动形式。要实现有目的的传动，就必须组成一个完整的系统。本任务就是以平面磨床液压系统为例，使学生对液压传动系统的概念、组成、基本工作原理和应用等有较为全面的了解。

任务实施

一部完整的机器由原动机、传动部分、控制部分及工作机构等部件组成。传动部分是一个中间环节，它的作用是把原动机（电动机、内燃机等）的输出功率传递给工作机构。传动有多种类型，如机械传动、电力传动、液压传动和气压传动等形式。液压传动是利用液体的压力能来传递能量的。

1.1.1　液压传动的工作原理

1. 工作原理

图1-1为平面磨床的液压传动系统原理图。其工作原理如下：

液压泵3在电动机（图中未画出）的带动下旋转，油箱1中的液压油经网式过滤器2过滤后被吸入液压泵，油液经液压泵加压后输出，压力油由溢流阀4旁路调压稳压后送至开关阀5，经开关阀进入节流阀6，由节流阀调节流量后进入换向阀7，在换向阀的导引下，压力油从换向阀左上端的油管进入到液压缸13的左腔，同时将右腔中的油液与油箱接通排回油箱。由此，使液压缸活塞9两端形成压力差并产生往右运动的推力，从而推动活塞9、工作台14以及工件11向右运动。当工作台将要运动到右终止点时，工作台上的挡块10碰到换向阀的拨杆8，使换向阀7换向而处于图1-1b的位置，换向阀7引导压力油从缸的右腔进入，左腔中的油液经换向阀排回油箱，继而推动活塞向左运动，完成一个工作循环。

工作台14的运动速度由节流阀6来调节。当节流阀开大时，进入液压缸13的油液增多，工作台的运动速度增大；当节流阀关小时，工作台的运动速度减小。液压泵 3 输出的压力油除了进入节流阀 6 以外，其余的压力油打开溢流阀 4 流回油箱。如果将开关阀 5 换至图 1-1c 所示的位置，液压泵输出的油液经开关阀 5 直接流回油箱，这时工作台停止运动，液压系统处于卸荷状态。

图 1-1 中的件号 12，表示液压磨床中作高速转动的砂轮，当工件在工作台带动下左右移动时，即被高速转动的砂轮磨平，达到磨削的目的。

2. 液压传动系统的图形符号

图 1-1 所示的液压系统是一种半结构式的工作原理图，它有直观性强、容易理解的优点，当液压系统发生故障时，根据原理图检查十分方便，但其图形复杂，绘制麻烦，不利于推广使用。因此，实际液压传动原理图均按我国制定的国家标准，即《液压系统图图形符号（GB/T786.1-2009）》的规定来绘制。

在国标液压系统图图形符号（GB/T786.1-2009）中，对液压系统图形符号有以下几条基本规定。

1）符号只表示元件的职能，连接系统的通路，不表示元件的具体结构和参数，也不表示元件在机器中的实际安装位置。

2）元件符号内的油液流动方向用箭头表示，线段两端都有箭头的，表示流动方向可逆。

3）符号均以元件的静止位置或中间位置表示，当系统的动作另有说明时，可作例外。

图 1-2 所示为图 1-1 的液压系统用国标图形符号绘制的工作原理图。使用这些图形符号可使液压系统图简单明了，且便于绘制。

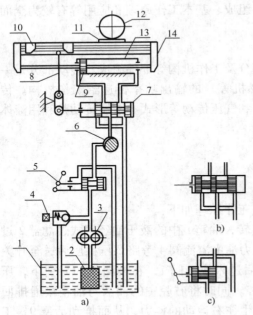

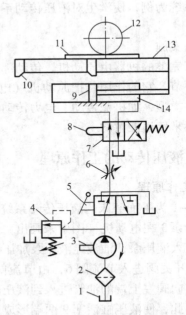

图 1-1　液压磨床液压系统原理图　　　　　图 1-2　磨床液压系统图形符号图

1—油箱　2—过滤器　3—液压泵　4—溢流阀　　　1—油箱　2—过滤器　3—液压泵　4—溢流阀

5—开关阀　6—节流阀　7—换向阀　8—拨杆　　　5—开关阀　6—节流阀　7—换向阀　8—拨杆（略）

9—活塞　10—挡块　11—工件　　　　　　　　　9—活塞　10—挡块　11—工件

12—砂轮　13—液压缸　14—工作台　　　　　　12—砂轮　13—工作台　14—液压缸

1.1.2 液压传动系统的组成

从平面磨床液压系统的工作过程可以看出，一个完整的、能够正常工作的液压系统，由以下五个主要部分组成：

1) 动力元件 动力元件是将电动机输入的机械能转换为液体压力能的能量转换装置，其作用是为液压系统供给压力能。在液压系统中动力元件是各种液压泵。

2) 执行元件 执行元件是将液压泵输入的液体压力能转化为机械能的能量转换装置。其作用是在压力油的推动下输出力和速度（直线运动），或力矩和转速（回转运动）。这类元件包括液压缸和液压马达。

3) 控制调节元件 控制调节元件是用来控制或调节液压系统中油液的压力、流量和流动方向，保证执行元件完成预期工作的元件。这类元件包括各种压力控制阀、流量控制阀和方向控制阀等。

4) 辅助元件 辅助元件是指各种管接头、油管、油箱、过滤器和压力表等。它们主要起连接、输油、储油、过滤、储存压力能和测量压力值等作用，以保证系统正常工作，是液压系统不可缺少的组成部分。

5) 工作介质 工作介质在液压传动及控制中起传递运动、动力及信号的作用。在液压传动中工作介质为液压油或其他合成液体。

1.1.3 液压传动的特点

液压传动与机械传动、电气传动和气压传动相比具有以下特点。

1. 液压传动的主要优点

1) 液压传动装置重量轻、结构紧凑、惯性小。例如，相同功率液压马达的体积仅为电动机的 12% ~ 13%。

2) 可在大范围内实现无级调速，调速范围可达 1:2000，并可在液压装置运行的过程中进行调速。

3) 液压装置的换向频率高，实现往复回转运动时可达 500 次/min，实现往复直线运动时可达 1000 次/min。

4) 传递运动均匀平稳，负载变化时速度较稳定。

5) 液压装置易于实现过载保护。液压传动系统中采用了许多安全保护措施，能够自动防止过载，避免事故发生。

6) 液压元件能够自行润滑，因此使用寿命较长。

7) 易于实现自动化。当与电气或气压传动相配合使用时，更能实现远距离的操纵和自动控制。

8) 液压元件已实现了标准化、系列化和通用化，便于设计、制造和推广使用。

2. 液压传动的主要缺点

1) 由于液压系统的泄漏等因素，会影响运动的平稳性和准确性，使得液压传动不能保证严格的传动比。

2) 液压传动对油温的变化比较敏感，工作稳定性容易受到温度变化的影响，因此不宜在温度变化很大的环境下工作。

3）为了减少泄漏或满足某些性能上的要求，液压元件的配合件制造精度要求较高，加工工艺较复杂，价格较贵。

4）液压传动要求有单独的能源，不像电源那样使用方便。

5）液压传动能量损失大，传动效率低，不宜远距离输送。

6）液压系统发生故障的原因较复杂，查找和排除故障需要丰富的实践经验。

总之，液压传动的优点是明显的，随着设计制造和使用水平的不断提高，有些缺点正在逐步得到克服。因而液压传动有着广泛的发展前景。

1.1.4 液压传动的应用

液压传动技术越来越广泛地应用于工业领域的各个方面。首先是在各类机械产品中的应用，以增强产品的自动化程度、可靠性和动力性能，使操作灵活、方便、省力，并可实现多维度、大幅度的运动，见表 1-1。

表 1-1 液压传动在各类行业中的应用实例

行 业 名 称	应 用 举 例
数控加工机械	数控车床、数控刨床、数控磨床、数控铣床、数控镗床、数控加工中心等
起重运输机械	汽车吊、港口龙门吊、叉车、装卸机械、带式输送机等
工程机械	挖掘机、装载机、推土机、压路机、铲运机等
建筑机械	打桩机、液压千斤顶、平地机、塔式起重机等
农业机械	联合收割机、拖拉机、农具悬挂系统等
冶金机械	电炉炉顶及电极升降机、轧钢机、压力机等
轻工机械	打包机、注塑机、校直机、橡胶硫化机、造纸机等
矿山机械	凿岩机、开掘机、开采机、破碎机、提升机、液压支架等
智能机械	折臂式小汽车装卸器、数字式体育锻炼机、模拟驾驶舱、机器人等
汽车工业	自卸式汽车、高空作业车、汽车转向器、减振器等
国防工业	飞机、坦克、舰艇、火炮、导弹发射架、雷达、大型液压机等
造船工业	船舶转向机、液压提升机、气象雷达、液压切割机、液压自动焊机等

拓展知识

1. 液压传动的发展概况

从 17 世纪中叶（1653 年）著名的法国科学家帕斯卡奠定了液压传动的基本理论——帕斯卡原理之后，经历了将近 150 年的时间（1795 年），才由英国人制造出了世界上第一台水压机，并应用到毛纺织厂、榨油厂以及造船工业上，从而开创了液压传动新的发展时期。到了 19 世纪初，各种液压传动装置相继问世，并在工业生产中得到应用。这一时期在液压传动装置里，首次把油液作为工作介质使用，促进了液压技术的发展。

第二次世界大战期间，参战各国急切需要军事工业提供各种反应迅速、增力显著、动作灵敏、操纵轻便的传动装置和控制系统，以便用于装备各种武器，这在客观上大大促进了液压技术的发展。战后随着工业的恢复，液压传动便在很短的时间内在工业生产的各个领域得到了广泛的应用。随着现代科学技术和经济的迅速发展及大规模生产的需要，液压传动技术水平不断提高，使液压元件的设计、制造水平和液压回路、液压控制技术达到了一个新的高度。

我国的液压工业始于 20 世纪 50 年代，其产品最初只用于机床和锻压设备，后来又用到拖拉机和工程机械上。1964 年从国外引进一些液压元件生产技术。并开始自行设计液压产品。从 80 年代起，我国加快了对国外先进液压产品和技术的引进、消化、吸收和国产化工作，使得我国的液压技术在产品质量、经济效益、研究开发等方面得到了迅速发展。我国的液压件生产已从低压到高压形成系列，并在各类机械设备上得到广泛的应用。

2. 液压传动的发展方向

随着科学技术的发展，液压传动装置正在向高效率、高精度、高性能的方向迈进。液压元件单位功率的体积越来越小，运动可靠性和使用寿命不断提高，应用范围不断扩大。液压元件的组合形式也发生了改变，大量采用组合阀、插装阀、逻辑阀、比例阀，以满足不同机器的性能和控制要求。液压伺服系统也已在工业自动化领域中获得了广泛的应用。此外，静压支承技术、液压伺服技术、电液比例控制技术等也得到了迅猛发展。

任务 1.2　气压传动认知

以空气为工作介质传递动力做功，在很早以前就有应用，如利用自然风力推动风车、带动水车提水灌田，近代用于汽车的自动开关门、火车的自动制动、采矿的风钻等。那么，什么是气压传动？气压传动系统又是如何工作的？气压传动又具有那些特点？

气压传动是以压缩空气为工作介质来进行能量和信号传递的一门技术。气压传动的工作原理是利用空气压缩机（空压机）把电动机或其他原动机输出的机械能转换为空气的压力能，然后在控制元件的作用下，通过执行元件把压力能转换为直线运动或回转运动的机械能，从而完成各种动作，并对外做功。本任务以气动剪切机为例，对气压传动系统的基本概念、组成、工作原理和特点等进行较为全面的讲解。

1.2.1　气压传动的工作原理

为了对气压传动系统有一个概括的了解，现以气动剪切机为例，介绍气动系统的工作原理。

图 1-3 为气动剪切机的工作原理图，图示位置为剪切机的预备工作状态。空气压缩机 1 产生的压缩空气，经过冷却器 2、油水分离器 3 进行降温及初步净化后，进入贮气罐 4 备用；压缩空气从贮气罐引出后先经过分水滤气器 5 再次净化，然后经减压阀 6、油雾器 7 和气控换向阀 9 到达气缸 10。此时换向阀 A 腔的压缩空气将阀芯推到上位，使气缸上腔充压，活塞处于下位，剪切机的剪口张开，处于预备工作状态。当送料机构将工料 11 送入剪切机并送达规定的位置时，工料将行程阀 8 的阀芯向右推动，行程阀 8 处于右位后使换向阀 9 的 A 腔与大气相通。换向阀 9 的阀芯在弹簧力的作用移到下位，使气缸上腔与大气相通，下腔与压缩空气相通，压缩空气推动活塞带动剪刀快速向上运动将工料切断。工料被切断后即与行程阀 8 脱开，行程阀阀芯在弹簧力作用下复位，将排气通道封闭。换向阀 A 腔压力上升，阀芯移至上位，使气路换向。气缸下腔排气，上腔进入压缩空气，推动活塞带动剪刀向下运动，系统又恢复到图示的预备状态，等待第二次进料剪切。系统中行程阀 8 的安装位置可以根据工料的长度进行左右调整。此外，还可根据实际需要，在气路中加入流量控制阀来控制剪切机构的运动速度。

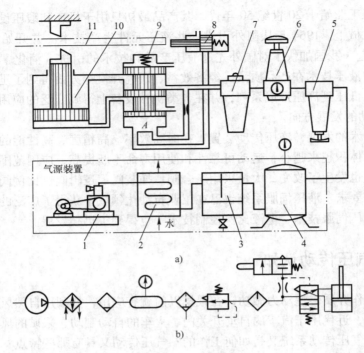

图 1-3　气动剪切机的工作原理图

a）结构原理图　b）图形符号图

1—空气压缩机　2—冷却器　3—油水分离器　4—贮气罐　5—分水滤气器
6—减压阀　7—油雾器　8—行程阀　9—气控换向阀　10—气缸　11—工料

1.2.2　气压传动系统的组成

由图 1-3 可见，一个完整的气压传动系统是由四个部分组成的。

（1）气源装置　气源装置即压缩空气的发生装置，其主体部分是空气压缩机。它将原动机（如电动机）提供的机械能转换为空气的压力能并经净化设备净化后，为各类气动设备提供洁净的压缩空气。

（2）执行元件　执行元件是系统的能量输出装置，如气缸和气马达，它们将气体的压力能转换为机械能，并输出到工作机构。

（3）控制元件　用以控制调节压缩空气的压力、流量、流动方向以及系统执行机构工作顺序的元件，有压力阀、流量阀、方向阀和逻辑元件等。

（4）辅助元件　除了上述三类元件外，气动系统中的其余元件称为辅助元件，如各种过滤器、油雾器、消音器、散热器、传感器、放大器及管件等。它们对保持系统可靠、稳定和持久地工作起着十分重要的作用。

1.2.3　气压传动的特点

气压传动与机械、电气、液压传动相比有以下特点。

1. 气压传动的主要优点

1）传递动力的介质是空气，可以从大气中获得，无介质费用。可将用过的气体直接排入大气，处理方便。空气泄漏不会严重影响工作，不会污染环境。

2）空气的黏性很小，在管路中的阻力损失远远小于液压传动系统，宜用于远距离传输及控制。

3）工作压力低，元件的材料和制造精度要求较低，制造成本低。

4）维护简单，使用安全，无油的气动控制系统特别适用于无线电元器件的生产过程，也适用于食品及医药的生产过程。

5）气动元件可以根据不同场合，采用相应材料，这使气动系统能够在易燃、高温、低温、强振动、强冲击、强腐蚀和强辐射等恶劣环境下工作。

2. 气压传动的主要缺点

1）气压传动装置的信号传递速度限制在声速（约 340 m/s）范围内，所以它的工作频率和响应速度远不如电子装置，并且信号会产生较大的失真和延滞，也不便于构成较复杂的回路。但对一般工业控制要求是可以满足的。

2）空气的压缩性远大于液压油的压缩性，因此在动作的响应能力、工作速度的平稳性方面不如液压传动。

3）气压传动系统输出力较小，且传动效率低。

4）噪声大，尤其在超声速排气时，需要加装消声器。

1.2.4 气压传动的应用

气压传动的应用相当普遍，许多机器设备中都装有气压传动系统，在工业各领域，如机械、电子、钢铁、运输车辆制造、橡胶、纺织、化工、食品、包装、印刷和烟草领域等，气压传动技术已成为其基本组成部分。在尖端技术领域如核工业和航空工业中，气压传动技术也有着重要的应用。

1. 汽车制造业

现代汽车制造企业的生产线，尤其是作为主要工艺的焊接生产线，几乎无一例外地采用了气动技术。例如：车身外壳被真空吸盘吸起和放下，在指定工位的夹紧和定位，点焊机焊头的快速接近，都采用了各种特殊功能的气缸及相应的气动控制系统。

2. 半导体电子及家电业

在彩电、冰箱等家用电器的装配生产线上，在半导体芯片、印制电路板等各种电子产品的生产线上，不仅可以看到各种大小不一、形状不同的气缸、气爪，还可以看到许多灵巧的真空吸盘将显像管、纸箱等物品轻轻地吸住，运送到指定的位置上。

3. 生产自动化的实现

在工业生产的各个领域，为了减轻劳动强度，提高生产效率，降低成本，都广泛使用气动技术。如在机床、自行车、手表、洗衣机等行业的零件加工和组装线上，工件的搬运、转位、定位、夹紧、进给、装卸、装配等许多工序都使用气动技术。

4. 包装自动化的实现

气压传动还广泛应用于化肥、化工、粮食、药品等行业，实现粉状、颗粒状、块状物料的自动计量包装。

5. 机器人技术

机器人是现代高科技发展的重要成果，在装配机器人、喷漆机器人、搬运机器人以及爬

7

墙、焊接机器人等机器人中都采用了气动技术。

6. 其他领域

在车辆制动装置，车门开闭装置，鱼雷、导弹的自动控制装置，以及各种气动工具等方面气动技术都有广泛的应用。

拓展知识

气压传动的发展方向有以下三个方面。

（1）模块化和集成化　气动系统的最大优点之一是单独元件的组合能力。无论是各种不同大小的控制器还是不同功率的控制元件，在一定应用条件下，都具有随意组合性。随着气动技术的发展，气动元件正从单元功能性向多功能系统、通用化模块方向发展，并将具有向上或向下的兼容性。

（2）功能增强及体积缩小　小型化气动元件，如气缸及阀类正应用于许多工业领域。微型气动元件不但用于精密机械加工及电子制造业，而且用于制药业、医疗技术、包装技术等领域。在这些领域中，已经出现活塞直径小于 2.5 mm 的气缸、宽度为 10 mm 的气阀及相关的辅助元件，并正在向微型化和系列化方向发展。

（3）智能气动　智能气动是指具有集成微处理器，具有处理指令和程序控制功能的元件或单元。最典型的智能气动是内置可编程序控制器的阀岛，以阀岛和现场总线技术的结合实现的气电一体化是目前气动技术的一个发展方向。

项目小结

1. 液压传动与气压传动统称为流体传动，是利用有压流体（液体或气体）作为工作介质来传递动力或控制信号的一种传动方式。

液压传动与气压传动的基本工作原理是相似的，它们都是执行元件在控制元件的控制下，以密封容积中的工作介质来传递运动和动力的。

2. 液压传动系统主要由动力元件、执行元件、控制调节元件、辅助元件、工作介质等组成。

气压传动系统主要由气源装置、执行元件、控制元件、辅助元件等组成。

3. 液压与气动技术，是当今机械技术中发展速度最快的技术之一。特别是近年来与微电子技术、计算机技术的结合，使该项技术的发展进入到崭新的阶段，在我国国民经济的各个部门里得到了广泛的应用。因此，学习和掌握液压与气动技术，是工科学生的一项重要的学习任务。

综合训练 1

1-1　液压传动系统由哪些基本部分组成？试说明各组成部分的作用。

1-2　液压传动与机械传动、电气传动相比，有哪些主要的优缺点？

1-3　当前液压技术主要应用于哪些工业部门？

1-4　气压传动系统与液压传动系统相比有哪些优缺点？

1-5　试举例说明液压与气压传动系统的工作原理。

项目2　液压传动认知

项目描述

液压油是液压传动系统的工作介质。在液压传动中，它起着传递能量和信号、润滑、冷却、防锈和减振等作用。本项目介绍了液压油的分类、用途及基本性质，还介绍了压力损失和液压冲击等基本概念，阐述了流体静力学和流体动力学的基本内容。

任务2.1　认识液压油

任务引入

液压系统所使用的液压油，不仅要完成运动和动力的传递任务，而且还要完成运动部件的润滑任务，因此它既是工作介质又是润滑剂。合理地选用液压油，对保证液压系统正常工作、延长液压系统和液压元件的使用寿命，以及提高液压系统的可靠性等都有重要影响。那么液压油具有哪些基本特性？又如何选用液压系统的液压油呢？

任务分析

不同的液压系统由于工作环境和使用条件不同，对液压油的要求也不一样。本任务首先介绍液压油的主要物理性质，液压油的种类和牌号等知识，再进一步分析液压系统对液压油的基本要求，以及液压油的污染和防治等方面的知识，使学生能掌握正确选用液压油的基本技能。

任务实施

2.1.1　液压油的主要物理性质

1. 液压油的密度

单位体积液体的质量称为液体的密度，通常用 ρ（kg/m^3）表示：

$$\rho = \frac{m}{V} \tag{2-1}$$

式中　　V——液体的体积（m^3）；

m——液体的质量（kg）。

密度是液体的一个重要的物理参数。密度的大小随着液体的温度或压力的变化会产生一定的变化，但其变化量较小，一般可忽略不计。一般矿物油的密度约为 $900\,kg/m^3$。

2. 液压油的可压缩性

液体在压力作用下体积减小的现象称为液体的可压缩性。可压缩性用体积压缩系数 $\beta(m^2/N)$ 表示为：

$$\beta = -\frac{\mathrm{d}V}{V} \cdot \frac{1}{\mathrm{d}p} \tag{2-2}$$

式中 V——压力变化前液体的体积（m^3）；

　　dV——在压力变化 dp 时液体体积的变化量（m^3）；

　　dp——压力的变化量（N/m^2）；

"–"负号表示压力增大时，体积减小。液体体积压缩系数的倒数称为体积弹性模量，用 K（N/m^2）表示：

$$K = \frac{1}{\beta} \tag{2-3}$$

在常温下，纯石油型液压油的体积弹性模量为 $K = (1.4 \sim 2.0) \times 10^3$ MPa。在一般液压系统中，由于压力不高，压力变化不大，可认为液压油是不可压缩的。

液压油中总是含有一定量的空气，这些空气或者以气泡的形式混合在液压油中，或者溶解在液压油中。液压油中所含空气体积的百分比称为它的含气量。液压油中溶解的空气量和液压油的绝对压力成正比（亨利法则）。常温下石油型液压油在一个大气压下约含有 6% ~ 12% 的溶解空气。以溶解形式存在于液压油中的空气对液压油的压缩性影响不大，但以气泡形式混合在液压油中的空气对液压油的压缩性影响十分明显。

在一定温度下，当液压油压力降低至一定程度时，溶解在液压油中的过饱和的空气将会迅速从油中分离出来，产生大量的气泡，此时的压力称为液压油在该温度下的空气分离压。在液压系统使用过程中，应保证液压油的压力不低于空气分离压，以防出现气泡，使系统性能受到影响。如果油液中混有非溶解性气体时，体积弹性模量会大幅度降低。当油液中混有 1% 的气体时，其体积弹性模量只是纯油的 30%；当油液中混有 4% 的气体时，其体积弹性模量仅为纯油的 10%。由于油液中难免混入空气，因此工程上常将油液的体积弹性模量取为 700 ~ 1000 MPa。

3. 液压油的黏性

液体在压力的推动下向前流动时，分子间的内聚力能产生一种阻碍液体分子做相对运动的内摩擦力，这一特性称为液体的黏性。

分子间的内聚力实质上就是分子引力。根据液体黏性的这一特性分析可知，只有在液体受到剪切变形或流动时，黏性才能表现出来。

黏性的大小用黏度来衡量。因此，黏度是度量液体黏性大小的指标。它也是选择液压介质的主要指标，是影响液体流动性的重要物理性质。

如图 2-1 所示，两平行平板间充满液体，下平板不动，上平板以速度 v_0 向右运动。由于黏性作用，黏附于上平板上的液体薄层，其速度与上平板相同。而黏附于下平板的液体薄层，其速度为零，当平板间的距离很小时，中间各层液体的速度呈线性分布。这说明，各层液体间产生了相对运动，从而产生了内摩擦力。

根据实验数据可知，液层间的内摩擦力 F 与液层的接触面积 A 及液层的相对流速 du 成正比，而与液层间的距离 dy 成反比，即：

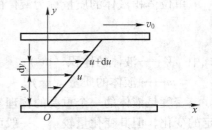

图 2-1　液体黏性示意图

$$F = \mu A \frac{du}{dy} \tag{2-4}$$

式中　μ——比例常数（称为黏性系数或黏度）；

　　$\mathrm{d}u/\mathrm{d}y$——速度梯度。

若以 $\tau = F/A$ 表示切应力（即单位面积上的内摩擦力）时，则有：

$$\tau = \frac{F}{A} = \mu \frac{\mathrm{d}u}{\mathrm{d}y} \tag{2-5}$$

上式称为牛顿液体内摩擦定律表达式。在流体力学中，速度梯度变化时，μ 为常数的液体称为牛顿液体，而 μ 为变数的液体称为非牛顿液体。一般除高黏性或含有大量特种添加剂的液体外，常用的液压油均可视为牛顿液体。

黏度有动力黏度、运动黏度。

（1）动力黏度 μ

动力黏度又称为绝对黏度。它直接表示液体黏性即内摩擦力的大小。动力黏度 μ 的物理意义是：当速度梯度 $\mathrm{d}u/\mathrm{d}y = 1$ 时，液层间单位面积上产生的内摩擦力，即：

$$\mu = \tau \frac{\mathrm{d}y}{\mathrm{d}u} \tag{2-6}$$

动力黏度在国际单位制（SI）中的单位是 $\mathrm{N \cdot s/m^2}$，或 $\mathrm{Pa \cdot s}$。

（2）运动黏度 ν

运动黏度是绝对黏度 μ 与密度 ρ 的比值，即：

$$\nu = \frac{\mu}{\rho} \tag{2-7}$$

运动黏度在国际单位制（SI）中的单位为 $\mathrm{m^2/s}$。

运动黏度虽然没有明确的物理意义，但习惯上常用它来标志液体的黏度，国产液压油的牌号就是用该种油液在 40℃ 时的运动黏度的平均值来表示的，如牌号为 L – HL – 46 的通用机床液压油（改善防锈及抗氧化性的精制矿物油），其中数字 46 表示该液压油在 40℃ 时的运动黏度为 $46 \times 10^{-6}\ \mathrm{m^2/s} = 46\ \mathrm{mm^2/s}$。

（3）黏度与压力、温度的关系

液体的黏度会随压力和温度的变化而变化。液体所受压力增大时，其分子间距减小，内聚力增大，黏度也随之增大。一般情况下，若系统压力低于 10 MPa，液压油的黏度几乎不受影响。只有当系统压力较高或系统压力变化较大时，才应考虑压力对黏度的影响。

液压油的黏度对温度的变化比较敏感，温度升高，黏度将显著降低。液压油的黏度随温度变化的性质称为黏温特性。黏温特性好，表示黏度随温度升高而下降的量相对少一些。

2.1.2　液压油的选用

液压油品质的好坏直接影响到液压系统的正常使用。若选用的液压油种类、黏度不合适，轻则影响液压系统的传动效率和功能，重则会导致液压系统失效。

1. 对液压油的性能要求

1）具有适宜的黏度和良好的黏温特性，一般液压油的运动黏度为 $(14 \sim 68) \times 10^{-6}\ \mathrm{m^2/s}$（40℃）。

2）具有良好的热稳定性和氧化稳定性。

3）具有良好的抗泡沫性和空气释放性。

4）具有较高的闪点，使液压油在高温环境下不易燃烧；具有较低的凝点，使液压油在低温的环境下不易凝固。

5）具有良好的防腐性、抗磨性、抗乳化性和防锈性。

6）不含或含有极少量的杂质、水分和水溶性酸碱。

2. 液压油种类的选用

普通液压油有变压器油及柴机油。普通液压油中没有或很少加入专门添加剂，黏温特性和化学稳定性较差，但经济性好，所以在要求不高的液压系统中应用较多。

专用液压油有：精密机床液压油、液压导轨油、低凝液压油、抗磨液压油和航空液压油。为了满足不同的使用要求，在专用液压油中加入了用来改善其性能的添加剂，使其黏温特性和化学稳定性等性能得到很大提高，这类液压油的应用最多。

在电力、矿山、冶金、煤炭、塑料等工业部门使用的液压系统，其工作温度或环境温度往往较高，液压油极易老化变质，丧失黏性和润滑性。因此，高温作业的液压系统可用抗燃液压油。这类液压油有乳化液压油（水包油型或油包水型）和合成液压油（水乙二醇液压油和磷酸酯液压油）。

3. 选用液压油时的注意事项

由于液压油的种类很多，性能各异，加之液压系统或元件的使用条件和工作参数的区别也很大。因此，选择液压油时必须根据实际情况综合考虑。注意事项如下：

1）工作环境。当液压系统工作环境温度较高时，应选用黏度较高的液压油；反之则选用黏度较低的液压油。

2）工作压力。当液压系统工作压力较高时，应选用黏度较高的液压油，以防泄漏；反之则选用黏度较低的液压油。

3）运动速度。当液压系统工作部件运动速度较高时，为减少功率损失，应选用黏度较低的液压油；反之则应选用黏度较高的液压油。

4）液压泵的类型。在液压系统中，由于液压泵的工作压力及对润滑的要求不同，选择液压油时应考虑液压泵的类型及其工作环境。

2.1.3 液压油的污染与防治

液压油是否清洁，不仅影响液压系统的工作性能和液压元件的使用寿命，而且直接关系到液压系统是否能正常工作。液压系统多数故障与液压油受到污染有关，因此控制液压油的污染是十分重要的。

1. 液压油被污染的原因

液压油被污染的原因主要有以下几个方面。

1）液压系统的管道及液压元件内的型砂、切屑、磨料、焊渣、锈片、灰尘等污垢在系统使用前未能冲洗干净，在液压系统工作时，这些污垢会直接污染液压油。

2）外界的灰尘、砂粒等，通过液压系统中作往复伸缩的活塞杆处，或流回油箱的回油等进入液压油里。另外在检修时，稍不注意也会使灰尘、棉纱等杂物进入液压油内。

3）液压系统本身的磨损、过滤材料脱落的颗粒、油液氧化变质生成的胶状物等，也会污染液压油。

2. 油液污染的危害

液压油污染严重时，会使液压系统经常发生故障、液压元件寿命缩短。对于液压元件来说，油中的固体颗粒进入到元件里，会使元件的滑动部分磨损加剧，并可能堵塞液压元件里的节流孔、阻尼孔，或使阀芯卡死，从而造成液压系统的故障。水分和空气的混入也会使液压油的润滑能力降低并促使液压油加速氧化变质，加快液压元件的腐蚀，产生气蚀、振动、爬行等现象。

3. 防止污染的措施

造成液压油污染的原因多而复杂，液压油自身又在不断地产生污物，因此要彻底解决液压油的污染问题是很困难的。为了延长液压元件的寿命，保证液压系统可靠地工作，将液压油的污染度控制在某一限度以内是较为切实可行的办法。对液压油的污染控制主要是从两个方面着手：一是防止污染物侵入液压系统；二是把已经侵入的污染物从系统中清除出去。污染控制要贯穿于整个液压装置的设计、制造、安装、使用、维护和修理等各个阶段。

为防止油液污染，在实际工作中应采取如下措施。

（1）使液压油在使用前保持清洁

液压油在运输和保管过程中都会受到外界污染，新买来的液压油看上去很清洁，实际上常常混入不少杂质，必须将其静放数天、经过滤后才能加入液压系统中使用。

（2）液压系统的维修和装配过程中应注意清洁

液压元件在加工和装配过程中必须清洗干净，液压系统在装配后、运转前应彻底进行清洗，最好用系统工作中使用的同牌号油液清洗，清洗时油箱除通气孔（加防尘罩）外必须全部密封，密封件不可有飞边。

（3）液压油在工作中保持洁净

液压油在工作过程中会受到环境污染，因此应尽量防止工作中空气和水分的侵入，为完全消除水、气和污染物的侵入，采用密封油箱，通气孔上加空气过滤器，防止灰尘、磨料和冷却液侵入，经常检查并定期更换密封件和蓄能器中的胶囊。

（4）采用合适的过滤器

这是控制液压油污染的重要手段。应根据设备的要求，在液压系统中选用不同过滤方式、不同精度和不同结构的过滤器，并定期检查和清洗过滤器和油箱。

（5）定期更换液压油

更换新油前，油箱必须先清洗干净，系统较脏时，可用煤油清洗，排尽后注入新油。

（6）控制液压油的工作温度

液压油的工作温度过高会加速液压油的氧化变质，产生各种生成物，缩短液压油的使用期限，一般液压系统的工作温度最好控制在65℃以下，机床液压系统则应控制在55℃以下。

任务2.2　液压传动流体力学基础

在工程应用中，液压泵的安装位置离油箱中的液面有一定的高度要求，那么我们怎样确定泵的安装高度？在日常生活中，当我们开大水龙头之后又迅速关闭时，常听到自来水管内发出猛烈的撞击声和水管的振动，这种冲击现象是如何产生的？液体流动的过程中又有哪些规律？通过学习流体力学知识，我们可以找到答案。

流体力学分为流体静力学和流体动力学，液体静力学研究的是静止液体的力学特性，所谓"静止液体"，指的是液体内部质点间没有相对运动，不呈现黏性。流体动力学主要研究液体流动时的运动规律、能量转换和流动液体对固体壁面的作用力等问题。由于液压传动是以液体作为工作介质进行能量传递的，所以掌握液体的基本力学性质和主要运动规律，对于正确理解液压传动原理以及合理设计和使用液压系统都是非常必要的。

2.2.1　液体静力学

液体静力学是研究液体处于相对平衡状态下的力学规律及其实际应用的科学。所谓相对平衡是指液体内部各质点间没有相对运动。

1. 液体静压力及其特性

（1）液体的静压力

作用于液体上的力有质量力和表面力两种。质量力作用于液体的所有质点上，如重力和惯性力等；表面力作用于液体的表面上，它是一种外力，有切向力和法向力之分。静止液体各质点间没有相对运动，即切向力为零，故不存在内摩擦力。因而静止液体的表面力只有法向力。液体在单位面积上受到的内法向力称为压力，用 p 表示。如若在 ΔA 面积上作用有法向力 ΔF，则液体内某点处的压力为：

$$p = \lim_{\Delta A \to 0} \frac{\Delta F}{\Delta A} \qquad (2-8)$$

若在液体面积 A 上受到的力是均匀分布的作用力时，则其静压力为：

$$p = \frac{F}{A} \qquad (2-9)$$

液体静压力在物理学上称为压强，在工程实际应用中称为压力。

（2）液体静压力的特性

液体静压力具有下列两个特性：

1）液体的静压力垂直于其受压平面，且方向与该面的内法线方向一致。

2）静止液体内任意点处所受到的静压力在各个方向上都相等。

2. 液体静力学基本方程

液体在静压及重力作用下的受力情况可用图 2-2a 表示。设在液体中任取一点 A，若要求取 A 点处的压力，可从液体中取出一个底部通过该点的垂直小液柱。设液柱的底面积为 $\mathrm{d}A$，高度为 h，如图 2-2b 所示。液柱自重为 $G = \rho g h \mathrm{d} A$，由于液柱处于平衡状态，则列出其平衡方程为：

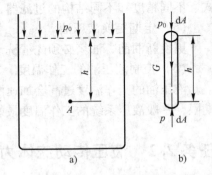

$$p \mathrm{d} A = p_0 \mathrm{d} A + \rho g h \mathrm{d} A$$
$$p = p_0 + \rho g h \qquad (2-10)$$

式中　p ——A 点处的静压力；

　　　p_0——作用在液面上的压力；

　　　ρ——液体密度。

图 2-2　液体静压受力示意图

式（2-10）即为液体静力学基本方程。由式（2-10）可知，静止液体内任意点的压力由两部分组成，即液面外压力 p_0 和液体自重对该点的压力 ρgh。静止液体内的压力随液体的深度呈线性规律分布。静止液体内同一深度的各点压力相等，压力相等的所有点组成的面为等压面，在重力作用下静止液体的等压面是一个水平面。

3. 压力的表示方法及单位

压力的表示方法有两种，分别称为绝对压力表示法和相对压力（表压力）表示法。绝对压力是以绝对真空为基准（零点）来进行度量的。相对压力是以大气压为基准（零点）进行度量的。液体中某点的绝对压力 p 小于大气压力时的状态称为真空，并将此绝对压力小于大气压力的差值称为该点的真空度。

绝对压力、相对压力、真空度的关系是：

$$绝对压力 = 相对压力 + 大气压力$$

$$真空度 = 大气压力 - 绝对压力$$

通过压力表测得的压力属于相对压力，真空度也是一种相对压力。

在国际单位制（SI）中压力的单位为 N/m^2，称为帕斯卡，用 Pa 表示。在工程上采用工程大气压（at）时，它们间的相互换算关系为：

$$1\ at = 9.8 \times 10^4\ N/m^2 \approx 10^5\ Pa = 0.1\ MPa$$

4. 帕斯卡原理

处于密封容器内的静止液体，能够在液体内等值传递压强（压力），这一规律称为静压传递原理，又称为帕斯卡原理。如图 2-3 所示，当小活塞受到一个向下的外力 F_1 作用时，会使活塞下的液体产生压力 p，此压力通过液体内部等值地传递到大活塞下，产生一个向上的推力，将重物 F_2 推起。即：

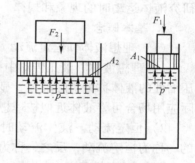

$$p = \frac{F_1}{A_1} = \frac{F_2}{A_2} \qquad (2-11)$$

图 2-3 帕斯卡原理应用实例

在液压传动系统中，通常外力产生的压力要比液体自重（ρgh）所产生的压力大得多。因此可把式（2-10）中的 ρgh 略去，而认为静止液体内部各点的压力处处相等。

如果 $F_2 = 0$，在忽略活塞自重和摩擦时，缸内压力 p 必然等于零，也就是说系统建立不起压力。这一现象说明了液压传动中的一个重要概念：液压系统的工作压力取决于外界负载。

5. 液体对固体壁面的作用力

液体和固体壁面相接触时，固体壁面将受到液体静压力的作用。由于静压力近似处处相等，所以可认为作用于固体壁面上的压力是均匀分布的。

当固体壁面为一平面时，作用在该面上的静压力的方向与该平面垂直，作用力 F 为液体的压力 p 与该平面面积的乘积。即：

$$F = pA \qquad (2-12)$$

如若固体壁面为曲面时，则作用在曲面上各点的静压力的方向均垂直于曲面。但液压作用力在某一方向上的分力等于静压力 p 与曲面在该方向投影面积的乘积。如图 2-4 所示为球面和锥面所受液压力分析图。要计算出液体作用于球面和锥面在垂直方向的向上推力 F，只要先计算出曲面在垂直方向的投影面积 A，然后再与压力 p 相乘，即：

$$F = pA = \frac{p\pi d^2}{4} \qquad (2-13)$$

式中　d——承压部分曲面投影圆的直径。

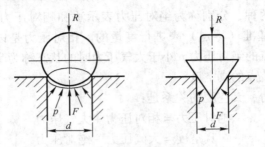

图 2-4　液体静压力作用在固体曲面上

2.2.2　流体动力学

在液压传动中，液压油总是在不断地流动着，因此除了研究静止液体的性质外，还必须研究液体运动时的现象和规律。

1. 基本概念

（1）理想液体和恒定流动

1）理想液体　液压传动中把无黏性、不可压缩的液体称为理想液体，把既有黏性又有压缩性的液体称为实际液体。显然，严格满足理想条件的液体实际上是不存在的，但许多实际应用场合可将液体近似按理想液体处理，这样可以简化理论分析及计算。

2）恒定流动　液体流动时，液体中任意点处的压力、流速和密度都不随时间而变化的，称为恒定流动；反之，称为非恒定流动。

（2）通流截面

液体在流道中流动时，与流动方向相垂直的流道截面称为通流截面。

（3）流量

单位时间流过管内的液体体积称为体积流量，用 q_v 表示；单位时间流过管道内的液体质量称为质量流量，用 q_m 表示。但在液压和气动中的流量一般都是体积流量。为简单起见，本书用 q 表示体积流量。流量的单位在 SI 制中为 m^3/s。由于 m^3/s 单位太大，液压传动中常用 L/min、L/s 或 mL/s 作单位。对于微小流束，通过该通流截面的流量为：

$$dq = udA$$

流过整个通流截面的流量为：

$$q = \int_A u dA$$

当已知整个通流截面的流速 u 的变化规律时，利用上式可求出实际流量。

（4）瞬时流速和平均流速

1）瞬时流速 u　液体在管内流动时，管内各层液体的流速并不相等，其中，管中心处液层流速最快，而紧贴管子内壁处的液层流速为零。为了表达液体流速的实际变化，提出了瞬时流速的概念，它是指流道内某点液体在某时间段的实际流动速度，用 u 表示。

2）平均流速　假设通流截面上流速均匀分布，则用平均流速 v 表示，并定义为：

$$q = vA = \int_A u\mathrm{d}A$$

则平均流速为：

$$v = \frac{q}{A} \tag{2-14}$$

2. 流态和雷诺数

（1）层流和紊流

19 世纪末，法国流体力学家雷诺首先通过实验观察水在圆管内的流动情况，发现液体有两种流动状态：层流和紊流。

实验装置如图 2-5a 所示。水管 2 向水箱 5 充水，并由溢流管 1 保持水箱的水面为恒定，容器 3 盛有红颜色水，打开阀门 7 后，水就从管 6 中流出，这时打开阀门 4，红色水即从容器 3 流入透明管 6 中。根据红色水在管 6 中的流动状态，即可观察出管中水的流动状态。调节阀门 7 的开口大小控制管中水的流速较低时，红色水在管中呈明显的直线，如图 2-5b 所示。这时可看到红线与管轴线平行，红色线条与周围液体没有任何混杂现象，表明管中的水流是分层的，层与层之间互不干扰，液体的这种流动状态称为层流。逐渐开大阀门 7，当管 6 中的流速增大至某一值时，颜色水便开始抖动而呈波纹状态（如图 2-5c 所示），这表明层流开始被破坏。再进一步增大水的流速，颜色水流便和清水完全掺混在一起（如图 2-5d 所示），这种流动状态叫做紊流。

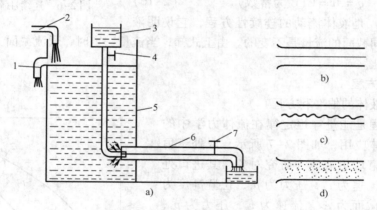

图 2-5　雷诺实验装置示意图

层流和紊流是液体流动时的两种不同性质的流动形态。层流时，液体流速较低，质点受黏性制约，不能随意运动，黏性力起主导作用；紊流时，液体流速较高，黏性的制约作用减弱，惯性力起主要作用。

（2）雷诺数

图 2-5a 的装置中，管子 6 为透明玻璃管，实验时可观察到管内液体的流动状态。实际工作的液体管道是不透明的金属管，无法观察到液体的流态。雷诺通过长期的实验，找到了解决这一问题的办法。雷诺指出，液流状态可用一个无量纲的数 vd/ν 来判断，这个数称为雷诺数 Re，即：

$$Re = \frac{vd}{\nu} \qquad (2-15)$$

式中　v——液体流速（m/s）；

$\quad\quad\nu$——液体的运动黏度（m²/s）；

$\quad\quad d$——管子内径（mm）。

液流由层流转变为紊流时的雷诺数与由紊流转变为层流的雷诺数是不相同的。后者较前者数值小，故将后者作为判别液流状态的依据，称为临界雷诺数 Re_c。当 $Re < Re_c$ 时，液流为层流；当 $Re > Re_c$ 时，液流为紊流。

3. 连续性方程

液体流动连续性方程是质量守恒定律在流体力学中的应用。它指出理想液体在密封管道内作恒定流动时，单位时间内流过任意截面的质量相等。

如图 2-6 所示，导管两端的通流截面面积分别为 A_1、A_2，两端的平均流速分别为 v_1、v_2。若液流为恒定流动，且不可压缩，则根据质量守恒定律，在 dt 时间内流过导管两端通流截面的液体质量应相等，即：

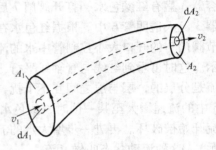

$$\rho v_1 A_1 dt = \rho v_2 A_2 dt$$

则有　　　　　　$A_1 v_1 = A_2 v_2$

由于两通流截面是任意选取的，因此有：

$$q = Av = C（C 为常数） \qquad (2-16)$$

图 2-6　连续性流动示意图

式（2-16）是液体流动的连续性方程，它说明液体流过导管不同截面的流量是不变的。由上式知，当流量一定时，通流截面上的平均速度与其截面积成反比。

4. 伯努利方程

（1）理想液体的伯努利方程

伯努利方程是能量守恒定律在流体力学中的表达形式和具体应用，如图 2-7 所示。取处于恒定流动中的一束理想液体为研究对象，其进口处的截面为 A_1，流速为 v_1，压力为 p_1，位置高度为 Z_1；出口处的截面为 A_2，流速为 v_2，压力为 p_2，位置高度为 Z_2。则由推导可得到理想液体的伯努利方程为：

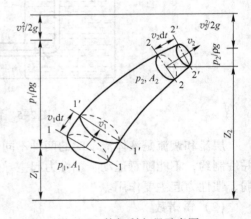

$$p_1 + \rho g Z_1 + \frac{1}{2}\rho v_1^2 = p_2 + \rho g Z_2 + \frac{1}{2}\rho v_2^2 \qquad (2-17)$$

由于流束的 A_1、A_2 截面是任取的，因此伯努利方程表明，在同一流束各截面上参数 $P/\rho g$、Z、及 $v^2/2g$ 之和为常数，即：

图 2-7　伯努利方程示意图

$$\frac{p}{\rho g} + Z + \frac{v^2}{2g} = C \qquad (2-18)$$

上式左端各项依次为单位重量液体的压力能、位能和动能。

式（2-18）表明，理想液体作恒定流动时，在同一流束内任意截面上的三种能量的总和等于常数，且三种能量之间可以互相转换。

（2）实际液体的伯努利方程

实际液体的伯努利方程是在理想液体的伯努利方程基础上考虑实际影响因素得出的。由于实际液体是有黏性的，流动时会产生内摩擦力而消耗部分能量。同时，管道局部形状和尺寸的突然变化，也会使液流产生扰动而消耗能量。因此，实际液体流动时存在能量损失。在前面推导理想液体伯努利方程时，把微小流束通流截面处的各质点流速假设是相等，但实际上是不等的，故需要对理想液体伯努利方程式中的动能部分进行修正。设动能修正系数为α。实验测定表明，在一般管道和渠道中可取$\alpha = 1$，只有在圆管中的层流时取$\alpha = 2$。并设流经两截面间单位重量液体的能量损失为h_w，由此，得出实际液体的伯努利方程为：

$$\frac{p_1}{\rho g} + Z_1 + \frac{\alpha_1 v_1^2}{2g} = \frac{p_2}{\rho g} + Z_2 + \frac{\alpha_2 v_2^2}{2g} + h_w \tag{2-19}$$

应用伯努利方程时须注意：

1）截面 1 和 2 需顺流向选取，否则 Z 为负值。

2）截面中心在基准以上时，Z 取正值；反之取负值。

3）两通流截面压力的表示应相同，一般用绝对压力表示，以方便计算。如用相对压力表示，则p_1与p_2均应取相对压力，且处于真空状态的压力为负值。

4）液流按不可压缩、恒定流处理。

伯努利方程是流体力学的重要方程。在液压传动中常与连续性方程一起用来求解系统中的压力和速度问题。

在液压传动系统中，管路中的压力常为十几个大气压到几百个大气压，而大多数情况下管路中油液流速不超过 6 m/s，管路安装高度也不超过 5 m。因此，系统中油液流速引起的动能变化和高度引起的位能变化相对压力能来说极小，可略而不计，于是伯努利方程可简化为：

$$p_1 - p_2 = \Delta p = \rho g h_w \tag{2-20}$$

由此可知，在液压传动系统中，能量损失主要为压力损失 Δp。

例 2-1　液压泵的安装如图 2-8 所示，油箱和大气相通。试分析泵的吸油高度 H 对泵工作性能的影响。

解：取油箱液面 1-1 和液压泵进口处截面 2-2 列伯努利方程，并取截面 1-1 为基准平面，则有：

$$p_1 + \rho g z_1 + \frac{1}{2}\rho\alpha_1 v_1^2 = p_2 + \rho g z_2 + \frac{1}{2}\rho\alpha_2 v_2^2 + \rho g h_w$$

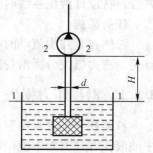

图 2-8　例题 2-1 图

式中　p_1——油箱液面压力，由于油箱液面与大气接触，故 $p_1 = p_a$；

　　　v_2——液压泵的吸油口速度，一般取吸油管流速；

　　　v_1——油箱液面流速，由于 $v_1 \ll v_2$，所以 $v_1 \approx 0$；

　　　p_2——泵吸油口的绝对压力；

　　　gh_w——单位质量液体的能量损失。

$z_1 = 0$；$z_2 = H$。据此，上式可简化为：

$$p_a = p_2 + \rho g H + \frac{1}{2}\alpha_2\rho v_2^2 + \rho g h_w$$

所以液压泵吸油口处的真空度为：

$$p_a - p_2 = \rho g H + \frac{1}{2}\rho\alpha_2 v_2^2 + \rho g h_w$$

由此可见，液压泵吸油口处的真空度由三部分组成：即 $\rho g H$、$\rho\alpha_2 v_2^2/2$ 和 $\rho g h_w$。

在一般情况下，为便于安装和维修，泵安装在油箱液面以上，因此组成泵吸油口处真空度的三部分都是正值，这样泵的进油口处的压力必然小于大气压。实际上液体是靠液面的大气压压进泵内的。注意泵吸油口的真空度不能太大，如泵吸油口处的绝对压力低于液体在该温度下的空气分离压时，则溶解在液体内的空气就要析出，形成气泡，产生气穴现象，引起噪声和振动，影响液压泵和系统的工作性能。为使真空度不致过大，应减小 v_2 和 H。一般可采用增大吸油管直径，减小吸油管长度的方法来减小液体流动速度 v_2 和压力损失 $\rho g h_w$，并限制泵的安装高度，一般取 $H < 0.5 \, \text{m}$。

任务 2.3　流动液体压力损失的计算

任务引入

黏性液体在流动时存在阻力，为了克服阻力就要消耗一部分能量，这就是能量损失。能量损失主要表现为压力损失，也就是实际液体流动伯努利方程中的 h_w 项的含义。压力损失有哪几种形式？压力损失产生的原因是什么？对液压系统有什么影响？又有哪些减少压力损失的方法？

任务分析

液体在管路中流动，液体和管壁之间，以及液体分子之间必然要产生摩擦，因而要损失一定的能量。在液压系统中，能量损失使液压能转变为热能，这将导致系统的温度升高，泄漏增加，效率下降和系统的性能变坏，因此研究压力损失产生的原因并找到减少压力损失的方法，在设计液压系统时是非常重要的。

任务实施

液体在管路中流动时会产生能量损失，即压力损失，压力损失与管路中液体的流动状态有关。压力损失分为沿程压力损失和局部压力损失两类。

2.3.1　沿程压力损失

液体在等径直管中流动时因黏性摩擦而产生的压力损失，称为沿程压力损失。液压系统中油液在等径直管中流动时多数情况下为层流。

1. 流速分布规律

经理论推导得知液体在圆管中作层流运动时，速度对称于圆管中心线分布，在某一压力降 $\Delta p = p_1 - p_2$ 的作用下，液流流速 u 沿圆管半径 r 呈抛物线规律分布，如图 2-9 所示。当 $r = 0$ 时，即在圆管轴线上，流速最大；当 $r = R$ 时，流速为零。速度分布表达式为：

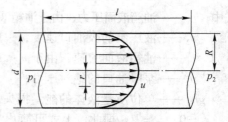

图 2-9　圆管层流速度分布示意图

$$u = \frac{\Delta p}{4\mu l}(R^2 - r^2) \qquad (2-21)$$

2. 圆管层流的流量

根据速度分布表达式（2-21）可推导出圆管层流的流量 q 为：

$$q = \frac{\pi d^4}{128\mu l}\Delta p \qquad (2-22)$$

式中　d——圆管内径；

　　　l——圆管长度。

其他符号意义同前。

3. 圆管沿程压力损失

（1）层流沿程压力损失

根据式（2-22）得圆管层流的沿程压力损失 Δp_f 为：

$$\Delta p_f = \Delta p = \frac{128\mu l}{\pi d^4}q = \frac{8\mu l}{\pi R^4}q$$

将 $q = \pi R^2 v$，$\mu = \rho v$ 代入上式并化简得沿程压力损失公式为：

$$\Delta p_f = \lambda \frac{l}{d} \frac{\rho v^2}{2} \qquad (2-23)$$

式中　λ——沿程阻力系数。

式（2-23）层流和紊流时均可使用，但 λ 取值不同。层流时，λ 的理论值为 $64/Re$，由于受油液黏性及管道进口起始段流动的影响，实际值需取大些，对金属管路取 $\lambda = 75/Re$，如是橡胶软管，则取 $\lambda = 80/Re$。

（2）紊流沿程压力损失

紊流是一种很复杂的流动，需按具体情况来确定。根据 Re 的取值范围，可用下列经验公式计算：

$$\lambda = 0.316Re^{-0.25} \qquad (10^5 > Re > 4\,000)$$

$$\lambda = 0.032 + 0.221Re^{-0.27} \qquad (3 \times 10^6 > Re > 10^5)$$

$$\lambda = \left[1.74 + 2\lg\left(\frac{d}{\Delta}\right)\right] - 2 \qquad \left(Re > 3 \times 10^6 \text{ 或 } Re > 900\frac{d}{\Delta}\right)$$

管壁粗糙度 Δ 值与制造工艺有关。计算时可按表 2-1 取 Δ 值。

表 2-1　管壁粗糙度 Δ 值的选择

无缝的黄铜管、钢管及铝管	0.01 ~ 0.05	具有显著腐蚀的无缝钢管	0.5 以上
新无缝钢管或镀锌钢管	0.1 ~ 0.2	干净玻璃管	0.0015 ~ 0.01
新铸铁管	0.3	橡胶软管	0.01 ~ 0.03
具有轻度腐蚀的无缝钢管	0.2 ~ 0.3	塑料管	0.04

2.3.2　局部压力损失

液体流经阀口、弯管及突然变化的截面时，产生的能量损失称为局部压力损失。由于液体流经这些局部阻力区时，流速和流向发生急剧变化，在局部地区形成漩涡，使液体质点互相碰撞和摩擦而产生能量损失。

液体在上述局部阻力区的流动形态很复杂，从理论上计算局部压力损失非常困难。一般都用实验来得出局部阻力系数，然后按下式计算局部压力损失：

$$\Delta p_r = \xi \frac{\rho v^2}{2} \tag{2-24}$$

式中 ξ——局部阻力系数（由实验确定，具体数据可查阅有关手册）；

v——平均流速（一般指局部阻力区域下游的流速）。

液体流经各种阀的局部压力损失，可在阀的产品技术规格中查得，也可参考表2-2查取。

表2-2 常见液压局部阻力系数

管件和阀件名称	ξ 值	管件和阀件名称	ξ 值	
单向阀	70	直管接头	0.4	
角阀90°	5	标准弯头	45° $\xi = 0.35$	90° $\xi = 0.75$
180°回弯头	1.5	标准球心截止阀	全开 $\xi = 6.4$	1/2开 $\xi = 9.5$

2.3.3 管路系统的总压力损失

管路系统的总压力损失等于所有沿程压力损失和所有局部压力损失之和，即：

$$\Delta p_w = \sum \Delta p_f + \sum \Delta p_r = \sum \lambda \frac{l}{d} \frac{\rho v^2}{2} + \sum \xi \frac{\rho v^2}{2} \tag{2-25}$$

用式（2-25）计算系统压力损失，要求两个相邻局部阻力区间的距离（直管长度）应大于10~20倍直管内径；否则，液流经过一个局部阻力区后，还没稳定下来，又要经过另一个局部阻力区，将使扰动更严重，阻力损失大大增加，实际压力损失可能比用式（2-25）计算出的值大好几倍。

由前面推导的压力损失计算公式可知，减小流速、缩短管路长度、减少管路截面的突变、提高管壁加工质量等，都可以使压力损失减少。在这些因素中，流速的影响最大，局部压力损失与速度的平方成比例关系。故在液压传动系统中，管路的流速不应过高。但流速过低，又会使管路及阀类元件的尺寸加大，阀件成本增高，有时在结构上也不允许。

例2-2 如图2-10所示，已知泵的输出流量 $q = 30\ \text{L/min}$，吸油管道直径 $d = 25\ \text{mm}$，油液密度 $\rho = 900\ \text{kg/m}^3$，泵的吸油口距油箱液面的高度 $h = 0.4\ \text{m}$，油液动力黏度 $\nu = 20\ \text{mm}^2/\text{s}$，直管段总长 $L = 0.6\ \text{m}$，管段上设有网式过滤器1个，弯头1个，总局部阻力系数 $\sum \xi = 1.2$，试计算液压泵吸油口处的真空度。

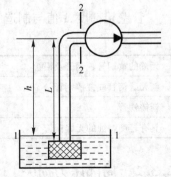

图2-10 例题2-2图

解：1）取液面和泵进口1-1、2-2为计算截面。

2）列出两截面的伯努利方程为：

$$p_1 + \rho g Z_1 + \frac{1}{2}\rho \alpha_1 v_1^2 = p_2 + \rho g Z_2 + \frac{1}{2}\rho \alpha_2 v_2^2 + \rho g h_w$$

v_1 为油箱液面的流速，取 $v_1 = 0$；

油箱液面与大气相通，故 $p_1 = p_a$。

移项整理得：

$$p_a - p_2 = \rho g h + \frac{1}{2}\rho \alpha_2 v_2^2 + \rho g h_w$$

3）计算：

$$v_2 = \frac{q}{A} = \frac{30 \times 10^3}{60} \cdot \frac{1}{\frac{1}{4}\pi \times 2.5^2} = 101.91\ \mathrm{cm/s} = 1.02\ \mathrm{m/s}$$

雷诺数：$Re = vd/\nu = 1020 \times 25/20 = 1275$

根据此雷诺数查表 2-6 可知液体在管内流态为层流。因此，有：

沿程摩擦系数：$\lambda = 75/Re = 75/1275 = 0.058\,82$

沿程压力损失为：$\Delta p_f = \lambda L \rho v^2/2d =$ （$0.058\,82 \times 0.6 \times 900 \times 1.02^2/2 \times 25 \times 10^{-3}$）Pa = 661 Pa

局部压力损失为：$\Delta p_r = \sum \xi \rho v^2/2 = (1.2 \times 900 \times 1.02^2/2)\,\mathrm{Pa} = 561.82\ \mathrm{Pa}$

总压力损失为：$\Delta p_w = h_w \rho g = \Delta p_f + \Delta p_r = (661 + 561.82)\,\mathrm{Pa} = 1222.82\ \mathrm{Pa}$

真空度为：$p_a - p_2 = \rho g h + \frac{1}{2}\rho \alpha_2 v_2^2 + \rho g h_w$

$$= (0.4 \times 900 \times 9.81 + 2 \times 900 \times 1.02^2/2 \times 9.81 + 1222.82)\,\mathrm{Pa}$$

$$= (3531.6 + 936.36 + 1222.82)\,\mathrm{Pa}$$

$$= 5690.78\ \mathrm{Pa}$$

拓展知识

1. 小孔和缝隙的流量特性

在液压系统中，液流流经小孔或缝隙的现象是普遍存在的，它们有的用来调节流量，有的造成泄漏，不管是哪一种，都涉及小孔或缝隙的流量问题。

（1）节流与阻尼

① 节流原理　液体在管道中流动时，若流道突然变窄，形成小孔，如图 2-11 所示，则液流流经小孔时将会产生一个较大的局部压力损失。孔越小，局部压力损失就越大。此时，将在小孔的前后产生一个压力降 Δp，同时使流过小孔的液体量受到限制。液体的这种流动损失称为节流损失，这个过程就是节流原理。

② 阻尼　由于液体流经小孔时存在着节流损失，故常利用小孔的这一特性来制成限制液体流动的元器件。这种利用节流原理来阻挡液体流动的过程称为阻尼。

（2）小孔流量特性

小孔可分为薄壁小孔、短孔和细长孔三种类型。

1）薄壁小孔流量压力特性。

薄壁小孔是指孔的长度 l 与其直径 d 之比 $l/d \leqslant 0.5$，一般内壁带有刃口边沿的孔，由于孔的长度很小，可不考虑其沿程损失。

液体流经薄壁小孔的流动状态如图 2-11 所示。液流在小孔前约 $d/2$ 处开始加速并从四周流向小孔。由于液流方向不能突然转折，在液流惯性的作用下，外层流体逐渐向管轴方向收缩，过渡到与轴线方向平行，从而形成收缩截面 A_2。对于圆孔，在

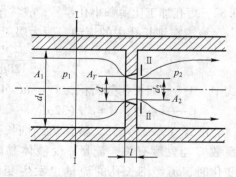

图 2-11　薄壁小孔液流状态示意图

小孔后约 $d/2$ 处完成收缩。通常把最小收缩面积 A_2 与孔口截面面积 A_T 之比值称为收缩系数 C_c，即：

$$C_c = A_2/A_T$$

液流收缩的程度取决于 Re、孔的边缘形状、孔离管道内壁的距离等因素。对于圆形小孔，当管道直径 D 与小孔直径 d 之比 $D/d \geqslant 7$ 时，液流的收缩作用不受管壁的影响，称为完全收缩；反之，管壁对收缩程度有影响时，则称为不完全收缩。

通过薄壁小孔的流量为：

$$q = A_2 v_2 = C_c A_T v_2 = C_c C_v A_T \sqrt{\frac{2}{\rho}\Delta p} = C_q A_T \sqrt{\frac{2}{\rho}\Delta p} \tag{2-26}$$

式中　C_q——流量系数，$C_q = C_v C_c$；

　　　C_v——速度系数；

　　　C_c——截面收缩系数；

　　　A_T——孔口通流截面积；

　　　Δp——压力损失，$\Delta p = p_1 - p_2$。

流量系数 C_q 一般由实验确定。在液流完全收缩的情况下，当 $Re \leqslant 10^5$，时，C_q 可按下式计算：

$$C_q = 0.964 Re^{-0.05}$$

当 $Re > 10^5$ 时，C_q 可视为常数，取值为 $C_q = 0.60 \sim 0.62$。液流不完全收缩时的流量系数 C_q 可由表 2-3 查出。

表 2-3　液流不完全收缩时的流量系数 C_q

A_T/A_1	0.1	0.2	0.3	0.4	0.5	0.6	0.7
C_q	0.602	0.615	0.634	0.661	0.696	0.742	0.804

由式 2-26 可知，薄壁小孔的流量与小孔前后压差的 1/2 次方成正比，且薄壁小孔的沿程阻力损失非常小，流量受黏度影响小，对油温变化不敏感，且不易堵塞，故常用做液压系统的节流器。

2）短孔和细长孔的流量特性。

小孔的长径比为 $0.5 < l/d < 4$ 时可视为短孔，而 $l/d \geqslant 4$ 时则为细长孔。

短孔的流量特性仍可用式（2-26）计算，但流量系数取值与薄壁小孔不同，一般取 $C_q = 0.82$。短孔加工比薄壁小孔容易，故常作为固定的节流器使用。

液流在细长孔中的流动一般为层流，可用式（2-27）来表达其流量压力特性，即：

$$q = \frac{\pi d^4}{128\mu l}\Delta p = \frac{d^2}{32\mu l}A\Delta p = CA\Delta p \tag{2-27}$$

式中　A——细长孔截面积，$A = \pi d^2/4$；

　　　C——系数，$C = d^2/(32\mu l)$。

由式（2-27）知，液体流经细长孔的流量 q 与其前后压力差 Δp 的一次方成正比。且系数 C 与黏度有关，流量 q 受液体黏度变化的影响较大，故当温度变化而引起液体黏度变化时，流经细长孔的流量也发生变化。另外，细长孔较易堵塞，这些特点都与薄壁小孔不同。

（3）缝隙流量特性

1）液体流经固定平行平板缝隙的流量特性。

液体在两固定平行平板间流动是由压差引起的，故也称为压差流动。如图 2-12 所示，设两固定平行平板间的缝隙高为 δ，长度为 l，宽度为 b（图中未画出）。由于缝隙很小，因而 b 和 l 比 δ 大得多。缝隙两端压差为 $\Delta p = p_1 - p_2$。

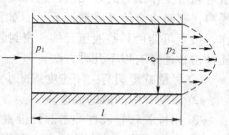

经理论推导得出液体流经平板缝隙的流量为：

$$q = \frac{\delta^3 b}{12\mu l}\Delta p \qquad\qquad (2-28)$$

图 2-12　平行平板缝隙流动示意图

由上式可知：液体流经两固定平行平板缝隙的流量 q 与缝隙 δ 的三次方成正比。这说明液压元件的间隙对泄漏的影响很大。

2）液体流经环形缝隙的流量特性。

在液压传动系统中，液体流经同心环缝及偏心环缝的情况最为常见，如图 2-13、图 2-14 所示。液压元件中的缸体与活塞之间的缝隙、阀套与阀芯之间的缝隙等均属于这种情况。

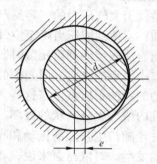

图 2-13　偏心环形缝隙

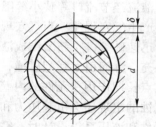

图 2-14　同心环形缝隙

设有一轴向长度为 l 的偏心环形缝隙，其偏心距为 e，小圆直径为 d，大圆直径为 D，则通过该偏心环形缝隙的流量为：

$$q = \frac{\pi D \delta^3 \Delta p}{12\mu l}(1 + 1.5\varepsilon^2) \qquad\qquad (2-29)$$

式中　　$\varepsilon = e/\delta$；

δ——无偏心时的环形缝隙值；

Δp——液体沿轴向流动的压力差；

l——环的轴向长度。

由式（2-29）可看出，当两圆环同心 $\varepsilon = 0$ 时，可得到同心环形缝隙的流量公式；当 $\varepsilon = 1$ 时，可得到完全偏心时的缝隙流量公式。因此可得，偏心愈大，泄漏量也愈大，完全偏心时的泄漏量为同心时泄漏量的 2.5 倍，故在液压元件中柱塞式阀芯上都开有平衡槽，使其在工作时靠液压力自动对中，以保持同心，减少泄漏。

2. 液压冲击和气穴现象

（1）液压冲击

液压系统工作时，因电磁换向阀的频繁换向及关闭，常使管路中迅速流动的液体突然停止运动。由于液流和运动部件的惯性作用，会在系统内产生很大的瞬时压力峰值，其压力峰值可超过工作压力的好几倍，这种现象称为液压冲击。液压冲击会引发管路系统产生振动和噪声，有时也会使某些液压元件，如压力继电器、顺序阀等产生误动作而影响系统正常工作，甚至可能使某些液压元件、密封装置和管路受到损坏。因此必须采取措施减少或防止液压冲击，通常有以下几种方法：

①尽量减慢阀门关闭速度或减少冲击波传播距离，使完全冲击改变为不完全冲击。

②限制管中油液的流速。

③用橡胶软管或在冲击源处设置蓄能器以吸收液压冲击的能量。

④在出现液压冲击的地方，安装限制压力的安全阀。

⑤在液压元件中设置缓冲装置。

（2）气穴现象

液压传动过程中，由于油液中溶解了空气，（在常温常压下溶入液压油的空气体积约为6%～12%）。当液压油在系统中流动时，如果某一处的液体压力低于空气分离压，溶解于油液内的空气将会从油中分离出来形成气泡。这些气泡混杂在油液中，就会使原来充满导管及元件容腔中的油液成为不连续状态，这种现象称为气穴现象。

系统工作时，泵的吸油口及吸油管路中的液体压力是低于大气压力的，容易产生气穴现象。此外，油液流经节流口等狭小缝隙时，由于流速增加，常使油液压力降至空气分离压力以下，故也会产生气穴现象。当气穴现象产生的气泡，随着油液运动到高压区时，气泡在高压油作用下会迅速破裂，重新凝结成液体，使体积突然减小而形成真空，而周围的高压油将高速流过来补充，继而引发猛烈碰撞，形成众多高速运动的液体小质点。当这些具有很大动能的液体小质点长期作用在元件的内壁面时，将会使元件内壁产生蜂窝状的破坏，这种现象称为气蚀。气蚀的出现还会引起压力和温度急剧升高，并伴随产生强烈的振动和噪声。

在液压元件和液压系统设计时，需要注意防止气蚀的发生。对液压泵来说，要正确设计泵的结构参数和泵的吸油管路。对于元件和系统管路，应尽量避免油道狭窄或急剧转弯，防止产生低压区。另外，应合理选择液压元件的材料，增加零件的机械强度，提高零件表面质量等，以提高元件的抗气蚀能力。

项目小结

在学习液压传动基本原理及基本规律时，应注意以下几点。

1. 液压油有多种类型，常用的是矿物型液压油。

2. 液压传动是利用液体作传动介质来传递力和运动的。在传递力时，遵循流体力学中的帕斯卡原理；传递运动时，则利用液体连续性方程（质量守恒）进行分析；而在分析液压管路中的压力损失时，则按照伯努利方程所阐明的规律进行。

3. 液压传动中压力与流量是两个最重要的参数。其中压力决定于负载；流量决定于执行元件的运动速度。

管路系统的总压力损失等于所有沿程压力损失和所有局部压力损失之和。

4. 快速流动的液体因某些原因突然停止而引发的瞬间压力突升现象称为液压冲击；气泡混杂在油液中造成油液的不连续状态，继而引起振动、噪声、材料破坏等现象称为气蚀。

综合训练 2

2-1 液体的黏性如何定义？常用的黏度有哪几种？

2-2 影响液压油黏性的因素有哪些？在什么条件下考虑这些因素的影响？

2-3 压力的定义是什么？它有哪几种表示方法？液压系统的工作压力与负载有什么关系？

2-4 简述绝对压力、相对压力、真空度的定义与相互间的关系。

2-5 连续性方程的使用条件是什么？能否适用于可压缩的流体？

2-6 伯努利方程的物理意义是什么？其理论式与实际式有什么区别？

2-7 流体的流动形态可分为哪几类？各类流动形态质点的运动特征、形态判断方法是什么？

2-8 管路中的压力损失有哪几种？对压力损失影响最大的因素是什么？

2-9 某液压泵进口管处真空表读数为 87 kPa，出口管处压力表读数为 2.6 MPa。试求液压泵前后液压油的压力差为多少？

2-10 如图 2-15 所示，液压泵从油箱吸油，吸油管直径 $d = 25$ mm，泵的吸油口距油箱液面的高度 $H = 0.4$ m，输出流量 $q = 25$ L/min，油液的运动黏度 $v = 20$ mm^2/s，密度 $\rho = 900$ kg/m^3。若仅考虑吸油管中的沿程压力损失，试计算液压泵吸油口处的真空度。

2-11 如图 2-16 所示容器的下部开一小孔，容器截面积 A 比小孔截面积大得多，容器上部为一活塞，并受一重物 W 的作用，活塞至小孔距离为 h，求孔口液体的流速。

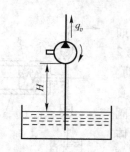

图 2-15 习题 2-11 图

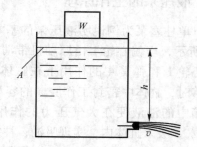

图 2-16 习题 2-12 图

项目3 液 压 泵

项目描述

液压泵是液压系统中的动力装置，是能量转换元件。它们由原动机（电动机或柴油机等）驱动，把输入的机械能转换成为油液的压力能再输出到系统中去，为执行元件提供动力，是液压传动系统的核心元件，其性能好坏将直接影响到系统能否正常工作。

任务3.1 液压泵工作原理分析

液压泵的主要任务就是为液压系统供给足够流量和压力的液压油，必要时能改变供油的流向和流量。那么液压泵是如何工作的？液压泵的主要性能参数有哪些？这就是本任务要学习的知识。

本任务通过介绍液压泵的工作原理和液压泵的主要性能参数，使学生掌握液压泵的工作原理和液压泵正常工作时结构上应满足的条件；掌握液压泵主要性能参数的意义；通过学习相关知识，学生应具备独立分析各类液压泵工作原理的能力；具备理解液压泵铭牌上各主要性能参数的能力。

3.1.1 液压泵的工作原理

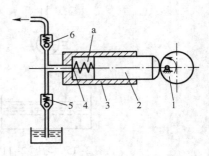

现以单柱塞泵为例说明液压泵的基本工作原理。如图3-1所示，当偏心轮1由原动机带动旋转时，柱塞2便在偏心轮1和弹簧4的作用下在缸体3内往复移动。柱塞右移时，缸体中密封工作腔a的容积变大，产生真空，油箱中的油液便在大气压力的作用下通过吸油阀（单向阀）5吸入缸体内，实现吸油；柱塞左移时，缸体中密封工作腔a的容积变小，油液受挤压，通过压油阀（单向阀）6输到系统中去，实现压油。由此可见，液压泵是靠密封工作腔的容积变化来工作的。液压泵输出油液流量的大小，由密封工作腔的容积变化量和单位时间内的变化次数决定。因此这类液压泵又称为容积式液压泵。

图3-1 液压泵工作原理
1—偏心轮 2—柱塞 3—缸体 4—弹簧
5—吸油阀 6—压油阀

从单柱塞泵的工作过程可以看出，密封工作容积不断重复地由小变大，再由大变小变化是吸油和排油的根本原因；在吸油过程中必须使油箱与大气相通；单向阀5、6起配油作用，为配油装置（各类液压泵的配油装置在形式上多种多样，但基本作用相同）。

3.1.2 液压泵的性能参数

1. 排量 V

泵每转一转，从工作容积中排出的液体体积量称为排量，用 V 表示，单位为 mL/r。

对柱塞泵：

$$V = \frac{\pi D^2 S}{4} \tag{3-1}$$

式中　V——排量（mL/r）；

　　　D——柱塞缸直径（cm）；

　　　S——柱塞行程（cm）。

2. 流量

（1）理论流量 q_t

指在无泄漏条件下，泵在单位时间内排出的液体体积，用 q_t 表示，单位为 mL/min。即：

$$q_t = Vn \tag{3-2}$$

式中　n——泵的转速（r/min）。

（2）实际流量 q

泵的出口流量称为实际流量。即单位时间内泵实际输出的液体体积量，用 q 表示，它与泄漏有关，单位为 L/min。

（3）额定流量 q_n

泵在正常工作条件下，按实验标准规定必须保证的流量称为额定流量，用 q_n 表示，单位为 L/min。实际流量和额定流量均小于理论流量。

3. 压力

（1）额定压力 p_n

正常工作条件下可连续运转的最高压力，称为泵的额定压力，超过此值为过载，单位为 MPa。

（2）工作压力 p

泵工作时输出油压力的正常值称为工作压力。其值随负载而定，但不得超过额定压力。

（3）最大压力 $p_{\max}$

短时间内系统运行所允许的最高压力值，一般为额定压力的 1.1 倍。

4. 功率

泵在单位时间内所做的功称为功率，单位为 W 或 kW。

（1）输入功率 p_i

由原动机（电动机、内燃机等）输送给泵轴的功率称为输入功率。即：

$$p_i = 2\pi n T_i \tag{3-3}$$

式中　n——输入转速，即泵转速（r/s）；

　　　T_i——输入转矩（N·m）。

（2）输出功率 P

泵出口输出的功率称为输出功率。即：

$$P = pq \tag{3-4}$$

式中　p——泵的出口压力（Pa）；

　　　q——泵出口流量（m³/s）。

5. 效率

（1）容积效率 η_v

泵的输出流量与理论流量的比值称为泵的容积效率。即：

$$\eta_v = \frac{q}{q_t} \tag{3-5}$$

由于泵工作时存在一定的泄漏损失 Δq，故输出流量总是小于理论流量，$q = q_t - \Delta q$。代入式（3-5）得：

$$\eta_v = \frac{q}{q_t} = \frac{q_t - \Delta q}{q_t} = 1 - \frac{\Delta q}{q_t} \tag{3-6}$$

因而容积效率小于 1。

（2）机械效率 η_m

泵的理论转矩 T_t 与输入转矩 T_i 的比值称为泵的机械效率。即：

$$\eta_m = \frac{T_t}{T_i} \tag{3-7}$$

由于泵转动时存在机械摩擦损失，即存在一定量的转矩损失，该转矩损失为 $\Delta T = T_i - T_t$，移项整理后代入上式得：

$$\eta_m = \frac{T_t}{T_i} = \frac{T_i - \Delta T}{T_i} = 1 - \frac{\Delta T}{T_i} \tag{3-8}$$

故机械效率小于 1。

（3）总效率 η

泵的总效率为泵的输出功率与输入功率的比值。

$$\eta = \frac{pq}{2\pi n T_i} = \frac{pq_t \eta_v}{2\pi n T_i} = \frac{2\pi n T_t \eta_v}{2\pi n T_i} = \eta_m \eta_v \tag{3-9}$$

6. 液压泵的图形符号

液压泵的图形符号如图 3-2 所示。

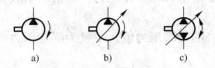

图 3-2　液压泵的图形符号

a）定量泵　b）变量泵　c）双向变量泵

任务 3.2　认识液压泵

在液压系统中，用到各种类型的液压泵，例如齿轮泵、叶片泵、柱塞泵和螺杆泵等，它们的性能各不相同，合理地选择与使用液压泵对于降低液压系统的能耗、提高系统效率、减少噪声、改善工作性能和保证系统可靠工作都有十分重要的意义。各类液压泵的结构和性能如何？分别适用于那些场合？

本任务主要介绍常见液压泵的工作原理、结构特点和应用场合等知识。通过本任务的学习，应掌握齿轮泵、叶片泵、柱塞泵的工作原理、结构特点及正确的使用方法；应具有根据液压系统的不同使用条件，选择合适的液压泵类型的能力。

3.2.1　齿轮泵

齿轮泵按啮合方式可分为外啮合齿轮泵和内啮合齿轮泵两种类型，外啮合齿轮泵具有结构简单、制造容易、成本低、对油液污染不敏感、维护方便、寿命长等优点，但工作噪声大。此类泵多应用于工作压力小于或等于 2.5 MPa 的低压工作场合。经特殊密封处理后，也可用于 25 MPa 的高压场合。内啮合齿轮泵则具有结构紧凑、噪声低、运行平稳等优点，但制造较困难，多用于工作压力为 20～28 MPa 的高压工作场合。内啮合齿轮泵规格及产量不多，目前应用较少。

1. 外啮合齿轮泵的工作原理

外啮合齿轮泵的工作原理如图 3-3 所示。泵的壳体内有一对外啮合齿轮，齿轮前后两端面用端盖盖住，从而在泵壳体、端盖与各个轮齿空槽间组成了许多密封的工作腔。当主动（上）齿轮按图示方向带动从动（下）齿轮转动时，左侧吸油腔内由于相互啮合的轮齿逐渐脱开（图中所示 A 点），使密封工作腔内容积逐渐增大，压力随之下降，继而将油从油箱吸入，充满整个齿槽空间，随后在齿轮旋转的带动下，把油液带到右侧压油腔。在压油腔一侧，由于轮齿逐渐进入啮合（图中所示 B 点），密封工作腔内容积不断减小，油液便被挤出，压力升高。在吸油区和压油区之间，通过相互啮合的两齿轮的啮合线、两端盖及泵体将高、低压油区隔开，因而使高压区的油不能直接流回到低压区，只能从压油口流出，完成整个工作过程。

2. 齿轮泵的困油现象

齿轮泵工作时，存在困油现象，如图 3-4 所示。其产生原因如下：

1）齿轮泵在啮合传动过程中，为了保持平稳，防止轮齿产生碰撞冲击，必须在设计上保证齿轮啮合的重叠系数大于 1，即前一对轮齿尚未脱离啮合之前，后一对轮齿已经进入了啮合。这样，在两啮合点之间就形成了一个封闭的齿槽空间（图中 C 区）。

2）该封闭齿槽空间的大小在轮齿旋转过程中不断变化，先由大变小，再由小变大。这就形成了产生困油现象的条件。

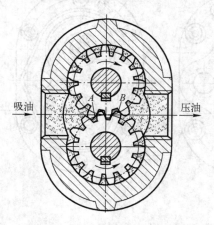

图 3-3　齿轮泵工作原理图

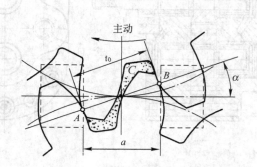

图 3-4　齿轮泵困油现象原理图

A、B—啮合点　C—困油区

3) 当封闭齿槽空间缩小时，存留在该封闭空间内的油液无法溢出，困油现象就发生了。此时，油液受到强烈挤压，压力急剧升高，并从一切可能泄漏的缝隙里挤出，使轴承负荷增大、功率消耗增加、油温升高。而当空间由小变大时，困油区则产生真空，压力极低，促使油液气化、析出气体，产生气蚀、振动和噪声。

消除困油现象的办法是，在泵盖的左、右两侧铣出两个卸荷槽，如图3-4中虚线所示。两槽距离 a 应保证困油区在容积缩小时能与压油腔连通，便于将油液挤出，防止压力升高；而在困油区增大时能与吸油腔连通，便于及时补油，防止真空气化。槽距 a 也不能过小，以免吸、排油腔串通而降低液压泵的容积效率。

3. 外啮合齿轮泵的流量计算

齿轮泵（渐开线齿形）的流量按下式计算

$$q = Vn\eta_v = 6.66Zm^2Bn\eta_v \tag{3-10}$$

式中　q——齿轮泵的实际流量（mL/min）；

　　　Z——齿数，内啮合时为小齿轮的齿数；

　　　m——齿轮模数（cm）；

　　　B——齿宽（cm）；

　　　n——齿轮泵转速（r/min），内啮合时为小齿轮的转速；

　　　η_v——齿轮泵的容积效率。

齿轮泵在运转过程中，由于齿腔容积的周期性变化而使其输出的油液带有一定的脉动性。齿数越少，齿槽越深，流量脉动性就越大。由此会产生压力波动，引发振动和噪声。这是齿轮泵工作时不利的一面。

4. 外啮合齿轮泵的典型结构

如图3-5所示为 CB–B 型外啮合低压齿轮泵的结构图。它采用三片分离式结构，三片

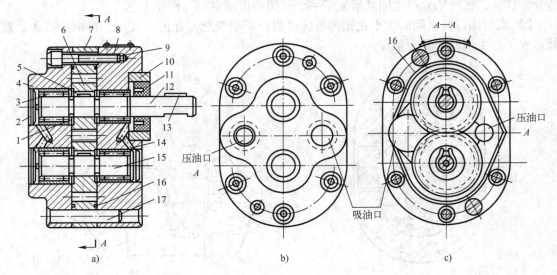

图 3-5　外啮合齿轮泵结构

1—弹簧挡圈　2—压盖　3—滚针轴承　4—后盖　5—键　6—齿轮　7—泵体　8—前盖　9—螺钉
10—密封座　11—密封环　12—传动轴　13—键　14—泄漏通道　15—从动轴　16—卸荷沟　17—圆柱销

分别是前盖 8、后盖 4 和泵体 7。它们之间通过两个圆柱销 17 定位，六个螺钉 9 紧固。其中主动齿轮 6 用键 5 固定在传动轴 12 上，并与电动机相连而转动，带动从动齿轮旋转。在后盖上开有吸油口和压油口。两根轴 12 和 15 连同四个滚针轴承 3 分别装在前、后盖上，油液通过轴向间隙润滑轴承，然后经泄油口通道 14 流回吸油口。为了使齿轮转动灵活，同时使泄漏量最小，在齿轮端面留有轴向间隙；齿顶留有径向间隙。为防止齿顶与泵体相碰，间隙可稍大些。为防止油液泄漏到泵外，减少泵体与端面之间的油压作用，减少螺钉紧固力，在泵体的两端面开有卸荷沟 16。这种泵不带径向力平衡装置，系固定侧隙结构，额定压力为 2.5 MPa。

3.2.2　叶片泵

1. 叶片泵的工作原理

（1）单作用式叶片泵的工作原理

单作用式叶片泵的工作原理如图 3-6 所示。它主要由转子、定子、叶片、端盖和左、右配油盘等组成。定子的内表面是一个圆柱面，转子偏心地安装在定子中间，叶片嵌装在转子的叶片槽内，可以在槽中自由伸缩。考虑到叶片与定子间的摩擦力，叶片槽不是径向开设的，而是倾斜了一个角度。当转子旋转时，由于离心力及叶片根部压力油（叶片槽底部通过配流盘的油槽通入压力油）的作用，叶片顶部紧贴在定子的内表面上，这样定子的内表面、转子的外表面、每两个叶片和两侧配油盘之间就形成了许多封闭油腔。

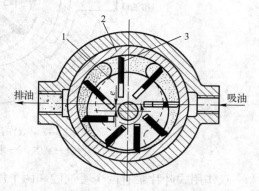

图 3-6　单作用式叶片泵的工作原理
1—转子　2—定子　3—叶片

当转子按如图 3-6 所示逆时针方向旋转时，图中右边的叶片逐渐伸出，密封容积逐渐增大，产生局部真空，油箱中的液压油便在大气压的作用下由吸油口经配流盘的吸油窗口（图中虚线所示的弧形槽）进入这些封闭容腔，完成吸油。而左边的叶片被定子的内表面压迫推入转子的槽内，密封容积逐渐减小，封闭容腔内液压油受到挤压，压力升高，经配流盘的压油窗口、压油口排出泵外，完成压油。在吸油区和压油区之间，各有一段封油区把它们隔开。该形式的叶片泵工作时，转子每旋转一圈，泵的每个密封容积完成一次吸油和排油功能，所以称为单作用式叶片泵。

单作用式叶片泵由于转子受到来自压油腔作用的单向压力，使轴承上受到的载荷很大，且压力越高，不平衡力越大，所以又称为非平衡叶片泵。这种液压泵一般不宜用在高压系统。

（2）双作用式叶片泵的工作原理

双作用式叶片泵的工作原理如图 3-7 所示。它是由泵体 1、定子 2、转子 3、叶片 4、左右配流盘和传动轴组成。定子 2 与转子 3 中心重合。定子与泵体固定在一起，定子的内表面是由与转子同心的四段圆弧（两段半径为 R 的大圆弧和两段半径为 r 的小圆弧）以及大圆弧和小圆弧之间的四条过渡曲线组成（参见图 3-10）。定子两侧左右配流盘开有四个对称布置的腰形孔 Ⅰ、Ⅱ、Ⅲ、Ⅳ。配置位置是四段过渡曲线处。Ⅰ、Ⅲ 相通为吸油窗口，通过管道与油箱相通吸油。Ⅱ、Ⅳ为压油窗口，给系统供油。叶片可自由伸缩，并与定子、转子及配流盘组成若干个密封容腔。当转子转动，叶片由小半径向大半径移动时，两叶片间密封容腔容积逐渐增大，由于产生局部真空，使油液在大气压力作用下通过吸油窗口从油箱吸入泵内；而当叶片从大半径向小半径移动时，两叶片间密封容腔的容积逐渐减小，油压上升，将油从压油窗口压出。泵连续转动时，便能够重复吸油、压油过程而连续供油。

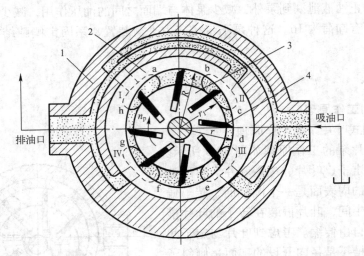

图 3-7　双作用式叶片泵的工作原理
1—泵体　2—定子　3—转子　4—叶片

双作用式叶片泵有两个吸油腔和两个压油腔，转子每转一周，该泵便完成两次吸、压油过程，故称之为双作用式叶片泵。由于这种叶片泵两对吸、压油腔是对称于转子轴分布的，故径向液压力对其作用力的合力为零，即相互平衡，故又称此泵为卸荷（平衡）式叶片泵。因其排量不可调，所以双作用式叶片泵为定量泵。

（3）外反馈限压式变量叶片泵的工作原理

外反馈限压式变量叶片泵是一种偏心距 e 可以调节的单作用叶片泵，如图 3-8 所示。泵的左边设有反馈液压缸，右边设有调压弹簧。当泵的出口供油压力较低时，反馈油压在活塞上产生的推力不能克服调压弹簧 3 的预紧力，定子被弹簧力推至最左边的位置，此时偏心量最大，泵输出的流量也最大。当油压升高到一定程度后，反馈油压在活塞上产生的推力将大于调压弹簧 3 的预紧力，此时定子向右移动，偏心距减小，泵的输出流量随之减小。当定子滑移至 O_1 与 O 重合时，偏心距为零，流量随之降至零。调节螺钉 1，可以调节偏心距的大小，即可调节流量大小。调节调压螺钉 4，可调节弹簧预紧力的大小，也就能调节泵供油压力的大小。当调节螺钉 1 和 4 调定后，泵的流量压力特性曲线如图 3-9 所示。

限压式变量叶片泵与定量叶片泵相比，结构复杂，噪声较大，容积效率和机械效率也都较定量式叶片泵低。

2. 叶片泵的流量计算

（1）单作用式叶片泵的流量计算

单作用式叶片泵的流量 $q(\mathrm{L/min})$ 按下式计算：

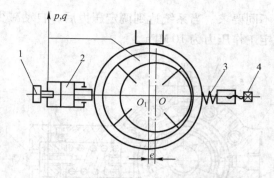
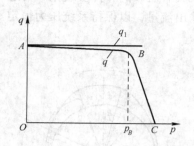

图 3-8　外反馈限压式变量叶片泵原理图 　　　　图 3-9　限压式变量叶片泵特性曲线
1—流量调节螺钉　2—变量活塞　3—调压弹簧　4—调压螺钉

$$q = Vn\eta_\nu = 2\pi DeBn\eta_\nu \tag{3-11}$$

式中　V——排量（L/r）；

　　　　D——定子内径（mm）；

　　　　e——偏心距（mm）；

　　　　B——定子宽度（mm）；

　　　　n——转子转速（r/min）；

　　　　η_ν——叶片泵的容积效率。

由上式可看出，只要改变偏心距 e 就能调节排量和流量，故单作用式叶片泵可以做成变量泵。

（2）双作用式叶片泵的流量计算

双作用式叶片泵的流量 q（L/min）按下式计算：

$$q = 2Bn\left[\pi(R^2 - r^2) - \frac{R - r_o}{\cos\theta}Z\delta\right]\eta_\nu \times 10^{-6} \tag{3-12}$$

式中　B——转子宽度（mm）；

　　　Z——叶片数（取 12 或 16）；

　　　R——定子长半径（mm）；

　　　r——定子短半径（mm）；

　　　r_o——转子半径（mm）；

　　　δ——叶片厚度（mm）；

　　　θ——叶片前倾角（°）；

　　　n——转子转速（r/min）。

转子外表面与定子内表面的几何尺寸及叶片等参数参见图 3-10。

3. 叶片泵的典型结构

（1）单作用式叶片泵的典型结构

如图 3-11 所示为限压式单作用变量叶片泵，这种泵依靠移动定子的偏心距 e 来改变泵的排量，在没有压力或压力很低时，弹簧将定子推向左边最大偏心位置，此时，泵的流量最大，当压力超过调定的弹簧力时，定子在变量活塞推动下向右移动，偏心量减小，流量随之减小，当压力与弹簧力平衡时，流量趋于稳定。左端的调节螺钉可用来限制最大流量。该类型泵具有后倾的叶片安装角，可适应系统的不同要求，当系统达到调定压力后，自动减少泵的输出流量，以保持系统压力恒定。泵的额定工作压力为 10 MPa。

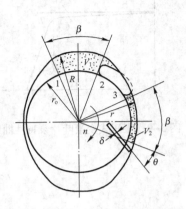

图 3-10　双作用式叶片泵流量计算

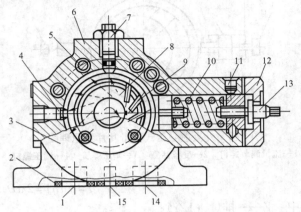

图 3-11　限压式单作用变量叶片泵
1—吸油口　2—密封垫　3—前盖　4—变量活塞
5—泵盖螺钉　6—泵体　7—上位螺钉　8—转子　9—叶片
10—调压弹簧　11—防转螺钉　12—弹簧压盖
13—调压螺钉　14—压油口　15—泄油口

（2）双作用式叶片泵的典型结构

图 3-12 为 YB 系列双作用式叶片泵的结构示意图。该泵由轴，转子，叶片，定子，左、右泵体，左、右配流盘和泵盖等主要零件组成。右配油盘上的"O"形密封圈，有效地防止了轴端漏油，密封可靠。左、右配流盘，定子，转子和叶片可先组装成一个组合部件后装入泵体。这个组合部件由两个紧固螺钉提供初始预紧力，以便泵启动时能建立起预压力。压力建立后，配流盘和定子组件就靠右配流盘右侧的液压力来压紧，压力越高，压紧力就越大，保证泵有较高的容积效率。

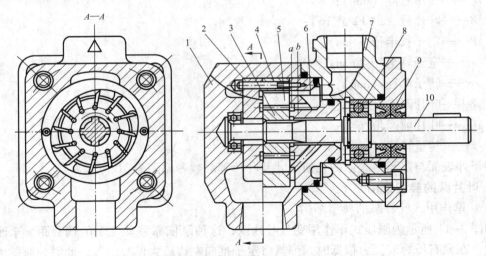

图 3-12　YB 系列双作用式叶片泵
1—后泵体　2—左配流盘　3—转子　4—定子　5—叶片
6—右配流盘　7—前泵体　8—轴承　9—密封圈　10—轴

YB 系列叶片泵具有前倾的叶片安装角，工作时不允许反转，其额定压力为 6.3 MPa，具有结构简单、压力脉动小、噪声低、寿命长等优点，广泛应用于机床设备及其他中低压系统中。

3.2.3 柱塞泵

1. 柱塞泵的工作原理

轴向柱塞泵的工作原理如图 3-13 所示，它由斜盘、柱塞、缸体、配流盘和传动轴等主要零部件组成。工作时，缸体与柱塞在传动轴的带动下作旋转运动，斜盘与配流盘则相对固定。当柱塞从上往下转动时，由于斜盘的限制作用，柱塞逐渐往缸内收缩，此时油液在缸内被压缩，并通过右端的出口孔压入配流盘的出口槽 b 中，再从 b 槽中的出口孔引出泵外。当柱塞由下往上转动时，柱塞向左推出，右端工作腔空间逐渐拉大，压力随之降低，因而能从配流盘的 a 槽中吸入油液，a 槽中设有吸油口，与外界相通。这样，缸体每转一周，缸体上的每个柱塞依次往复一次，完成一个工作循环。周而复始，即可源源不断地输送油液，完成供油过程。

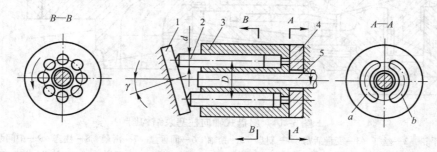

图 3-13　轴向柱塞泵工作原理图
1—斜盘　2—柱塞　3—缸体　4—配流盘　5—传动轴

2. 轴向柱塞泵的流量计算

轴向柱塞泵的实际输出流量为：

$$q = \frac{\pi}{4} d^2 D \ (\tan\gamma) \ Z n \eta_v \qquad (3-13)$$

式中　d ——柱塞直径；

　　　D——柱塞分布圆直径；

　　　γ ——斜盘倾角；

　　　Z——柱塞数。

其余符号意义同前。

3. 斜盘式轴向柱塞泵结构

斜盘式轴向柱塞泵的结构如图 3-14 所示。传动轴 13 与缸体 15 用花键连接，带动缸体转动，使均匀分布于缸体上的七个柱塞 8 绕传动轴的中心线作往复运动。每个柱塞左端有一个滑履 7，由弹簧 14 通过回程盘 6，将滑履压紧在与轴线成一定斜角的斜盘 4 上。当缸体旋转时，柱塞同时作轴线往复运动，完成吸油和排油过程。

转动手轮 1，可使变量活塞 3 上下移动，即可改变销轴 5 轴线夹角及斜盘 4 倾角的大小，达到变量的目的。

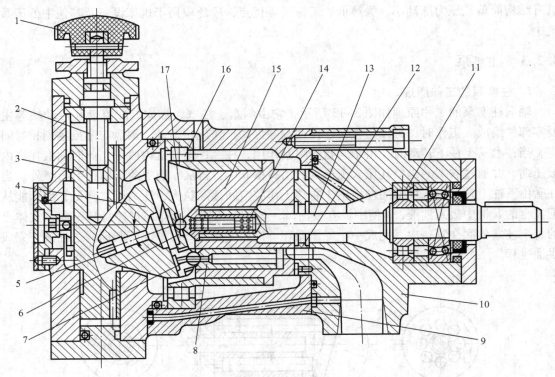

图 3-14　斜盘式轴向柱塞泵结构图

1—手轮　2—丝杆　3—变量活塞　4—斜盘　5—销轴　6—回程盘　7—滑履　8—柱塞　9—中间泵体
10—前泵体　11—前轴承　12—配流盘　13—传动轴　14—弹簧　15—缸体　16—大轴承　17—钢球

3.2.4　液压泵的噪声

　　噪声对人们的健康十分有害。目前液压技术正向着高压、大流量和大功率的方向发展，产生的噪声也随之增加。液压泵的噪声在液压系统的噪声中占有很大的比重。因此，研究减少液压泵的噪声，已引起液压界广大工程技术人员、专家的重视。液压泵的噪声大小和液压泵的种类、结构、大小、转速以及工作压力等很多因素有关。

　　1. 产生噪声的原因

　　1）泵的流量脉动和压力脉动，造成泵结构件的振动。这种振动有时还可能产生谐振。谐振频率可以是流量脉动频率的 2 倍、3 倍或更大，泵的基本频率及其谐振频率若和机械或液压的自然频率相一致，则噪声便大大增加。研究结果表明，转速增加对噪声的影响一般比压力增加还要大。

　　2）泵的吸油腔突然和压油腔相通时，产生的油液流量和压力突变，对噪声的影响很大。

　　3）空穴现象。当泵吸油腔中的压力小于油液所在温度下的空气分离压时，溶解在油液中的空气要析出而变成气泡，这种带有气泡的油液进入高压腔时，气泡被击破，形成局部的高频压力冲击，从而引起噪声。

　　4）泵内流道具有截面突然扩大和收缩、急拐弯，通道截面过小而导致液体紊流、漩涡及喷流，使噪声加大。

5）由于机械的原因，如转动部分不平衡、轴承缺陷、泵轴的弯曲等机械振动引起的机械噪声。

2. 降低噪声的措施

1）要消除液压泵内部油液压力的急剧变化。

2）为吸收液压泵流量及压力脉动产生的噪声，可在液压泵的出口安装消声器。

3）装在油箱上的泵应使用橡胶垫减振。

4）压油管的一段用高压软管，对泵和管路的连接进行隔振。

5）防止泵产生气穴现象，可采用直径较大的吸油管，减少管道局部阻力；采用大容量的吸油过滤器，防止油液中混入空气；合理设计液压泵，提高零件刚度。

3.2.5　液压泵的选用

1. 选用步骤

1）通过对工作任务的分析及计算，确定工作负载的大小；

2）根据负载大小确定液压缸或液压马达的工作压力，此两项内容在项目4中详述；

3）根据缸或液压马达的工作压力确定泵的工作压力；

4）根据工作压力、功率大小及其他要求选择泵的类型；

5）根据工作流量选定泵的型号；

6）确定泵的转速和电动机功率。

2. 一般情况下的选型

1）对小负载、小功率机械设备的液压系统，宜选用齿轮泵、双作用式叶片泵；

2）对精度较高的机械设备的液压系统，宜选用螺杆泵或双作用式叶片泵；

3）对负载较大，有快、慢速工作行程要求的机械设备的液压系统，宜选用限压式变量叶片泵；

4）对大负载、大功率机械设备的液压系统，宜选用柱塞泵。

常见液压泵的技术性能及特点可参考表3-1。

表3-1　常用液压泵的技术性能及特点

性能＼类型	外啮合齿轮泵	双作用叶片泵	限压式变量叶片泵	轴向柱塞泵	径向柱塞泵	螺杆泵
额定压力/MPa	2.5~17.5	6.3~28.0	6.3~10.0	7.0~40.0	32.0~128.0	2.5~10.0
排量/(mL/r)	2.5~210	2.5~237	10~125	2.5~1616	0.25~188	0.16~1463
转速/(r/min)	1450~4000	600~2800	600~1800	960~7500	960~2400	100~1800
变量性能	不能	不能	能	能	能	不能
输出流量脉动	很大	很小	一般	一般	一般	最小
自吸特性	好	较差	较差	差	差	好
对油的污染敏感性	不敏感	较敏感	较敏感	很敏感	很敏感	不敏感
噪声	大	小	较大	大	大	最小
容积效率	0.70~0.95	0.85~0.95	0.60~0.90	0.90~0.97	0.95	0.70~0.95
总效率	0.65~0.90	0.65~0.85	0.55~0.85	0.80~0.90	0.90	0.70~0.85

拓展知识

1. 内啮合齿轮泵的工作原理

渐开线齿形内啮合齿轮泵如图3-15所示。两齿轮偏心安置，偏心距为 e，右边空隙处用一月牙形板3将吸油腔与压油腔相隔开。与外啮合齿轮泵不同的是，齿轮和齿环的转动方向相同。在齿轮旋转过程中，位于吸油腔5处的轮齿因脱离啮合，齿腔容积增大而吸入油液。位于压油腔6处的轮齿则因进入啮合，齿腔容积缩小而排出油液，完成整个吸油与压油的过程。

2. 摆线齿轮泵的工作原理

摆线齿轮泵（转子泵）的工作原理如图3-16所示，内转子2（小齿轮）与外转子3（大齿轮）之间有偏心矩 e，在啮合旋转过程中由内外转子和两端面的配流盘形成了数个独立的封闭容腔，例如容腔 A 和容腔 B。当内转子绕中心 O_1 沿逆时针方向转动时，带动外转子绕 O_2 中心同向旋转。使容腔 A 空间逐渐增大形成真空而从配流盘中的吸油口吸入油液。当内、外转子转至图示位置时，容腔 A 为最大，而容腔 B 随转子转动逐渐缩小，同时与配流盘的出油口相通，因而产生排油过程，当 B 腔转至右上方时，封闭容积最小，压油过程结束，完成一个工作循环。这样，在内、外转子异速同向旋转中，油液不断从吸油腔中吸入，从压油腔排出，达到了输送油液的目的。

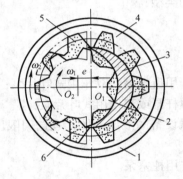 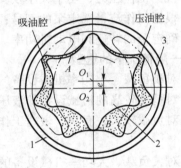

图3-15 内啮合齿轮泵工作原理图　　　　图3-16 摆线齿轮泵工作原理图

1—泵体　2—小齿轮（主动齿轮）　　　　1—泵体　2—内转子（小齿轮）

3—月牙板　4—内齿轮（从动齿轮）　　　　3—外转子（大齿轮）

5—吸油腔　6—压油腔

3. 螺杆泵的工作原理

螺杆泵的工作原理如图3-17所示，原动机与外伸的主动螺杆5连接，将动力传入。工作时，主动螺杆带动两根从动螺杆3逆向旋转。主、从动螺杆的螺纹旋向各自相反，一为左旋螺纹，另一为右旋螺纹。当螺杆旋转时，其右侧啮合空间将被打开并与吸油腔相通，此时吸入容积增大、压力下降而吸入液体。当液体进入泵后，在旋转螺杆带动下作轴向移动。液体的轴向移动与螺母在旋转螺杆上的轴向移动相同。为了能使充满齿槽的液体做轴向移动，主动螺杆的凸齿螺纹，压入到从动螺杆的凹槽螺纹内，封住液体的退路。这样，在螺杆的啮合下，液体就能随着旋转依次往前做轴向移动，最后从出口端压出，完成供油过程。

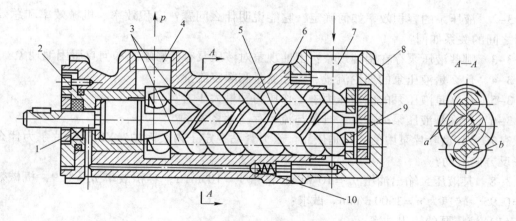

图 3-17 螺杆泵结构图

1—轴封　2—前盖　3—从动螺杆　4—排油口　5—主动螺杆　6—泵体
7—吸油口　8—后盖　9—滑动轴承　10—安全阀

项目小结

1. 液压泵是一种能量转换装置，将机械能转换成液压能。液压泵工作时，必须具有周期性变化的密封容积和配流装置，因此，液压泵均属容积泵。

2. 液压泵最重要的性能参数是排量和额定压力，其他性能参数如流量、转速、功率和效率等都和液压泵的类型和几何尺寸大小有关。

3. 液压泵的结构特点：

1）齿轮泵　齿轮泵利用一对相互啮合的齿轮，产生周期性的容积变化来输送油液。有内啮合齿轮泵和外啮合齿轮泵之分。齿轮泵工作时有自吸能力，存在困油现象，受较大径向力作用，适用于低压系统。

2）叶片泵　叶片泵利用具有伸缩叶片的转子在定子内偏心安置来产生周期性的容积变化进行工作，有单作用式叶片泵与双作用式叶片泵之分。单作用式叶片泵多作为外反馈式变量叶片泵使用，双作用式叶片泵则具有紧凑的结构，能产生较大流量，属定量泵。叶片泵有自吸能力，适用于中压。

3）柱塞泵　柱塞泵利用柱塞的往复运动使工作容积产生周期性变化来输送液体；柱塞泵多采用斜盘式结构；柱塞泵有较高的容积效率和自吸能力，适用于高压及大功率的工作场合。

4）螺杆泵　螺杆泵利用旋向相反、相互配对的凸凹转子的正确啮合来输送液体。螺杆泵具有供油均匀，工作平稳，振动小，噪声低等特点，具有自吸能力。适用于要求高、振动小、噪声低的工作场合，如精密机床等的使用。

综合训练 3

3-1　液压系统中常用的液压泵都有哪些类型？它们共同的工作原理是什么？

3-2 液压泵的容积效率如何确定？它能说明什么问题？容积效率、机械效率和总效率三者之间的关系如何？

3-3 哪些液压泵存在困油现象？困油现象对液压泵有何影响？如何克服困油现象？

3-4 什么是液压泵的理论流量、实际流量和额定流量？

3-5 什么是液压泵的额定压力、工作压力和最大压力？

3-6 什么是液压泵的排量？排量与流量存在什么关系？

3-7 YB 型叶片泵中的叶片是依靠什么力紧贴在定子内表面的？YB 型叶片泵为什么不能正反方向转动？

3-8 某液压泵输出油压 $p_B = 10\,\text{MPa}$，排量 $V = 10\,\text{mL/r}$，容积效率 $\eta_v = 0.9$，机械效率 $\eta_m = 0.95$，转速为 $n = 1500\,\text{r/min}$。试求：

（1）液压泵的输出功率；

（2）电动机的输出功率（设传动效率为 1）。

项目4　液压缸与液压马达

项目描述

液压缸和液压马达都是液压执行元件。液压缸的作用是将液压能转换成往复运动或摆动的机械能，从而拖动工作机构完成工作任务；液压马达则是通过将液压能转换为转动的机械能来拖动工作机构工作的。由于这两种执行元件都有很大的拖动力，可以直接拖动工作机工作，不需其他传动装置，因此具有轻巧紧凑、结构简单、传动平稳、反应迅速等许多优点，在液压传动中得到广泛的应用。

任务4.1　液压缸的设计

液压缸是液压系统中的一种执行元件，其功能是将液体的压力能转换成机械能。液压缸的种类很多，适用的场合也各不相同，正确了解各种液压缸的结构特点、适用场合，选用合适的液压缸对于降低液压系统的能源损耗、提高系统的工作效率、改善系统的工作性能都有重要的意义。

本任务主要介绍液压缸的类型及特点、液压缸的基本参数计算、液压缸的理论推拉力的计算及液压缸的结构设计等内容。通过学习学生应具备正确选择液压缸类型和独立分析液压缸结构特点的能力；具备设计计算液压缸性能参数的能力；初步具备对各类液压缸进行结构设计的能力。

4.1.1　液压缸的类型及特点（表4-1）

表4-1　液压缸的类型及特点

名　称		图形符号	特　点
推力液压缸	单作用液压缸		
	柱塞式液压缸		柱塞仅能向外产生液压推力，缩回须靠自重、负载等外力
	活塞杆液压缸		活塞仅能向外产生液压推力，收回须靠自重、负载等外力
	双作用液压缸		
	单活塞杆液压缸		单边有活塞杆，双向液压驱动，两个方向推力和速度不等
	双活塞杆液压缸		双边有活塞杆，双向液压驱动，两个方向推力和速度可相等
	组合液压缸		
	弹簧复位液压缸		单向液压驱动，收回时靠弹簧复位
	串联液压缸		用于缸径受限制、长度不受限制的场合，可获得较大推力
	增压缸		由大小液压缸串联而成，通过低压大缸驱动，使小缸输出的压力增高

名　称		图形符号	特　点
推力液压缸	组合液压缸 齿条传动液压缸		活塞推动齿条作往复运动，齿条通过啮合使齿轮双向转动，可获得较大转矩
	组合液压缸 双向液压缸		左右两个活塞同时向相反方向运动
摆动液压缸	单叶片摆动液压缸		能将液压能转换为摆动转矩输出，只能作小于360°的摆动
	双叶片摆动液压缸		能将液压能转换为摆动转矩输出，只能作小于180°的摆动

4.1.2 液压缸的基本参数

1. 额定压力 p_n

液压缸的额定压力是指液压缸工作时允许的最大工作压力，超过此压力即为过载。

额定压力等级按国家标准 GB/T 2346—2003（等效于 ISO 3322）所规定的额定压力系列选用，如表 4-2 所示。

表 4-2　液压缸额定压力系列　　　　　　　单位：MPa

0.63	1	1.6	2.5	4	6.3	10	16	25	40

2. 液压缸内径 D

国家标准 GB/T 2348—1993（等效于 ISO 3320）规定了液压缸的内径系列，如表 4-3 所示。

表 4-3　液压缸的内径系列　　　　　　　单位：mm

8	10	12	16	20	25	32	40	50
63	80	(90)	100	(110)	125	(140)	160	(180)
200	220	250	320	400	500	600		

注：缸内径超出本表所列范围时，按 GB/T 321—2005 "优先数和优先数系" 中 R10 优先数系选用。

3. 活塞杆直径 d

活塞杆直径按国家标准 GB/T 2348—1993 所规定的数据选用，如表 4-4 所示。

表 4-4　活塞杆的直径系列　　　　　　　单位：mm

4	5	6	8	10	12	14	16	18	20
22	25	28	32	36	40	45	50	56	63
70	80	90	100	110	125	140	160	180	200
220	250	280	320	360	400				

4. 活塞（柱塞）行程 S

活塞（柱塞）行程按国家标准 GB/T 2349—1980 选用，如表 4-5 所示。

表 4-5　活塞的行程　　　　　　　　　　　　　　　　　　　　　单位：mm

25	50	80	100	125	160	200	250	320	400	500

注：活塞行程超出本表所列范围时，按 GB/T 321—2005 "优先数和优先数系" 中 R10 优先数系选用。

液压缸设计或选型时，按国家标准对上述有关参数进行圆整，才能更好地配套，提高零部件的互换性。

4.1.3　液压缸活塞的理论推、拉力及运动速度

1. 双活塞杆液压缸

如图 4-1 所示为双活塞杆液压缸的原理图。活塞两侧均装有活塞杆，由于左右活塞杆杆径相同，故活塞左右工作面积 A 相等。因此，当输入液压油的流量相等时，活塞往返运动时的速度 v 和推力 F 相等，其理论计算公式为式（4-1）及式（4-2）。

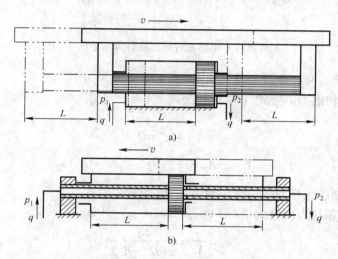

图 4-1　双活塞杆液压缸
a) 缸体固定　b) 活塞杆固定

$$v = \frac{q}{A} = \frac{4q}{\pi(D^2 - d^2)} \tag{4-1}$$

$$F = \frac{\pi}{4}(D^2 - d^2)(p_1 - p_2) \tag{4-2}$$

式中　v——运动速度（m/s）；

　　　F——推力（N）；

　　　q——输入流量（m³/s）；

　　　A——活塞有效工作面积（m²）；

　　　D——活塞直径（m）；

　　　d——活塞杆直径（m）；

p_1、p_2——液压缸的进、出口压力（Pa）。

这种两个方向等速、等力的特性使双活塞杆液压缸特别适用于双向负载基本相等而又要求往复运动速度相同的场合，如平面磨床液压系统。

如图 4-1a 所示为缸体固定方式，一般用于中、小型设备。如图 4-1b 所示为活塞杆固定方式，常用于大、中型设备。

2. 单活塞杆双作用液压缸

单活塞杆双作用液压缸如图 4-2 所示，由于只有一端有活塞杆，因而在活塞作双向运动时可获得三种不同的运动速度和推、拉力。

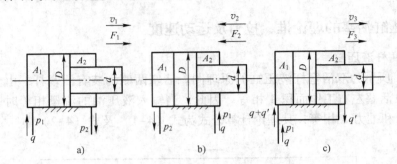

图 4-2　单活塞杆液压缸计算示意图

1）无杆腔进油、有杆腔回油时，如图 4-2a 所示。

活塞运动速度和推力由公式（4-3）、公式（4-4）计算。

$$v_1 = \frac{q}{A_1} = \frac{4q}{\pi D^2} \tag{4-3}$$

$$F_1 = p_1 A_1 - p_2 A_2 = \frac{\pi}{4} \left[D^2 p_1 - (D^2 - d^2) p_2 \right] \tag{4-4}$$

2）有杆腔进油、无杆腔回油时，如图 4-2b 所示。

活塞运动速度和拉力由公式（4-5）、公式（4-6）计算。

$$v_2 = \frac{q}{A_2} = \frac{4q}{\pi (D^2 - d^2)} \tag{4-5}$$

$$F_2 = p_1 A_2 - p_2 A_1 = \frac{\pi}{4} \left[(D^2 - d^2) p_1 - D^2 p_2 \right] \tag{4-6}$$

活塞运动速度 v_2 与 v_1 之比称为速比，用 φ 表示，经整理得：

$$\varphi = \frac{v_2}{v_1} = \frac{D^2}{D^2 - d^2} \tag{4-7}$$

$$d = D \sqrt{\frac{\varphi - 1}{\varphi}} \tag{4-8}$$

国际标准 ISO 7181 规定的速比 φ 值系列参见表 4-6。

表 4-6　液压缸速比 φ 值系列

1.06	1.12	1.25	1.4	1.6	2	2.5	5

3）液压缸差动连接时，如图 4-2c 所示。

差动连接是指将单活塞杆液压缸出口端（有杆腔）的回油通过管路回到进口端（无杆腔），然后再在进口端进行供油的连接方式。差动连接的液压缸称为"差动液压缸"。

这种连接方式的活塞运动速度与理论推力由公式（4-9）及公式（4-10）计算。

$$v_3 = \frac{4q}{\pi d^2} \tag{4-9}$$

$$F_3 = p_1(A_1 - A_2) = \frac{\pi}{4}d^2 p_1 \tag{4-10}$$

差动液压缸常用于需要获得快进（差动连接）→工进（无杆腔进油）→快退（有杆腔进油）工作循环的组合机床和各类专用设备的液压系统中。

比较式（4-3）和式（4-9）可知，$v_3 > v_1$；比较式（4-4）和式（4-10）可知 $F_3 < F_1$，这说明在输入流量和工作压力相同的情况下，单活塞杆差动连接时能使其速度提高，同时其推力下降。在组合机床等设备的液压系统中，上述三种供油方式都常用到。

3. 柱塞式液压缸

柱塞式液压缸属单作用液压缸，如图 4-3 所示，适用于高压、大载荷、大功率的场合，高压时柱塞能产生很大的外推力。柱塞运动速度 v 和产生的推力 F 由公式（4-11）及公式（4-12）计算。

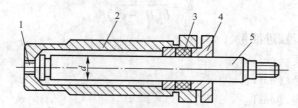

图 4-3 柱塞式液压缸结构示意图

1—进油口 2—缸筒 3—密封圈 4—压盖 5—柱塞

$$v = \frac{q}{A} = \frac{4q}{\pi d^2} \tag{4-11}$$

$$F = pA = \frac{\pi d^2}{4}p \tag{4-12}$$

式中 d——柱塞的直径。

由于柱塞式液压缸是单作用的，因此它的回程常需要借助自重或弹簧力等外力来完成。当无法借助外力实现回程时，可成对配置使用，达到不用外力回程的目的。

4. 增压缸

增压缸又称增压器，如图 4-4 所示，是由活塞和柱塞组合而成。由于活塞的有效面积大于柱塞的有效面积，所以向活塞缸大端无杆腔输入低压油时，可以在柱塞缸得到高压油，其关系为：

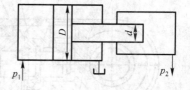

图 4-4 增压缸增压原理图

$$\frac{\pi}{4}D^2 p_1 = \frac{\pi}{4}d^2 p_2$$

$$p_2 = \left(\frac{D}{d}\right)^2 p_1 \tag{4-13}$$

式中 $(D/d)^2$——增压比；

p_1、p_2——分别为输入和输出压力。

5. 摆动式液压缸

摆动式液压缸是输出转矩并实现往复摆动的执行元件，分为单叶片和双叶片两种。如图4-5所示为单叶片式摆动缸，它主要由定子块、缸体、叶片、转子、前后支承盘（图中未画出，起支承转子作用）等主要零件组成，如图4-7所示。定子块1固定在缸体2上，叶片3和转子4连接在一起，当油口a、b交替通入压力油时，叶片便带动转子做往复摆动。

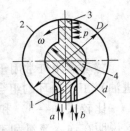

图4-5 单叶片式摆动
液压缸计算简图
1—定子块 2—缸体
3—叶片 4—转子

若输入油的压力为p_1，回油压力为p_2，则摆动轴的输出转矩T为：

$$T = \frac{b(D^2 - d^2)}{8}(p_1 - p_2) \qquad (4-14)$$

输出的角速度ω（rad/s）为：

$$\omega = \frac{8q_v}{b(D^2 - d^2)} \qquad (4-15)$$

式中：q_v——摆动液压缸进油量（mL/s）；

b——叶片宽度（cm）；

D——缸体内径（cm）；

d——转子外径（cm）。

单叶片缸的摆动角度一般不超过280°，而双叶片缸的摆动角度不超过150°，其输出转矩是单叶片缸的两倍，角速度是单叶片缸的一半。摆动缸具有结构紧凑、输出转矩大的特点，但密封困难。

4.1.4 液压缸的典型结构

1. 双作用单活塞杆液压缸的典型结构

双作用单活塞杆液压缸的典型结构如图4-6所示。由图可知，液压缸由缸底1、缸体19、缸盖13、活塞7、活塞杆16、卡键套件（卡簧2、卡套3、卡环4）、导向套9、耳轴15以及各种密封圈等零部件组成。缸底与缸体连接采用焊接结构，上设有缓冲小缸。缸体与缸

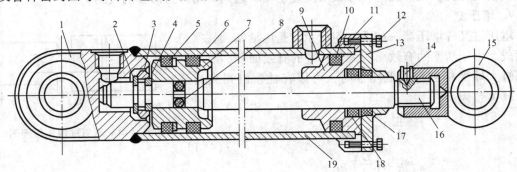

图4-6 双作用单活塞杆液压缸结构图

1—缸底 2—卡簧 3—卡套 4—卡环 5、6、8、10、18—密封圈 7—活塞 9—导向套 11—法兰圈
12—螺钉 13—缸盖 14—定位螺钉 15—耳轴 16—活塞杆 17—防尘圈 19—缸体

盖采用法兰连接，属于可拆结构。导向套的作用是保证活塞杆能按准确的位置推出，不致歪斜。活塞与活塞杆的连接采用卡键定位，这种连接方式能保证活塞杆与活塞有较好的对中性。各种密封圈的作用是防止液压油内外泄漏。

2. 摆动液压缸的典型结构

（1）单叶片摆动液压缸

单叶片摆动液压缸的结构如图4-7所示。由图可知，单叶片摆动液压缸由定子块1、缸体2、弹簧片3、密封条4、转子5、叶片6、支承盘7、盖板8等零部件组成。工作时，定子块与缸体固定，叶片与转子相连，绕缸体来回转动（摆动），达到输出摆动转矩的目的。

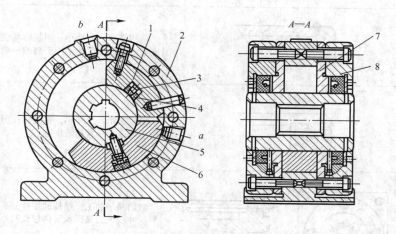

图4-7 单叶片摆动液压缸结构

1—定子块 2—缸体 3—弹簧片 4—密封条 5—转子 6—叶片 7—支承盘 8—盖板

（2）双叶片摆动液压缸

双叶片摆动液压缸结构上与单叶片摆动液压缸基本相同，但摆动角度只有单叶片液压缸的一半左右，如图4-8所示。

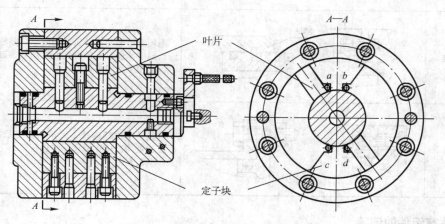

图4-8 双叶片摆动液压缸结构图

4.1.5 液压缸的结构设计

1. 缸体与端盖的连接

缸体组件和密封装置构成了液压缸的密封容积来承受液压力，所以缸体组件要有足够的强度、刚度及可靠的密封性。

缸体组件常见的连接形式如表 4-7 所示。

表 4-7　缸体与缸盖的连接

连接形式	结构示意图	应用比较
焊接		结构简单，尺寸小；但缸容易变形，缸底内径精度较难保证，因此常用于缸的一端连接
钢丝连接	钢丝	结构简单，尺寸小，重量轻；但承载能力小，只用于低压、小直径液压缸
拉杆连接		缸筒易于加工，结构通用性好；但重量较重，外形尺寸较大，高压及缸体较长时不宜采用
螺纹连接		重量较轻，外形尺寸较小；端部要加工螺纹，结构复杂，装拆要用专用工具，缸外径尺寸过大时不宜采用此法
半环连接	半环	毛坯上不需要法兰，结构简单，是法兰连接的改进；但键槽使缸筒的强度有所削弱，缸壁需相应加厚，适用于压力不高的场合
法兰连接		重量轻于拉杆连接，无论压力高低、直径大小、行程长短均适用；但比螺纹连接重，毛坯上要带法兰，工艺复杂

2. 活塞组件的连接

活塞组件的连接形式，优缺点分析如表 4-8 所示。

表 4-8　活塞与活塞杆的连接

整 体 式		销 连 接	
优点	缺点	优点	缺点
1. 结构简单 2. 轴向尺寸小	1. 磨损后需整体更换 2. 成本高	1. 工艺简单 2. 装配方便	1. 承载能力小 2. 需采取防脱落措施
半 环 连 接		螺 纹 连 接	
优点	缺点	优点	缺点
1. 拆装方便 2. 连接可靠 3. 承载能力大，耐冲击	结构复杂	1. 结构简单 2. 连接稳固	需要采取防松措施

3. 密封装置

密封装置的功用是防止液压元件和液压系统中液压油的内、外泄漏，保证建立必要的工作压力。密封是解决液压系统泄漏问题的有效手段之一。密封装置应具有良好的密封性能，结构简单，维护方便，价格低廉。

密封按其工作原理可分为间隙密封和接触密封两种方式。间隙密封是靠相对运动件配合面之间的微小间隙来进行密封的。间隙密封常用于柱塞、活塞或阀的圆柱面配合副中。这种密封的优点是摩擦力小，缺点是磨损后不能自动补偿。接触密封是靠密封件在装配时的预压缩力和工作时密封件在油压力作用下发生弹性变形所产生的弹性接触压力来实现的。密封能力随油压升高而提高，并具有一定的自动补偿能力。常用的密封件有以下几种。

（1）O 形密封圈

O 形密封圈是一种圆形截面的密封件，一般由耐油橡胶制成，如图 4-9 所示（图中截面上两块凸起为压制时由分模面挤出的飞边）。

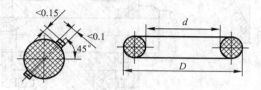

图 4-9　O 形密封圈

O 形密封圈的密封机理如图 4-10 所示。将密封圈压入矩形槽后，其截面产生了一定的压缩变形，利用密封圈的弹性对接触面产生预紧压力，从而实现初始密封，如图 4-10b 所示。当密封腔通入压力油后，O 形密封圈在液压力作用下被挤向沟槽的一侧，密封面上的接

触应力上升为 p_M，进一步提高了密封效果，如图 4-10c 所示。但压力过高时，O 形密封圈有可能被压力油挤入配合间隙处引起密封圈的损坏，为了避免这种情况出现，可在密封圈的一侧（单向受高压时）或两侧（双向受高压时）增加挡圈，如图 4-10d 所示。

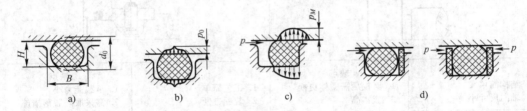

图 4-10 O 形密封圈的安装和密封机理

O 形密封圈的密封效果主要取决于安装槽尺寸的正确性，槽宽 B 和槽深 H 可参考有关手册的推荐值。槽深 H 有公差要求，目的是保证密封圈的压缩量。压缩量过小不起密封作用。过大会增大摩擦力而加速密封圈的磨损，缩短密封圈的使用寿命。

O 形密封圈具有结构简单、安装方便、尺寸小、摩擦力小以及适用性广等特点。

（2）Y 形密封圈

Y 形密封圈如图 4-11 所示，其截面呈 Y 形，属唇形密封圈。它依靠略张开的唇边紧贴于密封面保持密封，唇口（大端）朝向高压油，在油压的作用下，唇边作用在密封面上的压力随之增加，密封效果好，并能自动补偿磨损，但在工作压力大、滑动速度高时要加支承环定位，如图 4-12 所示。

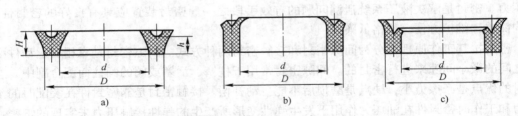

图 4-11 "Y" 形、Yx 形密封圈
a）Y 形 b）Yx 形（孔用） c）Yx 形（轴用）

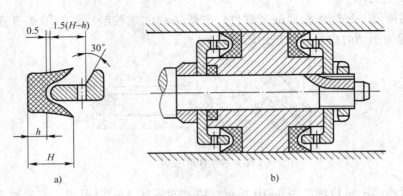

图 4-12 Y 形密封圈加支承环
a）主要尺寸 b）外径滑动

Yx 形密封圈是 Y 形密封圈的改进型，与 Y 形密封圈相比，宽度较大、稳定性好，分为孔用（如图 4-11b 所示）和轴用（如图 4-11c 所示）两种。这种密封圈具有滑动摩擦阻力小、耐磨性好、寿命长等优点，在快速与低速时均有良好的密封性，适用工作温度为 -30℃ ~100℃，工作压力小于 32 MPa 的场合。

（3）V 形密封圈

V 形密封圈截面呈 V 形，如图 4-13 所示，由支承环、密封环和压环三部分组成。当压环压紧密封环时，密封环产生变形起密封作用。V 形密封圈耐高压，一般用一组即可有良好的密封性；当压力大于 10 MPa 时，可增加密封环的数量，安装时开口方向应朝向压力高的一侧。

V 形密封圈具有密封可靠、寿命长等优点，但结构尺寸与摩擦阻力大。它适用于压力较高、往复运动速度较低的场合。其工作温度为 -40℃ ~ 80℃，工作压力小于 50 MPa。

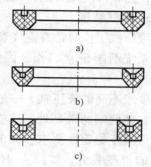

图 4-13 "V" 形密封圈
a) 压环 b) 密封环 c) 支承环

4. 缓冲装置

为了避免活塞在到达终点时，与缸盖发生机械碰撞，产生冲击和噪声，影响设备的工作精度并会损坏零件，常在液压缸中设置缓冲装置。缓冲原理是使活塞在与缸盖接近时增大回油阻力，从而降低活塞运动速度，如图 4-14 所示。

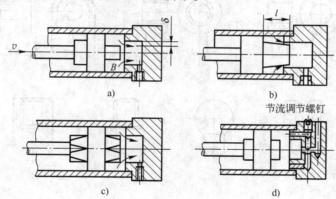

图 4-14 液压缸的缓冲装置
a) 圆柱环缝隙式 b) 圆锥环缝隙式 c) 可变节流沟槽式 d) 可调节流孔式

（1）圆柱环状缝隙式缓冲装置

如图 4-14a 所示，当缓冲柱塞进入缸盖内孔时，被封闭的油必须通过间隙才能排出，从而增大了回油阻力，使活塞速度降低。这种结构因节流面积不变，所以随着活塞速度的降低，其缓冲作用也逐渐减弱。

（2）圆锥环状缝隙缓冲装置

如图 4-14b 所示，缓冲柱塞改为圆锥形，其节流面积随行程的增加而减小，缓冲效果较好。

（3）可变节流沟槽缓冲装置

如图 4-14c 所示，在缓冲柱塞上开有轴向三角形沟槽，当缓冲柱塞进入缸盖内孔后其节流面积越来越小，缓冲压力变化较平稳。

（4）可调节流孔缓冲装置

如图4-14d所示，通过调节节流口的大小来控制缓冲压力，以适应不同负载对缓冲的要求，当将节流调节螺钉调整好以后可像环状缝隙式那样工作，并有类似特性。

5. 排气装置

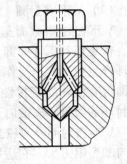

液压缸工作时常有空气渗入，影响其运动的平稳性，严重时，将使系统不能正常工作，因此设计液压缸时，必须考虑空气的排出。

要求不高的液压缸，一般不设专门的排气装置，而是把油口置于缸体两端的最高处，这样就能利用液流将空气带到油箱而排出。但对于稳定性要求较高的液压缸，常常在液压缸的最高处设专门的排气装置，如图4-15所示为排气螺钉。松开螺钉即可排气，排完气拧紧螺钉，液压缸便可正常工作。

图4-15　液压缸排气螺钉

6. 活塞杆头部结构

活塞杆通过头部结构与工作机构相连。由于工作条件要求不同，因此，活塞杆头部有多种结构形式，可根据实际需要选用，如图4-16所示。

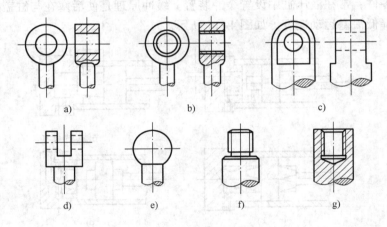

图4-16　活塞杆头部结构

a）单耳环不带衬套　b）单耳环带衬套　c）单耳环
d）双耳环　e）球头　f）外螺纹　g）内螺纹

7. 液压缸安装定位

液压缸与机体的各种安装方式如表4-9所示。当缸筒与机体间没有相对运动时，可采用支座或法兰来安装定位；如果缸筒与机体间需要有相对转动时，则可采用轴销、耳环或球头等连接方式。当液压缸两端都有底座时，只能固定一端，使另一端浮动，以适应热胀冷缩的需要，在缸筒较长时这点尤为重要。采用法兰或轴销安装定位时，法兰或轴销的轴向位置会影响活塞杆的压杆稳定性，这点也应予以注意。

表 4-9　液压缸的安装定位

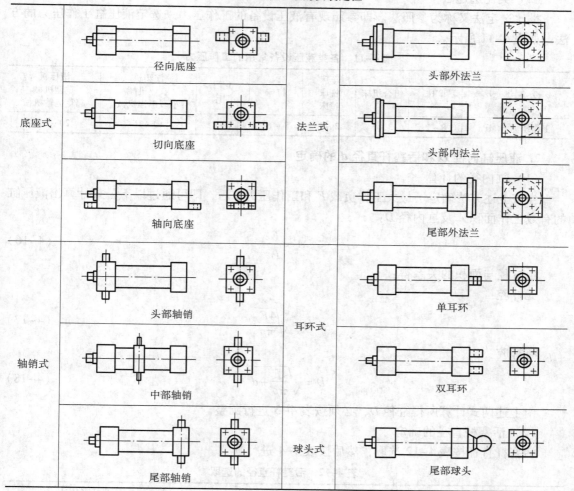

4.1.6　液压缸的设计与计算

1. 液压缸工作压力的确定

液压缸工作时受到多种载荷的作用，如有效工作载荷、摩擦阻力、惯性力以及各种振动力等。由于不同液压设备工作时，工作条件差异很大，因此，液压缸工作压力，应能满足在液压设备工作时对动力提出的要求，同时，能安全、可靠地进行工作。根据这一要求，得出液压缸工作压力确定的一般方法。

（1）载荷选定法

这是一种根据最大工作负载的大小来选定液压缸工作压力的方法。不同大小的工作负载其液压缸所选定的工作压力如表 4-10 所示。

表 4-10　按负载选择执行元件的工作压力

负载 F/kN	<5	5~10	10~20	20~30	30~50	>50
工作压力 p/MPa	<0.8~1.0	1.5~2.0	2.5~3.0	3.0~4.0	4.0~5.0	>5.0~7.0

（2）类比选定法

类比选定法又称为参照法。即参照现有液压设备的工作压力来选定液压缸工作压力的方法，如表4-11所示。

表4-11　各类液压设备常用的工作压力

设 备 类 型	磨床	组合机床	车床 铣床 镗床	拉床	龙门 刨床	注塑机 农业机械 小型工程机械	液压机 重型机械 起重运输机械
工作压力 p/MPa	0.8~2.0	3~5	2~4	8~10	2~8	10~16	20~32

2. 液压缸内径 D 和活塞杆直径 d 的确定

（1）缸内径的计算

当按上述方法确定了最大工作负载 F 和工作压力 p 后，即可通过以下公式计算出液压缸的有效工作面积 A 及缸内径 D：

$$A = \frac{F}{p} \tag{4-16}$$

由缸径与面积的关系得：

无杆腔：

$$D = \sqrt{\frac{4F}{\pi p}} \tag{4-17}$$

有杆腔：

$$D = \sqrt{\frac{4F}{\pi p} + d^2} \tag{4-18}$$

由上述两式计算所得缸径 D，必须按表4-3进行圆整。

（2）活塞杆直径的确定

活塞杆直径按表4-12选取，然后按表4-4进行圆整。

表4-12　活塞杆直径的选取

活塞杆受力状况	工作压力 p/MPa	活塞杆直径 d
受拉	—	$d = (0.3 \sim 0.5)D$
受压及受拉	$p \leqslant 5$	$d = (0.5 \sim 0.55)D$
受压及受拉	$5 < p \leqslant 7$	$d = (0.6 \sim 0.7)D$
受压及受拉	$p > 7$	$d = 0.7D$

当液压缸的往复运动速度比有要求时，可通过公式（4-8）计算出活塞杆直径 d。

3. 液压缸缸体壁厚的确定

缸体是液压缸中最重要的零件之一，它承受液体的压力，中高压液压缸缸体壁厚必须进行计算。

（1）薄壁圆筒

缸体通常采用无缝钢管制成，且大多为薄壁筒，当缸体内径 D 和壁厚 δ 之比（D/δ）>10时，称为薄壁缸体，这时缸体壁厚 δ 必须满足：

$$\delta > \frac{p_y D}{2[\sigma]} \tag{4-19}$$

式中　δ——缸体壁厚（mm）

p_y——缸体试验压力；缸体额定压力 $p_n \leqslant 16$ MPa 时，取 $p_y = 1.5 p_n$；当额定压力 $p_n >$ 16 MPa 时，取 $p_y = 1.25 p_n$；

D——缸体内径（mm）；

$[\sigma]$——缸体材料的许用应力（MPa），可查相关手册。

（2）厚壁圆筒

高压液压缸应采用厚壁缸筒，缸体内径 D 和壁厚 δ 之比（D/δ）< 10 时，为厚壁缸体，这时缸体壁厚 δ 必须满足：

$$\delta > \frac{D}{2} \left(\sqrt{\frac{[\sigma] + 0.4 p_y}{[\sigma] - 1.3 p_y}} - 1 \right) \tag{4-20}$$

式中符号的意义与上式相同。

4. 活塞杆强度及稳定性校核

当活塞杆的长度 $L < 10d$ 时，可认为杆径大小与长度无关而由外负载决定，即按强度条件进行校核：

$$\frac{F_{推}}{\frac{\pi}{4} d^2} \leqslant [\sigma_p]$$

$$d \geqslant \sqrt{\frac{4 F_{推}}{\pi [\sigma_p]}} \tag{4-21}$$

式中　$F_{推}$——液压缸活塞杆上的推力（N）；

$[\sigma_p]$——活塞杆材料的许用应力（Pa）；

L——活塞杆长度（m）。

当活塞杆的长径比 $L/d \geqslant 10$ 时，应将活塞杆视为压杆，其直径大小不仅与外负载有关，而且与长度、安装形式及材料的性能有关，即同时需要对杆的强度与稳定性进行校核。强度校核如上所述，稳定性校核可按材料力学有关公式进行计算。

5. 螺纹连接强度校核

液压缸中有许多采用螺纹连接的结构，如缸盖与缸筒的螺纹连接和法兰连接、活塞杆与耳环连接、活塞与活塞杆连接等，均采用螺纹连接结构。螺纹强度校核公式为：

$$\sigma = \frac{KF}{\frac{\pi}{4} d_1^2 Z}$$

剪切应力为：

$$\tau = \frac{KK_1 Fd}{0.2 d_1^3 Z} \approx 0.47 \sigma$$

合成应力为：

$$\sigma_n = \sqrt{\sigma^2 + 3\tau^2} \approx 1.3 \sigma$$

强度条件为：

$$\sigma_n < [\sigma] = \frac{\sigma_s}{n} \tag{4-22}$$

式中　F——液压缸最大载荷；

K——螺纹预紧系数，$K = 1.2 \sim 1.5$；

K_1——螺纹升角与摩擦角系数，$K_1 \approx 0.1$；

d、d_1——分别是螺纹中径和根部直径；

Z——螺栓个数；

$[\sigma]$——材料许用应力；

σ_n——合成应力；

σ_s——材料屈服极限；

n——安全系数，一般取 $n = 1.2 \sim 2.5$。

6. 液压缸长度及相关尺寸的确定

液压缸的长度计算如图4-17所示。

液压缸长度 $L =$ 活塞长度(B) + 活塞行程(S) +

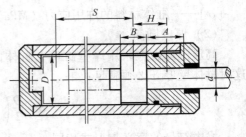

图4-17 液压缸结构尺寸示意图

导向套长度(A) + 活塞杆密封长度 + 其他长度。其中，活塞长度 $B = (0.6 \sim 1)D$，导向套长度 $A = (0.6 \sim 1.5)D$，其他长度是指一些装置所需长度，如缸两端缓冲所需长度等。

一般液压缸缸体长度 L 不大于缸内径 D 的 $20 \sim 30$ 倍。

此外，对于长径比较大的受压活塞杆还应对它的强度、稳定性进行校核计算，对于高压液压缸的端盖尺寸、紧固螺钉也要进行强度校核。

【例4-1】 已知一注塑机注射缸的工作载荷 $F = 100\,\text{kN}$，注射行程 $S = 250\,\text{mm}$，活塞杆长 $l = 400\,\text{mm}$，求：①液压缸的工作压力；②确定缸筒的内径和壁厚，设缸筒材料的许用应力 $[\sigma] = 150\,\text{MPa}$；③确定活塞杆直径。

解：（1）确定液压缸的工作压力

根据已知条件有：注射缸的工作载荷 $F = 100\,\text{kN}$，查表4-10或表4-11得 $p \geqslant 7\,\text{MPa}$，现选定为 $10\,\text{MPa}$。

（2）计算缸筒内径 D 和壁厚 δ

① 根据公式（4-16）、公式（4-17）得：

$$A = \frac{F}{p} = \frac{100000}{10 \times 10^6}\,\text{m}^2 = 10 \times 10^{-3}\,\text{m}^2 = 100\,\text{cm}^2)$$

$$D = \sqrt{\frac{4F}{\pi p}} = \sqrt{\frac{4 \times 100000}{3.14 \times 10 \times 10^6}}\,\text{m} = 0.113\,\text{m} = 11.3\,\text{cm}$$

查表4-3圆整得：$D = 12.5\,\text{cm}$。

② 根据公式（4-19）有： $\delta > \dfrac{p_y D}{2[\sigma]}$

其中 $p_y = 1.5p = 1.5 \times 10\,\text{MPa} = 15\,\text{MPa}$。

$$\delta > \frac{p_y D}{2[\sigma]} = \frac{15 \times 125}{2 \times 150}\,\text{mm} = 6.25\,\text{mm}$$

$D/\delta = 125/6.25 = 20 > 10$，说明选用薄壁公式计算壁厚符合要求。

考虑磨损、腐蚀、寿命等因素，圆整后取缸筒壁厚 $\delta = 10\,\text{mm}$。

（3）确定活塞杆直径

查表4-13，取 $d = 0.7D = 0.7 \times 125\,\text{mm} = 87.5\,\text{mm}$。

查表 4-4，圆整后取 $d = 90$ mm。

4.1.7　液压缸常见故障分析

液压缸的故障有很多种，在实际使用中经常出现的故障主要表现为推力不足或动作失灵，出现爬行、泄漏、液压冲击以及振动等。这些故障有时单个出现，有时会几种现象同时出现。液压缸常见故障与排除方法如表 4-13 所示。

表 4-13　液压缸常见故障与排除方法

故障现象	具体现象及产生原因	排除方法
爬行	液压缸两端爬行并伴有噪声，压力表显示值正常或稍偏低 原因：缸内及管道存有空气	设置排气装置
	液压缸爬行现象逐渐加重，压力表显示值偏低，油箱无气泡或有少许气泡 原因：液压缸某处形成负压吸气	找出形成负压处，加以密封并排气
	液压缸两端爬行现象逐渐加重，压力表显示值偏高 原因：活塞与活塞杆不同心	将活塞组件装在 V 型块上校正，同轴度误差应小于 0.04 mm，如需要则更换新活塞
	液压缸爬行部位规律性很强，运动部件伴有抖动，压力表显示值偏高 原因：导轨或滑块夹得太紧或导轨与缸的平行度误差过大	调整导轨或滑块压紧条的松紧度，既要保证运动部件的精度，又要保证滑行阻力小。若调整无效，应检查缸与导轨的平行度，并修刮接触面加以校正
	液压缸爬行部位规律性很强，压力表显示值时高时低 原因：液压缸内壁或活塞表面拉伤，局部磨损严重或腐蚀	镗缸的内孔，重配活塞
推力不足，速度下降，工作不稳定	液压缸内泄漏严重	更换密封圈。如果活塞与缸内孔的间隙由于磨损而变大，可加装密封圈或更换活塞
	液压缸工作段磨损不均匀，造成局部形状误差过大，致使局部区域高低压腔密封性变差而内泄	镗磨、修复缸内孔，新配活塞
	活塞杆密封圈压得太紧或活塞杆弯曲	调整活塞杆密封圈压紧度，以不漏油为准；校直活塞杆
	油液污染严重，污物进入滑动部位	更换油液
	油温过高，黏度降低，致使泄漏增加	检查油温升高的原因，采取散热和冷却措施
泄漏	密封圈密封不严	检查密封圈及接触面有无伤痕，加以更换或修复
	由于排气不良，使气体绝热压缩造成局部高温而损坏密封圈	增设排气装置，及时排气
	活塞与缸筒安装不同心或承受偏心载荷，使活塞倾斜或偏磨造成内泄	检查缸筒与活塞的同轴度并修整对中
	缸内孔加工或磨损造成形状精度差	镗缸孔，重配活塞
噪声	滑动面的油膜破坏或压力过高，造成润滑不良，导致滑动金属表面有摩擦声响	停车检查，防止滑动面的烧结，加强润滑
	滑动面的油膜破坏或密封圈的刮削过大，导致密封圈出现异常声响	加强润滑，若密封圈刮削过大，用砂纸或纱布轻轻打磨唇边，或调整密封圈压紧度，以消除异常声响
	活塞运行到液压缸端头时，特别是立式液压缸，发生抖动和很大的噪声，是活塞下部空气绝热压缩所致	将活塞慢慢运动，往复数次，每次以到顶端，以排除缸内气体，这样即可消除严重噪声，并可防止密封圈烧伤

任务 4.2　液压马达的选用

液压马达与液压缸一样同属于液压执行元件，它将来自液压泵的液压能转化为旋转形式的机械能。液压马达的内部构造与液压泵类似，差别仅在于液压泵的旋转是由电动机或其他原动机带动的，且输出的是液压油；液压马达输入的是液压油，输出的是转矩和转速。那么液压马达与液压泵、液压缸相比有哪些本质区别呢？

本任务主要介绍液压马达的工作原理、典型结构及应用范围；介绍液压马达的结构特点、参数计算及正确选用的方法。学生通过学习相关知识和技能，应具备正确选用液压马达的能力；具备正确使用、维护和排除一般故障的能力。

4.2.1　液压马达的类型及特点

液压马达的类型及特点如表 4-14 所示。

表 4-14　液压马达的类型及特点

分　类		压力范围/MPa	转矩范围/(N·m)	转速范围/(r/min)	特　　点
高速液压马达	齿轮式	10~14	17~330	150~3000	结构简单、工作可靠、对油中杂质不敏感、噪声大、制动性差、输出转矩较小
	叶片式	6	10~70	120~3000	结构紧凑、工作可靠、噪声小、寿命长、转矩小、制动性不良、抗污染能力较差
	轴向柱塞式	10~32	17~5655	30~3000	可变量、转速高、自吸性好、体积大、可逆运行、压力高、噪声低，效率高，对油污染较敏感
低速液压马达	径向柱塞式	10~25	42~18713	5~1250	耐冲击、抗振性好、径向尺寸大、流量大、压力高、轴向尺寸小、转矩大
	曲轴连杆式	16	44~23304	5~1500	结构简单、工作可靠、转矩大、规格多、价格低、体积及重量大，转矩脉动大
	静力平衡式	14~25	470~16800	2~1500	结构简单、工作可靠、维修方便、转速低、转矩大、径向力或轴向力得到平衡
	内曲线多作用式	7~32	167~120814	0.2~180	结构紧凑、重量轻、转矩大、效率高、能在很低转速下稳定运转、结构较复杂

4.2.2　液压马达的工作原理

1. 齿轮液压马达的工作原理

如图 4-18 所示为齿轮液压马达的工作原理。图中 c 为两轮齿的啮合点，设轮齿高为 h，啮合点 c 到两个轮齿齿根的距离分别为 a 和 b，a 和 b 均小于 h。若输入油液的压力为 p，齿宽为 B，当压力油作用在齿面上时，作用力 phB 使齿轮 Ⅱ 沿顺时钟方向转动，而作用力 pbB 使齿轮 Ⅱ 沿逆时针方向转动，其差值 $p(h-b)B$ 使齿轮 Ⅱ 沿顺时钟转动。同理，作用力 $p(h-a)B$ 使齿轮 Ⅰ 沿逆时针方向转动。图中箭头表示作用力的方向和大小，齿面两侧受力平衡的均不用箭头表示。齿轮转动时将低压油液从齿轮外缘齿间带到排油腔排出，并从输出轴输出转矩。

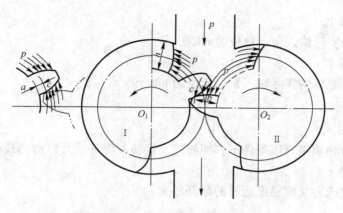

图 4-18　齿轮马达的工作原理

齿轮马达和齿轮泵一样，泄漏途径较多，故工作压力不能太高，否则容积效率会很低。齿轮马达一般属于高转速、低转矩类液压马达。由于啮合点随时变化，因而输出转矩和转速有脉动，所以齿轮马达只适用于一些传动精度要求不高的轻载场合。

2. 叶片马达的工作原理

叶片式液压马达的工作原理如图 4-19 所示。当压力油从油口 a 进入时，叶片 8 两侧所受液压力平衡，不产生转矩，而叶片 1 和 7 由于一侧受压力油作用，另一侧为低压回油口 b 和 d，所受液压力不平衡，故产生转矩，其中叶片 1 产生顺时针转矩，叶片 7 产生逆时针转矩。由图 4-19 可见，叶片 1 伸出较长，作用面积大，所产生顺时针转矩也大；而叶片 7 伸出较短，作用面积小，所产生逆时针转矩也小。在这两个转矩的联合作用下，转子按顺

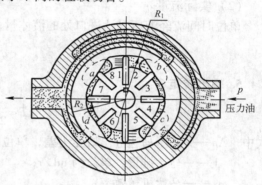

图 4-19　叶片马达工作原理

时针方向转动。其转矩为两叶片产生的转矩之差。同样，压力油从油口 c 进入时，叶片 5 和 3 产生的转矩之差也推动转子沿顺时针方向转动，故液压马达的输出转矩是两组叶片产生的转矩之和。定子内表面的长短半径差值越大，输入液压油的压力越高，输出转矩也就越大。若改变进油方向，液压马达便反向转动。叶片式液压马达通常为双作用式定量液压马达，其输出转矩的大小决定于输入油压的高低，而输出转速的高低决定于输入流量的大小。

4.2.3　液压马达的主要性能参数

1. 压力

（1）额定压力 p_m

指在规定的转速范围内连续运转，并能保证设计寿命的最高输入压力。

（2）背压 p_b

能保证液压马达稳定运转的最小输出压力。

2. 排量

马达轴每转一转输入的液体体积量称为排量。

（1）空载排量 V_0

空载时测得的实际输入量，单位为 mL/r。

（2）有效排量 V

在设定压力下测得的实际输入量，单位为 mL/r。

3. 转速

（1）额定转速 n_m

指在额定压力和规定背压条件下，能够连续运转并保证设计寿命的最高转速。

（2）最低转速 n_{min}

既能保持额定压力又能稳定运转的最低转速。

4. 流量 q

（1）理论流量 q_t

空载压力下马达的输入流量，单位为 L/min。

$$q_t = Vn \tag{4-23}$$

（2）实际流量 q

单位时间流经液压马达进口处的液体量，单位为 L/min。

$$q = \frac{Vn}{\eta_v} \tag{4-24}$$

5. 输出转矩 T

$$T = \frac{1}{2\pi}\Delta pV\eta_m \tag{4-25}$$

式中　Δp——液压马达进出口压力差，单位为 MPa；

　　　V——马达排量，单位为 mL/r；

　　　η_m——马达机械效率；

6. 功率

（1）输入功率 P_i

液压马达入口处的液压功率。

$$P_i = pq \tag{4-26}$$

式中　p——液压马达进口处液体压力，单位为 Pa；

　　　q——液压马达进口处液体流量，单位为 m^3/s。

（2）输出功率 P_o

液压马达输出轴上输出的机械功率。

$$P_o = \frac{2\pi Tn}{60} \tag{4-27}$$

7. 效率 η

（1）容积效率 η_v

液压马达理论流量与实际流量的比值。

$$\eta_v = \frac{q_t}{q} \times 100\% \tag{4-28}$$

（2）机械效率 η_m

液压马达的实际转矩与理论转矩的比值。

$$\eta_m = \frac{T}{T_t} \times 100\% \qquad (4-29)$$

（3）总效率

液压马达的输出功率与输入功率之比。

$$\eta = \frac{P_o}{P_i} \times 100\% \qquad (4-30)$$

8. 液压马达的图形符号

液压马达的图形符号如图 4-20 所示。

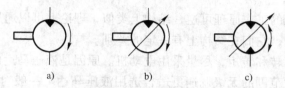

图 4-20　液压马达的图形符号
a）定量马达　b）单向变量马达　c）双向变量马达

4.2.4　液压马达与液压泵的异同

从原理上说，液压泵和液压马达是可逆的，但由于液压泵和液压马达的用途和工作条件不同，对它们的性能要求也不一样，所以除了轴向柱塞泵和螺杆泵等可以作为液压马达使用外，其他一些泵由于结构上的原因，是不能作为液压马达使用的。下面介绍液压泵和液压马达的相同点和不同点。

1. 液压马达与液压泵的相同点

1）各种液压马达和液压泵均是利用"密封容积"的周期性变化来工作的，工作中均需要有配流装置，而且，"密封容积"分为高压腔和低压腔两个独立部分。

2）两者在工作中均会产生困油现象、径向不平衡力、液压冲击、流量脉动和液体泄漏等一些共同的物理现象。

3）液压泵和液压马达都是能量转换装置。转换过程中均有能量损失，所以均有容积效率、机械效率和总效率。在进行效率计算时尤其要注意输入量与输出量的关系。

4）液压泵和液压马达最重要的结构参数都是排量。排量的大小反映了液压泵和液压马达的主要性能。

2. 液压马达与液压泵的不同点

1）动力不同　液压马达是靠输入液体压力能来工作的，而液压泵是由电动机等原动机直接带动的，因此结构上有所不同。液压马达密封必须可靠，因此叶片式马达的叶片根部设有预压弹簧，使其始终贴紧定子，以保证马达能顺利启动。

2）配流机构、进出油口不同　液压马达应能正、反转运行，因此其内部结构具有对称性（如轴向柱塞马达的配流盘采用对称结构，叶片马达的叶片必须径向安装等），而液压泵通常是单向旋转的，为了改善其吸油能力和避免出现气蚀现象，通常把吸油口做得比排油口大。

3）自吸性能不同　液压马达是依靠油液压力工作的，不需要有自吸能力，而液压泵必须有自吸能力。

4）防止泄漏形式不同　液压泵常采用内泄漏形式，内部泄漏口直接与液压泵吸油口相通。而液压马达需要双向运转，高低压油口要互相变换，所以应采用外泄漏式结构。

5）对转速要求不同　液压马达的转速范围应足够大，特别对它的最低稳定转速有一定的要求；液压泵都是在高速下稳定工作的，其转速基本不变。为保证马达的低速稳定性和较小的转矩脉动，要求其内部摩擦小（通常采用滚动轴承或静压滑动轴承），齿数、叶片数、柱塞数应比泵多。

4.2.5　液压马达的选择

液压马达与液压泵的工作原理可逆，结构上类似，理论上可以通用，选择原则上也大体相同。但因其用途不同，它们在结构上有一定的差别。

一般为获得连续回转和转矩，尽量采用电动机。原因是液压马达成本高，结构复杂。但结构要求特别紧凑和大范围的无级调速更适合选用液压马达。一般对精度和效率要求不高、价格低的场合可用齿轮式马达；而高速、小转矩及要求动作灵敏的工作台，如磨床液压系统应采用叶片式液压马达；低速大转矩、大功率的场合应采用柱塞式马达。液压马达在选择时应尽量与液压泵匹配，减少损失，提高效率。在选择液压马达时，还要注意马达的启动性能、马达转速、低速稳定性和调速范围等方面的问题。

4.2.6　液压马达的常见故障及排除方法

液压马达常见故障及排除方法见表4-15。

表4-15　液压马达常见故障及排除方法

故障现象	产生原因	排除方法
转速低，输出转矩小	1. 由于过滤器阻塞，油液黏度大，泵间隙过大，泵效率低，使供油不足 2. 电动机转速低，功率不匹配 3. 密封不严，有空气进入 4. 油液污染，堵塞马达内部通道 5. 油液黏度小，内泄漏增大 6. 输入油液流量太小或管道过小或过长 7. 齿轮马达侧板和齿轮两侧面、叶片马达配油盘和叶片等零件磨损造成内泄漏和外泄漏 8. 单向阀密封不良，溢流阀失灵	1. 清洗过滤器，更换黏度合适的液压油，保证供油量 2. 更换电动机 3. 紧固密封 4. 拆卸、清洗马达，更换油液 5. 更换黏度合适的油液 6. 增加输入流量增大管径 7. 对零件进行修复 8. 修理或更换阀
噪声过大	1. 进油口堵塞 2. 进油口漏气 3. 油液不清洁，空气混入 4. 液压马达安装不良 5. 液压马达零件损坏	1. 排除污物 2. 拧紧接头 3. 加强过滤，排除气体 4. 重新安装 5. 更换磨损的零件
泄漏	1. 密封件损坏 2. 结合面螺钉未拧紧 3. 管接头未拧紧 4. 配油装置发生故障 5. 运动件间的间隙过大	1. 更换密封件 2. 拧紧螺钉 3. 拧紧管接头 4. 检修配油装置 5. 重新装配或调整间隙

拓展知识

1. 轴向柱塞马达的工作原理

轴向柱塞液压马达的工作原理如图4-21所示。当压力油输入时，处于高压腔中的柱塞被顶出，压在斜盘上。设斜盘作用在柱塞上的反力为 F_N，它的轴向分力 F 与柱塞上的液压力平衡，而径向分力 F_T 则使处于高压腔中的每个柱塞都对转子中心产生一个转矩，使缸体和马达轴旋转。如果改变液压马达压力油的输入方向，马达轴则反转。

2. 曲轴连杆式径向柱塞马达工作原理

曲轴连杆式液压马达的工作原理如图4-22所示。图中仅画出马达的一个柱塞缸。它相当于一个曲柄连杆机构。

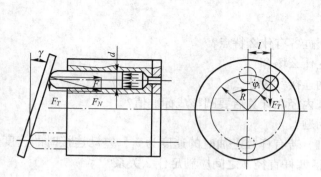

图4-21　斜盘式轴向马达工作原理

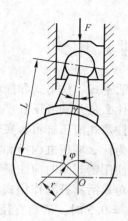

图4-22　曲轴连杆式液压
马达工作原理

通压力油的柱塞缸受液压力的作用，在柱塞上产生推力 F。此力通过连杆作用在偏心轮中心，使输出轴旋转，同时配流轴随着一起转动。当柱塞所处位置超过下止点时，柱塞缸便由配流轴接通总回油口，柱塞便被偏心轮往上推，做功后的油液通过配流轴返回油箱。各柱塞缸依次接通高、低压油，各柱塞对输出轴中心所产生的驱动力矩同向相加，就使马达输出轴获得连续而平稳的转矩。当改变油流方向时，可改变马达的旋转方向。如将配流轴转180°装配，也可以实现马达的反转。

如果将曲轴固定，进、出油直接通到配流轴中，就可实现外壳旋转。壳转马达可用来驱动车轮和绞车卷筒等。

项目小结

1. 液压缸与液压马达均为能量转换装置，同属执行元件，将液压能转换成机械能。其中液压缸将液压能转换成直线运动的机械能，液压马达则将液压能转换成转动的机械能。

2. 液压缸有单作用液压缸、双作用液压缸、组合液压缸和摆动液压缸四种类型。

3. 一个完整的典型液压缸，应具备以下结构要素：（1）缸体；（2）缸盖；（3）活塞或柱塞；（4）活塞杆；（5）导向套；（6）密封装置；（7）缓冲装置；（8）连接装置等。

4. 液压马达分为高速液压马达和低速液压马达两种类型。

5. 常用的密封件有：O 形密封圈，Y 形密封圈，V 形密封圈。

6. 液压缸和液压马达的设计计算主要内容有：

（1）液压缸推拉力及活塞速度计算；

（2）根据需要的载荷计算液压缸的内径、活塞杆直径等主要参数；

（3）必要时对缸壁厚度、活塞杆直径以及螺纹连接进行强度和刚度校核；

（4）确定液压缸各部分结构，包括密封装置、缸筒与缸盖的连接、活塞结构以及缸筒的固定形式、活塞杆头部连接装置、缓冲装置、排气装置等；

（5）液压马达的性能参数计算，包括压力、排量、流量、转速、转矩、功率、效率等的计算。

综合训练 4

4-1 活塞式、柱塞式和摆动液压缸各有什么特点？

4-2 什么是差动液压缸？应用在什么场合？

4-3 柱塞式液压缸可否实现差动连接？为什么？

4-4 为什么液压缸内径和活塞杆内径在计算后要圆整成标准值？

4-5 使用密封圈时应注意哪些问题？

4-6 对单活塞杆双作用式液压缸，若有杆腔进油时的速度为 v_1，差动连接时的速度为 v_2，当 $v_1/v_2 = 0.5$ 时，活塞直径 D 和活塞杆直径 d 之间应满足什么关系？

4-7 齿轮式液压马达有何特点？适用于哪些场合？

4-8 叶片式液压马达有何特点？适用于哪些场合？

4-9 一双出杆活塞式液压缸，其内径为 80 mm，活塞杆直径 32 mm，进入液压缸的流量为 16 L/min，求活塞运动的速度多大？

4-10 设有一双杆液压缸，其内径 $D = 100$ mm，活塞杆直径 $d = 0.7D$，若要求活塞运动速度 $v = 8$ cm/s，求液压缸所需要的流量 q 为多少？

4-11 某单杆活塞液压缸的内径 $D = 90$ mm，活塞杆直径 $d = 63$ mm，进入液压缸的流量 $q_1 = 25$ L/min，工作压力 $p_1 = 6$ MPa，回油腔的背压力 $p_2 = 0.5$ MPa，试判断并计算如图 4-23 所示 a、b、c 三种情况下缸体的运动速度大小和方向、最大推力的大小和方向，以及活塞杆受拉还是受压？

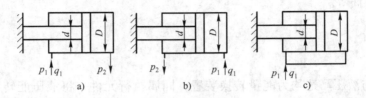

图 4-23 习题 4-11 图

4-12 两个结构相同且相互串联的液压缸（如图 4-24 所示），无杆腔面积 $A = 100$ cm^2，有杆腔面积 $A_2 = 80$ cm^2，缸 1 输入压力 $p_1 = 10$ MPa，输入流量 $q_1 = 12$ L/min，不计损失和泄漏，求：（1）两缸负载相同时，该负载的数值 F_1、F_2；（2）缸 2 输入压力是缸 1 压力的一半时（$p_2 = 0.5p_1$），两缸各能承受的负载 F_1、F_2；（3）当缸 1 负载 $F_1 = 0$ 时，缸 2 能承受的负载 F_2。

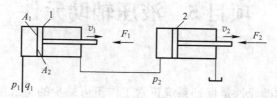

图 4-24　习题 4-12 图

4-13　单叶片摆动液压缸（如图 4-25 所示）的供油压力 $p = 2\,\mathrm{MPa}$，供油流量 $q = 25\,\mathrm{L/}$min，缸内径 $D = 240\,\mathrm{mm}$，叶片安装轴直径 $d = 80\,\mathrm{mm}$，若输出轴的回转角速度 $\omega = 0.7\,\mathrm{rad/s}$，试求叶片的宽度 b 和输出轴的转矩 T。

4-14　一限压式变量叶片泵向定量马达供油（如图 4-26 所示），已知：泵的供油量 q_B $= 32\,\mathrm{L/min}$，马达的排量 $V = 20\,\mathrm{mL/r}$，容积效率 $\eta_v = 0.90$，机械效率 $\eta_m = 0.90$，负载转矩 T $= 50\,\mathrm{N\cdot m}$，设在压力管路中有 $0.3\,\mathrm{MPa}$ 的压力损失，试求：（1）泵的供油压力；（2）马达的转速；（3）马达的输出功率；（4）泵的驱动功率。

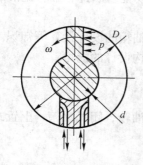

图 4-25　习题 4-13 图

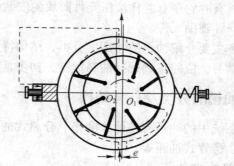

图 4-26　习题 4-14 图

项目5 液压辅助元件

项目描述

在液压系统中,辅助元件是保证系统正常工作不可缺少的组成部分。常用的辅助装置如蓄能器、过滤器、油箱、管件等,虽然只是起辅助的作用,但是它们在实际使用中数量很多,分布广泛,对液压系统的动态性能、工作稳定性、工作寿命、噪声等都有直接影响。在实际应用中,如果选择或使用不当,将会影响系统的工作性能和使用寿命,严重时会使系统发生故障,因此对于辅助元件,必须给予足够的重视。

任务5.1 油箱的设计

油箱在液压系统中用来储存油液,散发油液中的热量,分离油液中的气泡和沉淀油液中的污物等,有时它还有兼作液压元件阀块的安装台等多种功能。因此,油箱是液压系统中必不可少的一种辅助元件。

本任务主要介绍油箱的功用、分类、结构特点,以及油箱的设计计算等知识。学生通过本任务的学习,应能正确选择油箱类型,初步具备油箱结构设计的能力。

5.1.1 油箱的分类及典型结构

液压系统中的油箱有整体式油箱、分离式油箱;开式油箱、闭式油箱;上置式油箱、下置式油箱、旁置式油箱等。

1. 油箱的结构

油箱可分为开式结构和闭式结构两种:开式结构油箱中的油液具有与大气相同的自由液面,多用于各种固定设备,应用最广;闭式结构的油箱中的油液与大气是隔绝的,多用于行走设备及车辆。

开式结构的油箱又分为整体式和分离式。整体式油箱通常是利用主机的底座作为油箱,其特点是结构紧凑,液压元件的泄漏容易回收;但维修不方便,散热条件不好,且会使主机产生热变形。

分离式油箱单独设置,与主机分离,其散热、维护和检修性均好于整体式油箱。但须增加占地面积。能够减少油箱发热和液压源的振动对主机工作精度的影响,应用较为广泛。目前,精密设备多采用分离式油箱。

闭式油箱的液面和大气隔绝。油箱整个密封,在顶部有一充气管,送入 0.05 ~ 0.07 MPa 的纯净压缩空气。空气或者直接和油液接触,或者输到皮囊内对油液施压。这种油箱的优点在于泵的吸油条件较好,但系统的回油管、泄油管要承受背压。油箱还须配置安全阀、电接点压力表等以稳定充气压力,所以它只在特殊场合下使用。

所谓上置式、下置式和旁置式油箱,则是指液压泵相对于油箱的安装位置。

2. 开式结构分离式油箱的典型结构

图 5-1 为开式结构分离式油箱的结构简图。箱体一般用 2.5 ~ 4 mm 左右的薄钢板焊接而成，表面涂有耐油涂料；油箱中间有两个隔板 7 和 9，用来将液压泵的吸油管 1 与回油管 4 分离开，以阻挡沉淀杂物及回油管产生的泡沫；油箱顶部的安装板 5 用较厚的钢板制造，用以安装电动机、液压泵、集成块等部件。在安装板上装有过滤网 2、防尘盖 3 用以在加油时过滤，并防止异物落入油箱。防尘盖侧面开有小孔与大气相通；油箱侧面装有液位计 6 用以显示油量；油箱底部装有排油阀 8 用以换油时排油和排污。

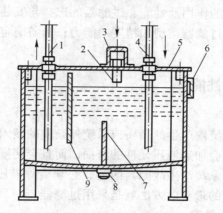

图 5-1　油箱简图
1—吸油管　2—过滤网　3—防尘盖　4—回油管　5—安装板
6—液位计　7—下隔板　8—排油阀　9—上隔板

5.1.2　油箱的结构设计

油箱进行结构设计时应注意以下问题：

1）吸油管与回油管间的距离应尽量远些。用隔板将吸油侧与回油侧分开，以增加油箱内油液的清洁度。

2）吸油管入口处应装粗过滤器，参见图 5-6a。在最低液面时，过滤器和回油管端均应没入油中，以免液压泵吸入空气或回油混入气泡。回油管端口切成 45°，并面向箱壁。管端与箱底、壁面间距离均不宜小于管径的 3 倍。

3）为防止脏物进入油箱，油箱上各盖板、管口处都要妥善密封。注油器上要加滤网，通气孔上须设置空气过滤器。

4）为了更好地散热和便于维护，箱底与地面距离至少应在 150 mm 以上。箱底应适当倾斜，在最低部位设置排油阀。箱体上在注油口的附近须安装油位计。

5）油箱一般用 2.5 ~ 4 mm 厚的钢板焊成。大尺寸油箱要加焊角板、加强肋，以增加刚度。当液压泵及其驱动电动机和其他液压件都要装在油箱上时，油箱顶盖要相应加厚。大容量油箱的侧壁通常要开清洗窗口，清洗窗口平时用侧盖密封，清洗时再取下。

6）油箱中如果需要安装热交换器，必须考虑好它的安装位置，以及测温、控制等措施。

任务 5.2　过滤器的选用

有资料显示，液压系统的故障有 75% 以上是由油液污染造成的，那些混在工作介质中的颗粒污染物会划伤液压元件运动副的结合面、加速液压元件的磨损、堵塞节流小孔，甚至使液压阀阀芯卡死。在液压系统中安装一定精度的过滤器，是保证液压系统正常工作的必要手段。

本任务主要介绍过滤器的作用及性能、过滤器的选择与安装方法等知识。通过学习相关知识，学生应具备正确选用过滤器类型和精度的能力；具备确定过滤器在液压系统中安装位置的能力。

5.2.1　过滤器的作用及性能

1. 过滤器的作用

在液压系统中，由于系统内产生的杂质或系统外杂质的侵入，使液压油中存在各种污染物，这些污染物的颗粒不仅会加速液压元件的磨损，而且会堵塞阀件的小孔，卡住阀芯，划伤密封件，使液压阀失灵，系统产生故障。因此，必须清除液压油中的杂质和污染物颗粒。目前，控制液压油洁净程度的最有效方法就是采用过滤器。

2. 过滤器的性能指标及要求

过滤器的主要性能指标有过滤精度、通流能力、压力损失等，其中过滤精度为主要指标。除此之外，过滤器还有一些其他性能指标，如滤芯强度、滤芯寿命、滤芯耐腐蚀性等指标。过滤器的性能指标及要求如下。

1）有较高的过滤精度　过滤精度就是过滤器从液压油中所过滤掉的杂质颗粒的最大尺寸（以污物颗粒平均直径 d 表示）。对于相对运动的部件，污垢颗粒应小于滑动面的配合间隙或油膜厚度，以免引起磨损；对于节流阀应使污垢颗粒小于系统中节流小孔的最小截面积，以免堵塞小孔。

目前所使用的过滤器，按过滤精度可分为四级：粗（$d \geqslant 0.1\,\text{mm}$），普通（$d \geqslant 0.01\,\text{mm}$），精（$d \geqslant 0.005\,\text{mm}$）和特精（$d \geqslant 0.001\,\text{mm}$）。

过滤精度选用的原则是：使所要过滤污物颗粒的尺寸小于液压元件密封间隙尺寸的一半。系统压力越高，液压件内相对运动零件的配合间隙越小，需要过滤器的过滤精度也就越高。液压系统的过滤精度，主要取决于系统的压力。如表 5-1 所示为过滤精度选择推荐值。

表 5-1　过滤器过滤精度表

系统类型	润滑系统	传动系统			伺服系统
压力/MPa	0~2.5	≤14	14<p≤21	>21	21
过滤精度/μm	100	25~50	25	10	5

2）通流能力要好　过滤器的通流能力一般用额定流量表示，它与过滤器滤芯的过滤面积成正比。为了工作可靠，过滤器所能通过的流量应比泵的流量要大，产生的压力降应在规定的范围内。

3）压力损失要小　指过滤器在额定流量下进出油口的压力差。实际上它就是油液通过过滤器时的压力损失。一般情况下，通过流量等于泵流量的 2 倍时，吸油过滤器的压力损失最好小于 0.01 MPa。一般过滤器的通流能力越好，压力损失也越小。

4）过滤器要具有一定的机械强度　过滤器的机械强度是指在过滤液体压力作用下不被损坏的能力。此外，在一定的工作温度下，应具有良好的稳定性和抗腐蚀性，并要求清洗、维护和更换滤芯方便等。

3. 过滤器的典型结构

按过滤机理，过滤器可分为机械过滤器和磁性过滤器两类。前者是使液压油通过滤芯的孔隙时将污物的颗粒阻挡在滤芯的一侧；后者是用磁性滤芯将液压油内的铁磁颗粒吸附在滤芯上。在一般液压系统中常用机械过滤器，在要求较高的系统中可将上述两类过滤器联合使用。在此着重介绍机械过滤器。

1）网式过滤器　图 5-2 为网式过滤器结构图。它主要由骨架 1、过滤网 2 和吸油管口等组成，在骨架外包裹有一层或几层过滤网。过滤器工作时，液压油从过滤器外通过过滤网进入过滤器内部，再从吸油管口处进入系统。

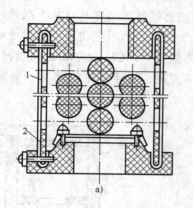
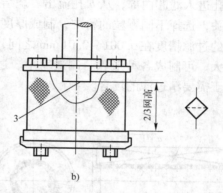

图 5-2　网式过滤器及过滤器符号
1—骨架　2—过滤网　3—吸油管口

此过滤器属于粗过滤器，其过滤精度为 0.04 ~ 0.13 mm，压力损失不超过 0.025 MPa。这种过滤器的过滤精度与铜丝网的网孔大小、铜网的层数有关。网式过滤器的特点是结构简单、通油能力强、压力损失小、清洗方便，但过滤精度低，一般安装在液压泵的吸油管口上用以保护液压泵。

2）线隙式过滤器　图 5-3 为线隙式过滤器结构图。它由芯架 1、滤芯 2 和壳体 3 等组成，滤芯 2 由金属线绕在带孔眼的筒形芯架 1 上。工作时，油液从右上侧孔进入过滤器内，经绕线间的间隙、芯架上的孔眼进入滤芯中再由左上侧孔流出。这种过滤器利用金属绕线间的间隙过滤，其过滤精度取决于间隙的大小。过滤精度有 30 μm、50 μm 和 80 μm 三种精度等级。其额定流量为 6 ~ 25 L/min，在额定流量下，压力损失为

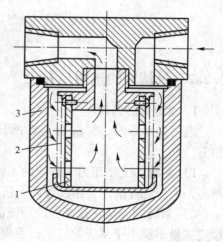

图 5-3　线隙式过滤器
1—芯架　2—滤芯　3—壳体

0.03～0.06 MPa。线隙式过滤器分为吸油管用和压油管用两种。前者安装在液压泵的吸油管道上，其过滤精度为 0.05～0.1 mm，通过额定流量时压力损失小于 0.02 MPa；后者用于液压系统的压力管道上，过滤精度为 0.03～0.08 mm，压力损失小于 0.06 MPa。这种过滤器的特点是结构简单、通油性能好、过滤精度较高，缺点是不易清洗、滤芯强度低，多用于中、低压系统。

3）纸芯式过滤器　纸芯式过滤器以滤纸为过滤材料。把厚度为 0.35～0.7 mm 的平纹或波纹的酚醛树脂或木浆制成的微孔滤纸，环绕在带孔的镀锡铁皮骨架上，制成滤纸芯（如图 5-4 所示）。油液从滤芯外面经滤纸进入滤芯内，然后从孔道 a 流出。为了增加滤纸 1 的过滤面积，纸芯一般都做成折叠式。这种过滤器的过滤精度有 0.01 mm 和 0.02 mm 两种规格，压力损失为 0.01～0.04 MPa。其优点为过滤精度高，缺点是堵塞后无法清洗，需定期更换纸芯，强度低，一般用于精过滤系统。

4）烧结式过滤器　图 5-5 为烧结式过滤器结构图。这种过滤器是由端盖 1、壳体 2、滤芯 3 组成，滤芯是由颗粒状铜粉烧结而成。其过滤过程是：压力油从 a 孔进入，经铜颗粒之间的微孔进入滤芯内部，从 b 孔流出。烧结式过滤器的过滤精度与滤芯上铜颗粒之间微孔的尺寸有关，选择不同颗粒的粉末，制成厚度不同的滤芯，就可获得不同的过滤精度。烧结式过滤器的过滤精度在 0.001～0.01 mm 之间，压力损失为 0.03～0.2 MPa。这种过滤器的优点是强度大、可制成各种形状、制造简单、过滤精度高，缺点是难以清洗、金属颗粒易脱落，常用于需要精过滤的场合。

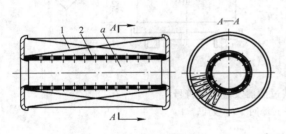

图 5-4　纸芯式过滤器
1—滤纸　2—骨架

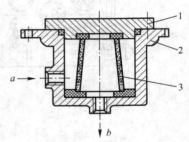

图 5-5　烧结式过滤器
1—端盖　2—壳体　3—滤芯

5.2.2　过滤器的选用与安装

1. 过滤器的选用

选用过滤器时，需综合考虑液压系统的技术要求及过滤器的特点。主要考虑的因素如下。

1）系统的工作压力　系统的工作压力是选择过滤器精度的主要依据之一。系统的压力越高，液压元件的配合精度越高，所需要的过滤精度也就越高。

2）系统的流量　过滤器的通流能力是根据系统的最大流量来确定的。一般，过滤器的额定流量不能小于系统的流量；否则过滤器的压力损失会增加，过滤器易堵塞，寿命也会缩短。但过滤器的额定流量越大，其体积及造价也越大，因此应选择合适流量的过滤器。

3）滤芯的强度　过滤器滤芯的强度是过滤器的重要指标。不同结构的过滤器有不同的强度，高压或冲击大的液压回路，应选用强度高的过滤器。

2. 过滤器的安装

过滤器的安装是根据系统的需要而确定的，一般可安装在如图 5-6 所示的各种位置上。

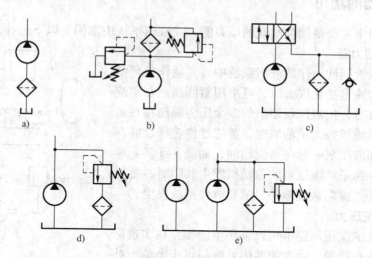

图 5-6　过滤器的安装

1）安装在液压泵的吸油口　如图 5-6a 所示，在泵的吸油口安装过滤器，可以保护系统中的所有元件，但由于受泵吸油阻力的限制，只能选用压力损失小的网式过滤器。这种过滤器的过滤精度低，泵磨损所产生的颗粒将进入系统，无法完全保护系统其他液压元件，还需要在油路上增加其他过滤器。

2）安装在液压泵的出油口上　如图 5-6b 所示，这种安装方式可以有效地保护泵以外的其他液压元件，但由于过滤器是在高压下工作，滤芯需要有较高的强度。为了防止过滤器堵塞而引起液压泵过载或过滤器损坏，常在过滤器旁设置一个堵塞指示器或旁路阀加以保护。

3）安装在回油路上　如图 5-6c 所示，将过滤器安装在系统的回油路上。这种方式可以把系统内管壁上脱落的氧化层或液压元件磨损所产生的颗粒过滤掉，以保证油箱内液压油的清洁，使泵及其他元件受到保护。由于回油压力较低，所需过滤器强度不必过高。

4）安装在支路上　这种方式如图 5-6d 所示，主要安装在溢流阀的回油路上，这种安装方法不会增加主油路的压力损失，过滤器的流量也可小于泵的流量，比较经济合理；但不能过滤全部油液，也不能保证杂质不进入系统。

5）单独过滤　如图 5-6e 所示，用一个液压泵和过滤器单独组成一个独立于系统之外的过滤回路，这样可以连续消除系统内的杂质，保证系统内油液清洁，一般用于大型液压系统。

任务 5.3　蓄能器的选用

蓄能器又称为蓄压器、储能器，是一种能把压力油的压力能储存在耐压容器里，待需要时又将其释放出来的一种装置，它在液压系统中起到调节能量、均衡压力、减少设备容量、降低功率消耗及减少系统发热等作用。

本任务主要介绍蓄能器的种类、结构及特点。通过学习相关知识，学生应具备正确选用蓄能器类型和进行蓄能器一般参数计算的能力。

5.3.1　蓄能器的功用

蓄能器的功用主要是储存油液的压力能，在液压系统中常用于以下三种情况。

1. 作辅助动力源

在某些实现周期性动作的液压系统中，其动作循环的不同阶段所需的流量变化很大时，可采用蓄能器。在系统不需要大量油液时，把液压泵输出的多余压力油储存在蓄能器内；而当系统需要大量油液时，蓄能器快速释放储存在内的油液，和液压泵一起向系统输油，如图5-7所示。

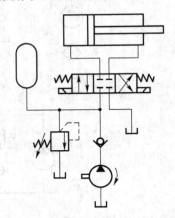

另外，万一在驱动液压泵的原动机发生故障时，蓄能器可作为应急动力源向系统输油，避免意外事故发生。

2. 维持系统压力

在液压系统的保压回路中可以采用蓄能器，在实现保压时，液压泵停止供油，由蓄能器向系统提供压力油，补偿系统泄漏，使系统在一段时间内维持压力，这样可以大大减少电动机的功率消耗，降低系统温升，如图5-8所示。

图5-7　蓄能器用于辅助动力源

3. 吸收液压冲击和压力脉动

在液压泵突然启停、液压阀突然开闭、液压缸突然运动或停止时，系统会产生液压冲击。因此把蓄能器装在发生液压冲击的地方，可有效地减小液压冲击的峰值。在液压泵的出口处安装蓄能器，可吸收液压泵工作时的压力脉动，有助于提高系统工作的平稳性，如图5-9所示。

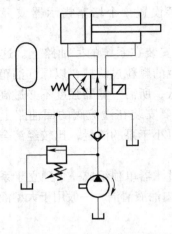

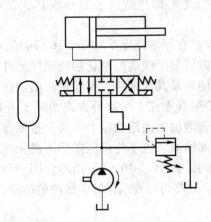

图5-8　蓄能器用于维持系统压力　　　　图5-9　蓄能器用于吸收冲击压力

5.3.2　蓄能器的类型和结构

蓄能器主要有弹簧式和充气式两种类型。

1. 弹簧式蓄能器

弹簧式蓄能器的结构原理如图 5-10 所示，它是利用弹簧的伸长和压缩来储存和释放压力能的。由于弹簧伸缩时弹簧力会发生变化，所形成的油压也会发生变化。为减少这种变化，一般弹簧的刚度不可太大，弹簧的行程也不能过大，因此这种蓄能器的工作压力较低。弹簧式蓄能器具有结构简单、反应较灵敏等特点；但容量较小、承压较低。可供小容量、低压（$p \leq 1 \sim 1.2\,\mathrm{MPa}$）的系统使用，常用于吸收液压系统中的冲击。

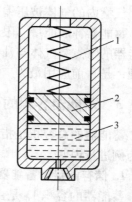

图 5-10　弹簧式蓄能器
1—弹簧　2—活塞　3—液压油

2. 充气式蓄能器

充气式蓄能器是利用气体的压缩和膨胀来储存和释放压力能。为安全起见，所充气体一般为惰性气体（氮气）。

充气式蓄能器主要有气瓶式、活塞式和气囊式，其中常用的有活塞式和气囊式两种。

（1）气瓶式蓄能器　由于气体和油液直接接触，气体容易混入油内，影响系统工作的平稳性，仅适用于要求不高的大流量低压系统，如图 5-11a 所示。

（2）活塞式蓄能器　如图 5-11b 所示为活塞式蓄能器结构图。压力油从 a 口进入，推动活塞，压缩活塞上腔的气体储存能量；当系统压力低于蓄能器内压力时，气体推动活塞，释放压力油，满足系统需要，这种蓄能器具有结构简单、工作可靠、维修方便等特点；但由于缸体的加工精度较高、活塞密封易磨损、活塞的惯性及摩擦力的影响，使其存在造价高、易泄漏、反应灵敏度差等缺陷。

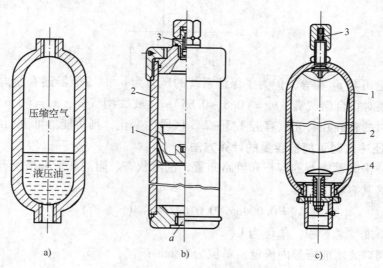

图 5-11　充气式蓄能器
a）气瓶式蓄能器
b）活塞式蓄能器　1—活塞　2—缸筒　3—充气阀
c）气囊式蓄能器　1—壳体　2—气囊　3—充气阀　4—限位阀

（3）气囊式蓄能器　如图 5-11c 所示为气囊式蓄能器结构图。由图可知，气囊 2 安装在壳体 1 内。充气阀 3 为气囊充入氮气，压力油从入口处经限位阀 4 进入蓄能器内压缩气囊，气囊内的气体被压缩而储存能量；当系统压力低于蓄能器压力时，气囊膨胀，压力油输出，蓄能器释放能量。限位阀 4 的作用是防止气囊膨胀时从蓄能器油口处凸出而损坏。这种蓄能器的特点是气体与油液完全隔开，气囊惯性小、反应灵活、结构尺寸小、重量轻、安装方便，是目前应用最为广泛的蓄能器之一。

5.3.3　蓄能器容积的确定

蓄能器的总容积是指气腔和液腔容积之和。它的大小和其用途有关，下面以气囊式蓄能器为例进行说明。

1. 储存能量时蓄能器容量的计算方法

蓄能器的容积 V_0 是由充气压力 p_0、工作中要求输出的油液体积 V_W、系统的最高工作压力 p_1 和最低工作压力 p_2 决定的，如图 5-12 所示。

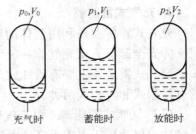

图 5-12　蓄能器的工作状态

气体状态方程：

$$p_0 V_0^n = p_1 V_1^n = p_2 V_2^n = \text{const} \qquad (5-1)$$

式中，V_1 和 V_2 分别为气体在最高和最低压力下的体积；n 为指数，其值由气体工作条件所决定。当蓄能器用以补偿泄漏、保持压力时，它释放能量的过程很慢，可以认为气体在等温条件下工作，$n = 1$；当蓄能器瞬时提供大量油液时，释放能量速度很快，可以认为气体在绝热条件下工作，$n = 1.4$。

设 $V_W = V_1 - V_2$，由式（5-1）得：

$$V_0 = \frac{V_W \left(\dfrac{1}{p_0} \right)^{\frac{1}{n}}}{\left[\left(\dfrac{1}{p_2} \right)^{\frac{1}{n}} - \left(\dfrac{1}{p_1} \right)^{\frac{1}{n}} \right]} \qquad (5-2)$$

p_0 值理论上可与 p_2 相等，但为了保证系统的压力为 p_2 时蓄能器还有能力补偿泄漏，宜使 $p_0 < p_2$，一般对折合型气囊，$p_0 = (0.8 \sim 0.85) p_2$；波纹型气囊，$p_0 = (0.6 \sim 0.65) p_2$。如能使气囊工作时的容腔在其充气容腔 1/3 ~ 2/3 区段内变化，则蓄能器可更加经久耐用。

2. 吸收液压冲击时蓄能器容量的计算方法

吸收液压冲击时蓄能器的容积和管路布置、油液状态、阻尼和泄漏情况有关，常采用下述经验公式计算其容积 V_0：

$$V_0 = 0.004 q p_2 (0.0164 L - t) / (p_2 - p_1) \qquad (5-3)$$

式中　V_0——蓄能器总容积，单位为 L；

　　　q——阀口关闭前管道内流量，单位为 L/min；

　　　t——阀口由打开到关闭的持续时间，单位为 s；

　　　p_1——阀口关闭前的管内压力，单位为 MPa；

　　　p_2——系统允许的最高冲击压力，单位为 MPa，一般取 $p_2 = 1.5 p_1$；

　　　L——产生冲击波的管道长度，单位为 m。

3. 吸收液压泵脉动压力时蓄能器容量的计算方法

一般采用下面经验公式计算：

$$V_0 = \frac{Vi}{0.6k_m} \qquad (5-4)$$

式中　V——液压泵的排量，L/r；

　　　i——排量变化率，$i = \frac{\Delta V}{V}$，ΔV 是最大瞬时排量与平均排量之差；

　　　k_m——压力脉动率，为压力脉动幅值 Δp 与泵出口平均压力 p 之比。

5.3.4　蓄能器的安装

安装蓄能器时应注意以下几点。

1）安装位置随其在液压系统中的功用而异，用以吸收液压冲击或压力脉动的蓄能器宜安装在冲击源或脉动源的附近；用做补油保压的蓄能器应尽可能靠近有关的执行元件。

2）气囊式蓄能器应垂直安装，油口向下，以利于气囊的正常伸缩；只有在空间位置受限制时才允许倾斜或水平安装。

3）安装在管路中的蓄能器须用支板或支架加以固定。

4）蓄能器与管路系统之间应安装截止阀，以便于蓄能器的检修。蓄能器和液压泵之间应安装单向阀，以防止液压泵停转或卸荷时，蓄能器内的压力油向液压泵倒流。

另外，在使用蓄能器时还应注意如下几点。

（1）充气式蓄能器应使用惰性气体，一般为氮气。允许的工作压力视蓄能器的结构形式而定，例如气囊式的为 3.5～32 MPa。

（2）不同的蓄能器各有其适用的工作范围，例如，气囊式蓄能器的皮囊因强度不高，故不能承受很大的压力波动，并只能在 20℃～70℃ 的温度范围内工作。

拓展知识

1. 油管和管接头

将分散的液压元件用油管和管接头连接，构成一个完整的液压系统。油管的性能、管接头的结构，对液压系统的工作状态有直接的关系。在此介绍常用的液压油管及管接头的结构，供设计液压装置选用连接件时参考。

（1）油管。

在液压系统中，所使用的油管种类较多，主要分为硬管和软管两类。硬管有钢管、铜管；软管有尼龙管、塑料管、橡胶管等。要根据液压系统压力的高低、液压元件安装的位置、液压设备工作的环境等因素进行选用。

1）油管的种类及用途。

① 钢管　钢管分为焊接钢管和无缝钢管两类。前者一般用于中低压系统，后者用于中、高压系统。钢管的特点是承压能力强、价格低廉、耐油、抗腐蚀、刚度好，但装配和弯曲较困难，需要专门的工具或设备，常用于各种液压设备中装配部位限制少的场合。

② 紫铜管　易弯曲成各种形状，但有承载压力不高、抗振能力弱、材料价格高、易使液压油氧化等缺点，一般用于压力小于 5 MPa 的液压系统中，更适合在液压系统内部装配不方便处使用。

③ 尼龙管　尼龙管是一种乳白色半透明的新型管材，承压能力因材而异，可为 2.5～8 MPa。尼龙管具有弯曲方便、价格低廉等优点，但寿命较短，多用于低压系统替代铜管

使用。

④ 塑料管　塑料管价格低，安装方便，但承压能力低，长期使用易老化，使用压力不超过 0.5 MPa，目前只用于泄漏管和回油路。

⑤ 橡胶管　橡胶管用于具有相对运动的液压件的连接，有高压和低压两种。高压管由夹有钢丝编织层的耐油橡胶制成，钢丝层越多，油管耐压能力越高；低压管的编织层为帆布或棉线。

油管的安装应垂直或水平，尽量减少转弯。管道应避免交叉，长管道应选用标准管夹固定牢固，以防振动和碰撞。

2）油管尺寸的确定。

油管内径和壁厚，可由下列公式计算，再查阅相关手册选定：

$$d = 2\sqrt{\frac{q}{\pi v}} \tag{5-5}$$

$$\delta = \frac{pdn}{2\sigma_b} \tag{5-6}$$

式中　d——油管内径；

　　　q——油管内流量；

　　　v——管中油液流速，吸油管取 $0.5 \sim 1.5 \, \text{m/s}$，压油管取 $2.5 \sim 5 \, \text{m/s}$；回油管取 $1.5 \sim 2.5 \, \text{m/s}$；

　　　δ——油管壁厚；

　　　p——管内工作压力；

　　　σ_b——油管材料抗拉强度；

　　　n——安全系数，当 $p < 7 \, \text{MPa}$，取 $n = 8$；当 $p \leqslant 17.5 \, \text{MPa}$，取 $n = 6$；当 $p > 17.5 \, \text{MPa}$，取 $n = 4$。

选择油管壁厚时，还应考虑到加工螺纹对强度的影响。

（2）管接头。

管接头是连接油管与液压元件或液压阀板的可拆卸连接件。管接头除应满足拆装方便外，还要有密封性好、外形尺寸小、连接牢固、压力损失小、工艺性好等要求。管接头的种类很多，依其连通的油路分有直通、直角、三通和四通；依其与油管的连接方式分有焊接式、卡套式、扩口式和扣压式。下面介绍几种常见的管接头。

① 焊接式管接头。

如图 5-13 所示，这种管接头制造简单，工作可靠，适用于管壁较厚和压力较高的系统，承受压力可达 31.5 MPa，应用范围较广。其缺点是对焊接质量要求较高。

② 卡套式管接头。

如图 5-14 所示，卡套式管接头的工作比较可靠，拆装方便，其工作压力可达 31.5 MPa。其缺点是卡套的制造工艺要求高，对连接的油管外径的几何精度要求也较高。

③ 扩口式管接头。

如图 5-15 所示为扩口式管接头，这种管接头的结构简单，性能良好，加工和使用方便，适用于以油、气为介质的中、低压管路系统，其工作压力取决于管材的许用压力，一般为 3.5 ~ 16 MPa。

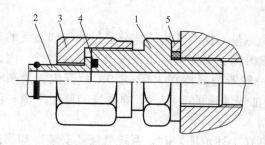

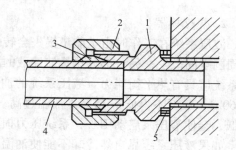

图 5-13　焊接式管接头
1—接头体　2—接管　3—螺母
4—O 型密封圈　5—组合式密封垫

图 5-14　卡套式管接头
1—接头体　2—螺母　3—卡套
4—接管　5—密封

④ 扣压式软管接头。

如图 5-16 所示为扣压式软管接头，这种管接头可用于工作压力为 6～40 MPa 的液压传动系统中的软管的连接，在装配时须剥离胶层，然后在专门的设备上扣压而成。

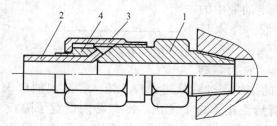

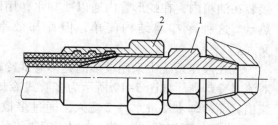

图 5-15　扩口式管接头
1—接头体　2—接管　3—接头螺母　4—导套

图 5-16　扣压式软管接头
1—接头体　2—外接头体

⑤ 快换接头。

快换接头是一种能实现管路迅速连通或断开的接头，适用于需要经常拆装的液压管路。如图 5-17 所示为快换接头的结构。图示为接通工作位置，两个接头的结合是通过接头体 6～12 个钢球被压落在接头体的 V 形槽内实现的。接头体内的单向阀由前端的顶杆互相顶开，形成液流通道，油液可由一端流向另一端。当需要断开油路时，只需将外套 5 向左推，使钢球 4 退出 V 形槽，就可拉出内接头 6，接头体的单向阀芯在弹簧力作用下外移，将管道关闭，油液不会外漏。

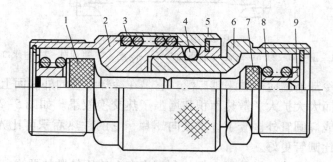

图 5-17　快速装拆管接头
1、7—单向阀体　2—外接头体　3、8—弹簧　4—钢球　5—外套　6—内接头体　9—弹簧座

2. 热交换器

液压系统在工作时由于能量损失会转化为热量，这些热量一部分通过油箱和装置的表面向周围空间散发，另一部分热量使油液的温度升高，而影响液压系统的工作稳定性，因此液压系统应具有热平衡能力。液压系统的油温一般希望保持在30℃~50℃范围内，最高不超过60℃，最低不得低于15℃。油温过高，会加快油液的变质，影响系统的使用寿命；油温过低，会使液压泵启动困难，系统压力损失增大。

如果液压系统靠自然冷却不能使油温控制在上述范围内时，系统就需要安装冷却器；相反，如果油温过低会使液压泵无法启动，或系统不能正常工作时，就需要安装加热器。热交换器就是冷却器和加热器的总称。

（1）冷却器。

冷却器按其使用的冷却介质不同可分为风冷、水冷和氨冷等多种形式。液压系统中使用较多的冷却形式是水冷。其中最简单的冷却器是蛇形管冷却器，如图5-18所示。它直接装在油箱内，在蛇形管内通以冷却水，用以带走油液中的热量。这种冷却器结构简单，但冷却效率较低，耗水量又大。

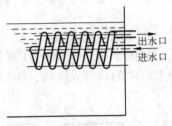

图5-18　蛇形管冷却器

现在液压系统中采用较多的是多管式冷却器，它为强制对流式冷却器。如图5-19所示为多管式冷却器的结构。油液从进油口5流入，从出油口3流出；而冷却水从进水口7流入，通过多根水管后由出水口1流出。冷却器内设置了隔板4，在水管外部流动的油液行进路线因隔板的上下布置变得迂回曲折，从而增强了热交换效果。这种冷却器的冷却效果较好。

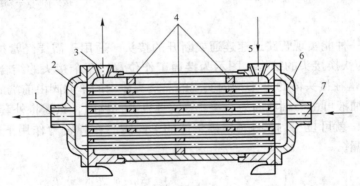

图5-19　多管式冷却器

1—出水口　2、6—端盖　3—出油口　4—隔板　5—进油口　7—进水口

近来翅片管式冷却器的应用越来越广泛。它是在冷却水管的外表面上装了许多横向或纵向的散热翅片，从而大大扩大了散热面积和增强了热交换效果。如图5-20所示的翅片管式冷却器，是在圆管或椭圆管外嵌套了许多径向翅片，它的散热面积可比光滑管大8~10倍。椭圆管的散热效果比圆管更好。

液压系统还可以用风冷式散热器，例如利用汽车上使用的散热器进行冷却，用风扇鼓风带走在散热器内流动的油液热量，不必另设通水管路，结构简单，价格低廉，但冷却效果较差，噪声也较大。

液压系统最好装有油液的自动控温装置，可以将油液温度准确地控制在要求的范围内。冷却器一般安装在回油管或低压管路上，油液流经冷却器时的压力损失一般约为 0.01 ～ 0.1 MPa。

（2）加热器。

油液的加热方法较多，可用热水或蒸汽来加热，也可用电加热。电加热因为结构简单，使用方便，能根据需要自动调节最高和最低温度，因而得到广泛的使用，如图 5-21 所示。电加热器用法兰安装在油箱壁上，发热部分全部浸在油液内。加热器应安装在箱内油液流动处，以利于热量的交换。同时，单个电加热器的功率容量也不能太大，以免其周围油液因局部过度受热而变质。如有要求可安装多个加热器，使加热均匀。在电路上应设置联锁保护装置。

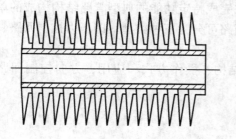

图 5-20　翅片管式冷却器

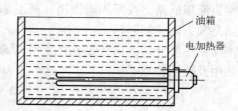

油箱
电加热器

图 5-21　加热器的安装位置

项目小结

1. 液压系统中的辅助元件包括：油箱、过滤器、蓄能器、管件等。

2. 油箱的主要功用是：储存油液，散发油液中的热量，逸出油液中的气体，沉淀油液中的污物，为系统中元件的提供安装位置等。

3. 过滤器按过滤精度不同，分为粗过滤器、普通过滤器、精过滤器和特精过滤器。按滤芯材料和结构的不同，可分为网式、线隙式、纸芯式和烧结式等几种。

4. 蓄能器是液压系统中的储能元件，它能贮存一定量的压力油，并在需要时迅速地或适量地释放出来，供系统使用。蓄能器的另一个用途是吸收液压系统中的振动和冲击。

5. 油箱和蓄能器要根据具体装置和工作条件进行必要的设计计算。

6. 管件包括油管和管接头。液压系统用油管输送工作介质，用管接头将油管与油管或油管与液压元件连接起来。

综合训练 5

5-1　油箱有什么作用？

5-2　常见的过滤器有哪几种结构形式？选用过滤器时主要考虑哪些因素？

5-3　蓄能器有哪些功用？常见的蓄能器有哪几种？

5-4　常见的管接头有哪几种？

项目6　方向控制阀与方向控制回路

项目描述

在液压系统中，为了保证工作机构完成预定的动作，保护系统安全可靠地工作，必须设置能够控制系统中液流压力、流量和流动方向的元件，这些元件称为液压控制阀。根据液压控制阀在系统中的用途不同，可分为压力控制阀、流量控制阀和方向控制阀三大类。

由液压控制阀等相关元件组合在一起，用来完成特定功能的典型管路结构构成的单元回路，称为液压回路。按照不同作用，液压基本回路可分为三种类型，即压力控制回路、速度控制回路和方向控制回路。

本项目主要介绍方向控制阀的工作原理、结构、操作方式和应用；方向控制回路的组成、功用及使用特点等。

任务6.1　方向控制阀的使用

方向控制阀简称方向阀，其主要作用是：通过阀芯和阀体间的相对位置改变，实现液压系统中各油路之间的接通、断开或切换油液的流动方向，以满足对液压执行元件的启动、停止、前进、后退，力及速度变换等工作要求，按其用途可分为单向阀和换向阀两类。

本任务主要介绍普通单向阀、液控单向阀的结构、工作原理及应用；各类换向阀的工作原理、结构、图形符号的意义和应用。通过学习学生应熟悉方向阀的图形符号；明确换向阀的位置数、通路数、常态位以及操作方式等概念，并能分析它们在回路中的作用。

6.1.1　单向阀

单向阀又可分为普通单向阀和液控单向阀两种。

1. 普通单向阀

（1）工作原理

普通单向阀简称单向阀，它的作用是控制油液单向流动，不能逆向倒流。其工作原理如图6-1所示。当油口A中的油液压力大于油口B的油液压力时，在油液压力的作用下，阀芯被向上推移，打开阀口，油液从A口流向B口；反之，当B口油液压力大于A口时，油液压力和弹簧力的方向相同，将阀芯紧压在阀座上，此时阀口关闭，液流不能通过，达到单向控制的目的。

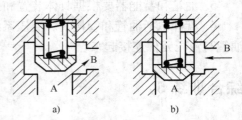

图6-1　单向阀的工作原理

（2）典型结构

单向阀按进出口油流的方向可分成直通式和直角式两种。其中的直通式单向阀的结构如图6-2所示。由图可知，直通式单向阀由阀体、阀芯、弹簧、弹簧座等零件组成。单向阀的图形符号如图6-2所示。

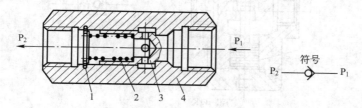

图6-2　直通式单向阀
1—挡圈　2—弹簧　3—阀芯　4—阀体

普通单向阀的弹簧主要用来克服阀芯运动时的摩擦力。为了使单向阀工作灵敏可靠，弹簧力应较小，以免产生过大的压力降。一般单向阀的开启压力约为 0.035～0.05 MPa，额定流量通过时的压力损失不超过 0.3 MPa。当利用单向阀作背压阀时，应换成较硬的弹簧，使回油保持一定的背压。作背压阀使用时，开启压力一般为 0.2～0.6 MPa。

（3）应用

单向阀的主要应用是：

① 用于液压泵的出口，防止液压泵停转时造成油液倒流；

② 作背压阀使用；

③ 与节流阀、顺序阀、减压阀等组成单向节流阀、单向顺序阀和单向减压阀；

④ 在油路间起隔断作用，防止不必要的干扰。

2. 液控单向阀

（1）工作原理

液控单向阀具有单、双向流动的机能。其工作原理如图6-3所示。当 A 口油液压力大于 B 口时，阀芯被上推，使油口打开，油液正向流动，与单向阀相同。当 B 口油液压力大于 A 口时，油液的逆向流动受到控制口 K 的控制，若 K 口有控制油液通入，推动控制活塞顶起阀芯，则 B 口的压力油能流向 A 口，若 K 口无压力油液通入，则油流不能逆向流动。

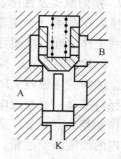

（2）典型结构与图形符号

液控单向阀的典型结构与符号如图6-4所示，它由阀体、阀芯、阀座、弹簧、控制活塞、上端盖、下端盖等零件组成。

图6-3　液控单向阀工作原理

由图可知，控制活塞杆上部与 P_1 腔直接相通，K 口处的压力油能通过活塞与阀体孔处的配合间隙流向 P_1 口排出，故称为内泄式液控单向阀。它的结构较为简单，制造较方便，但受结构限制，控制活塞直径不能太大，因此反向开启需要较大的控制压力。

（3）应用

液控单向阀的应用场合：

① 作为液压缸的保压阀；

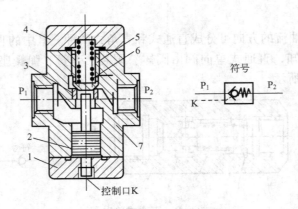

图 6-4 内泄式液控单向阀

1—下盖 2—控制活塞 3—阀座 4—上盖 5—阀芯 6—弹簧 7—阀体

② 作为二通开关阀，当液控单向阀打开后，液压缸下腔快速放油；

③ 用两个液控单向阀组成液压锁。

6.1.2 换向阀

1. 换向阀的分类

1）按结构分：可分为滑阀式换向阀和转阀式换向阀两类，其中以滑阀式换向阀应用最多。

2）按操纵方式分：可分为手动换向阀、机动换向阀、电磁换向阀、液动换向阀、电液换向阀等。

3）按阀芯在阀体内工作的位置数分：可分为二位阀、三位阀、四位阀等。

4）按阀体上主油口的数目（通路数）分：可分为二通阀、三通阀、四通阀和五通阀。

2. 换向原理及图形符号

换向阀是通过改变其阀芯的工作位置来实现换向的，如图 6-5 所示为三位四通电磁换向阀的工作原理。由图可知，滑阀式换向阀主要由阀体、阀芯、电磁铁、弹簧、推杆等零件组成，阀体内有阀孔，阀芯安装在阀孔内。当左右滑动阀芯时，就能改变阀芯的工作位置，将相应的阀腔导通或关闭。图 6-5a 中，阀芯处于中间位置，压力油被关闭在进油腔 P 内，活塞保持不动。当左边电磁铁通电时，阀芯被移到右边位置（见图 6-5b），此时进油腔 P 与工作油腔 A 导通，工作油 B 与回油腔 T 相通，将压力油引入液压缸的无杆腔，同时有杆腔内的油液流到油箱，实现了活塞向外推出。

反之，当右边电磁铁通电使阀芯处于左边位置时（见图 6-5c），进油腔 P 与工作油腔 B 相通，工作油腔 A 与回油腔 T 相通，压力油从液压缸 B 腔进入，同时 A 腔回油，实现了活塞的回程。

如图 6-5d 所示为三位四通电磁换向阀的图形符号。

转阀式换向阀的工作原理与滑阀式换向阀基本相同，不同的是转阀式换向阀通过转动阀芯的工作位置来实现油口的接通与关闭，达到换向的目的。

常用滑阀式换向阀的结构原理及图形符号见表 6-1。

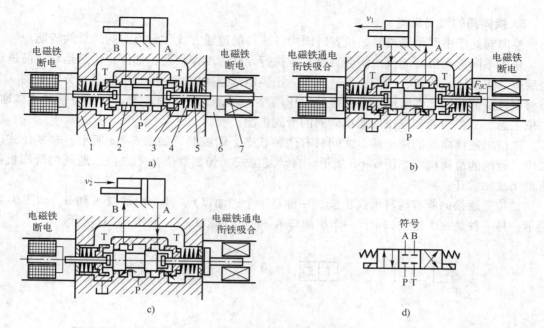

图 6-5　三位四通电磁换向阀的工作原理

1—阀体　2—阀芯　3—弹簧座　4—弹簧　5—推杆　6—铁心　7—衔铁

表 6-1　常用滑阀式换向阀结构原理及图形符号

名　称	结构原理图	图形符号	作用特点
二位二通阀			阀芯移动时能控制油路的接通与切断，相当于一个开关
二位三通阀			阀芯移动时能控制液流从一个方向变换成另一个方向
二位四通阀			阀芯移动时能控制执行元件换向，不能使执行元件停止运动
三位四通阀			控制执行元件换向，阀芯在中位时能使执行元件停止运动
二位五通阀			控制执行元件换向，不能使执行元件停止运动
三位五通阀			控制执行元件换向，阀芯在中位时能使执行元件停止运动

3. 换向阀的滑阀机能

换向阀处于中间位置或原始位置时阀中各油口的连通方式称为换向阀的滑阀机能。

采用不同滑阀机能的换向阀会直接影响执行元件的工作状态：如停止还是运动、前进还是后退、快速还是慢速、卸荷还是升压等。正确地选择换向阀的滑阀机能是十分重要的，它能够以较少的液压元件组成更多功能的液压回路，以满足使用的要求。下面介绍二位二通、二位三通、二位四通和三位四通换向阀的滑阀机能。

二位二通换向阀的两个油口之间只有两种状态，通或断，如图 6-6a 所示。非复位式的二位二通阀的滑阀机能如图 6-6b 所示。自动复位式（弹簧复位）的二位二通阀的滑阀机能有常闭式和常开式两种。

二位三通换向阀有两种滑阀机能，一种是一个进油口 P，两个出油口 A 和 B，如图 6-7a 所示；另一种是一个进油口 P，一个出油口 A 和一个回油口 T，如图 6-7b 所示。

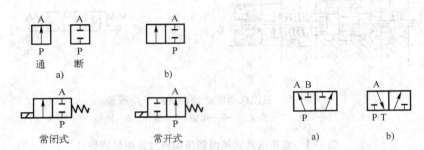

图 6-6　二位二通换向阀的滑阀机能　　　图 6-7　二位三通换向阀滑阀机能

二位四通换向阀的各种滑阀机能基本上都是由三位四通换向阀派生出来的，即阀芯只有左右两个位置。它们的用法可参看三位四通换向阀的滑阀机能部分，如表 6-2 所示。

三位四通换向阀的滑阀机能又称为中位机能，它有多种机能形式，常见的有表 6-2 中所列的 11 种。中间一个方框表示其初始位置，左右方框表示两个换向位置。

表 6-2　三位四通换向阀的滑阀机能

阀芯类型	图形符号	中位原理图	机能特点与作用
O 型 （各油口在中位 断开）			液压缸闭锁，泵不卸荷。从静止到启动平稳，制动时惯性大易引起液压冲击，换向精度较高
H 型 （各油口在中位 连通）			泵卸荷，活塞呈浮动状态，在外力作用下可移动，从静止到启动有冲击，制动较 O 型平稳，换向位置变动大
P 型 （P、A、B 油口 中位连通）			压力油与缸两腔相通，可组成差动回路，启动与制动平稳，换向位置变动较 H 型小

阀芯类型	图形符号	中位原理图	机能特点与作用
M 型 （P、T 油口连通， A、B 油口封闭）	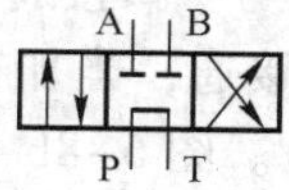	 T B P A	泵卸荷，缸两腔封闭。启动较平稳，制动性能与 O 型相同，可用于泵卸荷，液压缸锁紧的液压回路中
Y 型 （A、B、T 油口 中位连通）	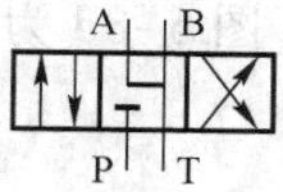	 T B P A	泵不卸荷，缸两腔通油箱，呈浮动状态。从静止到启动有冲击，制动性能介于 O 型与 H 型之间
K 型 （P、A、T 油口 中位连通）	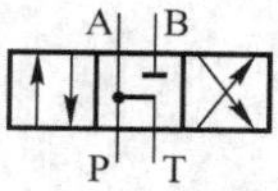	 T B P A	泵卸荷，B 腔闭锁
X 型 （P-A、B-T 油口 连通）	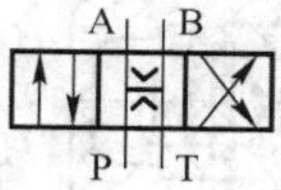	 T B P A	除 P-A、B-T 直通外，各油口半开启连通，P 油口尚有一定的压力，泵部分卸荷，换向性能介于 O 型和 H 型之间
J 型 （P、A 油口封闭， B、T 油口连通）	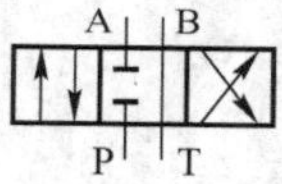	 T B P A	泵不卸荷，A 腔闭锁，B 腔通油箱
N 型 （P、B 油口封闭， A、T 油口连通）	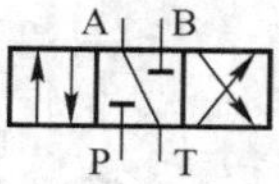	 T B P A	泵不卸荷，B 腔闭锁，机能与 J 型相似
C 型 （P、A 油口连通， B、T 油口封闭）	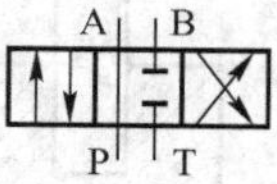	 T B P A	泵不卸荷，缸内 A 腔压力等于 p，B 腔压力大于 p，活塞受压力作用但不能运动
U 型 （P、T 油口封闭）	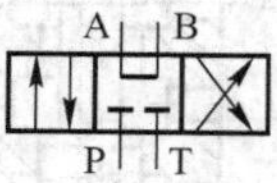	 T B P A	P、T 油口封闭，A、B 油口连通，活塞浮动，在外力作用下可移动，泵不卸荷

4. 换向阀的结构

根据操纵方式的不同，换向阀有多种结构。

（1）手动换向阀

手动换向阀是用手动杠杆操纵阀芯换位的方向控制阀。手动换向阀有钢球定位式和弹簧复位式两种。弹簧复位式手动换向阀适用于动作频繁、工作持续时间短的场合。手动换向阀结构简单，动作可靠，但需人力操纵，故只适用于间歇动作且要求人力控制的场合。

如图 6-8a 所示为三位四通自动复位手动换向阀的结构原理图。该阀借助于手柄 1 操纵阀芯 3 对阀体 2 的相对位置，以改变阀的内部通路，从而改变液流方向。从图 6-8a 中可看出，这种阀在阀体上有四条沉割槽，P 口通液压泵，A、B 口通液压缸或液压马达，T 口通油箱。因此外部接口有四个，所以叫四通阀。图示位置，P、T、A 和 B 口互不相通；当手柄 1 顺时针旋转时，拉动阀芯 3 左移，P 口与 A 口接通，B 口与 T 口接通；当手柄 1 逆时针转动时，推动阀芯 3 右移，使 P 口与 B 口接通，A 口与 T 口接通；当加在手柄 1 上的力去掉，阀芯 3 在弹簧 4 的作用下，恢复其原来位置（中间位置）。图 6-8b 为自动复位手动阀的图形符号。图 6-8c 为钢球定位式手动阀，当用手柄拨动阀芯移动时，阀芯右边的两个定位钢球在弹簧作用下，可定位在左、中、右任何一个位置上。图 6-8d 为钢球定位式手动阀的图形符号。

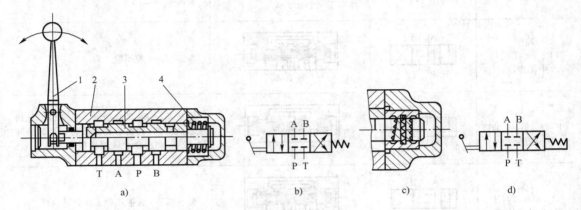

图 6-8　手动换向阀

a）结构图　b）图形符号　c）钢球定位式　d）钢球定位式图形符号

1—手柄　2—阀体　3—阀芯　4—弹簧

手动换向阀在液压系统中可直接用来控制油路的通断及换向，它广泛用于各种工程机械中，如汽车吊车、叉车、铲车、挖掘机和装载机等。

（2）机动换向阀

机动换向阀如图 6-9 所示。工作时阀固定安装，挡块则随活塞杆或工作台运动，当挡块接触到阀杆上的滚轮时，即可将阀杆压下，实现换向。图中符号的滑阀机能是：挡块未接触滚轮时弹簧将阀芯顶起，P 与 A 相通，B 口闭锁，执行下位机能。当挡块压下滚轮时 P 与 B 相通，A 口闭锁，执行上位机能。

机动换向阀具有结构简单、动作可靠、换向位置精度高等优点，常用于机床液压系统速度换接回路中。

（3）电磁换向阀

1）二位四通电磁阀。

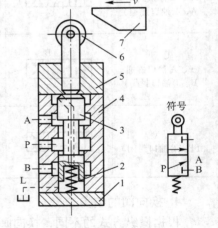

图 6-9　机动换向阀

1—下盖　2—弹簧　3—阀芯　4—阀体
5—上盖　6—滚轮　7—行程挡块

二位四通电磁阀如图 6-10 所示。它由阀体、阀芯、弹簧、后盖等零件组成，共有 4 个油口，其中 A、B 为工作油口，P 为压力油口，T 为回油口。该阀的滑阀机能见符号图，当电磁铁通电吸下时，阀芯被推向右边，此时执行符号图的左位机能，即 P 通 A，B 通 T。当电磁铁断电时，阀芯在弹簧力作用下往左复位，此时执行符号图右位机能，即 P 通 B，A 通 T。当工作油口 A、B 与液压缸连接时，即可使液压缸的活塞作往复运动。

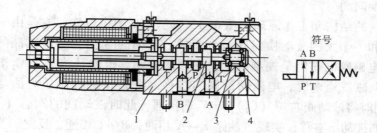

图 6-10　二位四通电磁换向阀

1—阀体　2—阀芯　3—弹簧　4—后盖

二位四通电磁换向阀可以直接用于控制液压执行元件的工作，使液压执行元件换向。

2）三位四通电磁换向阀。

三位四通电磁换向阀如图 6-11 所示。其工作过程如前所述（见图 6-5）。

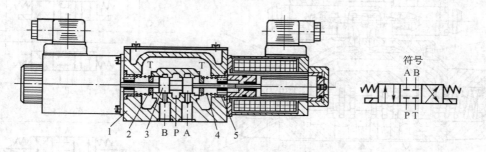

图 6-11　三位四通电磁换向阀

1—阀体　2—弹簧座　3—阀芯　4—弹簧　5—挡块

（4）液动换向阀

液动换向阀如图 6-12 所示。其中的 C_1、C_2 为换向控制油口，P 为压力油口，A、B 为工作油口，T 为回油口。工作时，若 C_1 为进油端，则 C_2 为回油端，此时阀芯在 C_1 端压力油的推动下右移，同时 C_2 端的油流回油箱，使 P→A 相通，B→T 相通，完成活塞的换向。反之则相反，完成活塞的回程。

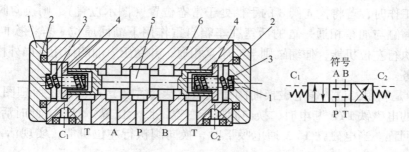

图 6-12　液动换向阀

1—阀盖　2—密封圈　3—弹簧　4—弹簧座　5—阀芯　6—阀体

液动换向阀适用于大流量的液压系统，如液压机及船用转向机等液压系统。根据C_1、C_2外接元件的不同，可实现手动操纵或自动操纵。

（5）电液换向阀

电液换向阀的结构和工作原理如图6-13所示。从图中可知，它是由一个小的三位四通先导电磁阀和一个大的液动换向阀组合而成。其中的X为先导电磁阀的进油口，Y为回油口。先导电磁阀的作用是控制液动换向阀的换向，也就是将C_1、C_2按要求接通。当电磁阀左端的电磁铁通电时，电磁阀的阀芯右移，将X端的控制压力油与液动阀的左端（C_1）接通，同时将液动阀右端（C_2）与Y端接通，此时液动阀的阀芯（又称为主阀芯）在控制压力油的推动下右移，实现主油路P→A相通，B→T相通；反之，当电磁阀右端电磁铁通电吸下时，实现主阀芯左移，使主油路P→B相通，A→T相通，达到使执行元件换向的目的。

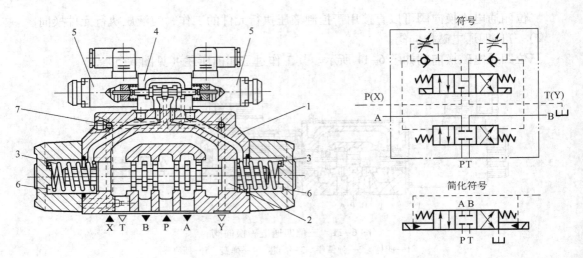

图6-13 电液换向阀结构图

1—阀体 2—控制阀芯 3—复位弹簧 4—先导电磁阀 5—电磁铁 6—弹簧腔 7—控制油路

5. 换向阀的应用

换向阀的应用场合很多，现仅举两例来说明其应用。如图6-14所示是利用手动二位三通换向阀控制自卸车伸缩缸工作的液压系统原理图。

该系统工作时，若将换向阀8的手柄处于常态位置（图示位置），则换向阀执行右位机能，此时伸缩缸与油箱相通，缸的活塞在车箱自重作用下缩回原位。若将换向阀手柄压下时，换向阀执行左位机能，伸缩缸则与液压泵相通，并在压力油的作用下向外推出，完成自卸的工作任务。

图6-15是利用二位四通电磁换向阀使液压缸活塞往复运动的系统原理图。由图可知，当换向阀5的电磁铁1YA断电时，换向阀执行右位（图示位置）机能，此时活塞往左运动，实现活塞的回程。当电磁铁1YA通电吸下时，换向阀执行左位机能，实现活塞向外（右）推出。

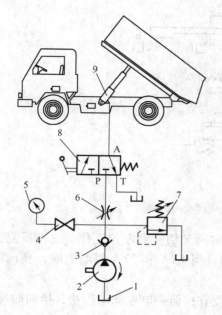

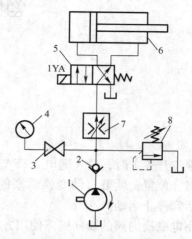

图 6-14 二位三通换向阀应用实例 1

1—油箱 2—液压泵 3—单向阀 4—压力表开关阀

5—压力表 6—节流阀 7—溢流阀 8—二位

三通手动换向阀 9—伸缩液压缸

图 6-15 二位四通换向阀应用实例 2

1—液压泵 2—单向阀 3—压力表开关阀

4—压力表 5—二位四通电磁换向阀

6—液压缸 7—调速阀 8—溢流阀

任务 6.2   方向控制回路分析

方向控制回路利用各种方向阀来控制液压系统各油路中液流的接通、切断或变向，从而使各执行元件按需要实现启动、停止或换向等一系列动作。这类控制回路有换向回路、锁紧回路等。

本任务主要介绍一般方向控制回路、复杂方向控制回路和锁紧回路的工作原理、回路特点及应用。通过学习学生应熟悉方向控制回路的工作原理和特点；掌握方向控制回路的应用。

6.2.1   换向回路

换向回路用于控制液压系统中油液流动的方向，从而改变执行元件的运动方向。因此，要求换向回路应具有较高的换向精度、换向灵敏度和换向平稳性。换向过程一般可分为三个阶段：执行元件减速制动、短暂停留和反向启动。这一过程是通过换向阀的阀芯与阀体之间的位置变换来实现的，因此选用不同换向阀组成的换向回路，其换向性能也不同。根据换向过程的制动原理，方向控制回路可分为一般方向控制回路和复杂方向控制回路两种。

1. 一般方向控制回路

一般方向控制回路只需在动力元件与执行元件之间采用普通换向阀。如图 6-16 所示是利用限位开关控制三位四通电磁换向阀动作的换向回路。

按下启动按钮，1YA 通电，换向阀处于左位，液压缸活塞向右运动，当碰到限位开关 2 时，2YA 通电、1YA 断电，换向阀切换到右位工作，液压缸右腔进油，活塞向左运动。当

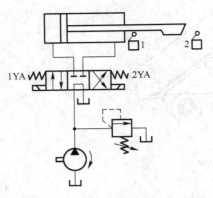

图 6-16　电磁换向阀换向回路

碰到限位开关 1 时，1YA 通电、2YA 失电，换向阀又切换到左位工作。这样反复变换换向阀的工作位置，就可自动变换活塞的运动方向。当 1YA 和 2YA 都断电时，换向阀处于中位，活塞停止运动。

用电磁换向阀的换向回路使用方便，价格便宜；但是电磁阀动作快，换向时冲击力大，换向精度较低，一般不宜做频繁的换向。

2. 复杂方向控制回路

（1）时间控制制动式换向回路

当需要频繁连续动作且对换向过程有很多附加要求时，需采用复杂方向控制回路。

图 6-17 为时间控制制动式换向回路。该回路主要由机动先导阀 C 和液动主阀 D 及节流阀 A 等组成。由执行元件（液压缸）带动工作台上的行程挡块拨动机动先导阀，机动先导阀使液动阀 D 的控制油路换向，进而使液动阀换向，液压缸反向运动。执行元件的换向过程可分解为制动、停止和反向启动三个阶段。在图 6-17 所示位置上，泵 B 输出的压力油经阀 C、D 进入液压缸左腔，液压缸右腔的回油经阀 D、节流阀 A 流回油箱，液压缸向右运动。当工作台上的行程挡块拨动拨杆，使机动先导阀 C 移至左位后，泵输出的压力油经先导阀 C 的油口 7、单向阀 I_2 作用于液动阀 D 的右端，阀 D 左移，液压缸右腔的回油通道 3 至 4 逐渐关小，工作台的移动速度减慢，这就是执行元件（工作台）的制动过程。

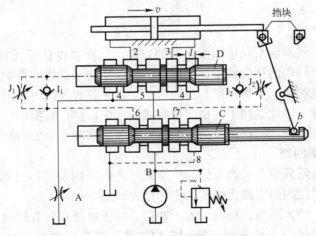

图 6-17　时间控制制动式换向回路

当阀芯移过一段距离 l（阀 D 的阀芯移至中位）后，回油通道全部关闭，液压缸两腔互通，执行元件停止运动。当阀 D 的阀芯继续左移时，泵 B 的油液经阀 C、阀 D 的通道 5 至 3 进入液压缸右腔，同时油路 2 至 4 打开，执行元件开始反向运动。这三个阶段过程的快慢取决于液动阀 D 阀芯移动的速度。该速度由阀 D 两端的控制油路的回油路上的节流阀（J_1 或 J_2）调整，即当液动阀 D 的阀芯从右端向左端移动时，其速度由节流阀 J_1 调整；反之，则由 J_2 调整。由于阀芯从一端到另一端的距离一定，因此调整 D 阀芯移动的速度，也就是调整了时间，因此称这种换向回路为时间控制式换向回路。时间控制式换向回路最适用于要求换向频率高、换向平稳性好、无冲击，但不要求换向精度很高的场合，如平面磨床、牛头刨床等液压系统。

（2）行程控制制动式换向回路。

时间控制式换向回路的主要缺点是：节流阀 J_1 或 J_2 一旦调定后，制动时间就不能再变化。故若执行元件的速度高，其冲击量就大；执行元件速度低，冲击量就小，因此换向精度不高。图 6-18 所示的行程控制制动式换向回路就解决了这一问题。

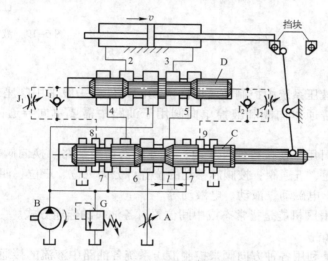

图 6-18　行程控制制动式换向回路

在图 6-18 所示的位置上，液压缸的回油必须经过先导阀 C 才能流回油箱。这是与时间控制式换向回路主要的区别之处。当工作台上的行程挡块拨动拨杆，使先导阀 C 的阀芯左移时，阀芯中段的右制动锥将先导阀阀体上的油口 5、6 间的回油通道逐渐关小，起制动作用。执行元件的速度高，行程挡块拨动拨杆的速度也快，油口 5、6 间的通道关闭速度就快；反之亦然。通道的关闭过程就是执行元件的制动过程。因此，在速度变化时，执行元件的停止位置，即换向位置基本保持不变，故称这种回路为行程控制式换向回路。这种回路换向精度高，冲击量小；但由于先导阀制动锥的 l 恒定，因此制动时间和换向冲击的大小就受到执行元件运动速度的影响。所以主要用于工作部件运动速度不大但换向精度要求较高的场合，如外圆磨床、内圆磨床等液压系统中。

6.2.2　锁紧回路

锁紧回路的功用是使液压缸能在任意位置上停留，且停留后不会因外力作用而移动。

最简单的方法是利用三位换向阀的 M 形或 O 形中位机能封闭液压缸两腔，其特点是结构简单，不需增加其他装置，但由于滑阀环形间隙泄漏较大，所以这种锁紧方法不够可靠，一般只用于要求不太高或只需短暂锁紧的场合。应用最广泛的是采用液控单向阀的锁紧回路。

如图 6-19 所示为使用液控单向阀（又称为液压锁）的锁紧回路。当换向阀左位接入时，压力油经左边液控单向阀进入液压缸左腔，同时通过控制口打开右边液控单向阀，使液压缸右腔的回油经右边液控单向阀及换向阀流回油箱，活塞向右运动；反之，活塞向左运动。到了需要停留的位置，只要使换向阀处于中位，因阀的中位为 Y 形机能（H 形也可），所以两个液控单向阀均关闭，使活塞双向锁紧。

回路中由于液控单向阀的密封性好，泄漏极少，锁紧的精度主要取决于液压缸的泄漏。这种回路被广泛用于工程机械、起重运输机械等有锁紧要求的场合。

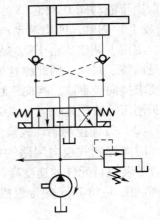

图 6-19　液控单向阀锁紧回路

项目小结

1. 方向控制阀：

（1）单向阀是液压系统中控制液流单向流动的元件，一般采用阀座式结构，以保证可靠的单向密封性。普通单向阀和液控单向阀用于油路中需要单向导通的场合和各种锁紧回路。

（2）换向阀既可用来使执行元件换向，也可用来切换油路。换向阀按控制通路数可分为二通、三通、四通、五通阀；按阀芯移动的位置可分为二位、三位、四位阀；按操纵方式可分为手动、机动、电磁动、液动、电液动等。

（3）换向阀的滑阀机能是指常态或中间位置时各油口的连通方式。

2. 方向控制回路：

方向控制回路是利用各种方向阀来控制液压系统各油路中液流的接通、切断或变向的回路，它包括换向回路和锁紧回路。

综合训练 6

6-1　什么是换向阀的滑阀机能？有哪些滑阀机能？它们所起的作用是什么？

6-2　普通单向阀能否作背压阀使用？背压阀的开启压力一般是多少？

6-3　试说明三位四通阀 O 型、M 型、H 型中位机能的特点和它们的应用场合。

6-4　电液换向阀的先导阀，为何选用 Y 型中位机能？改用其他中位机能是否可以？为什么？

6-5　二位四通换向阀能否作二位三通阀和二位二通阀使用？具体接法如何？

6-6　液控单向阀与普通单向阀有何区别？通常应用在什么场合？使用时应注意哪些问题？

6-7　简述采用液控单向阀的锁紧回路是如何进行工作的。

项目 7　压力控制阀与压力控制回路

项目描述

在液压传动系统中，能对系统内液体压力进行调控的阀统称为压力控制阀。常用的压力控制元件有溢流阀、减压阀、顺序阀和压力继电器四种类型。它们工作时的共同特点是利用作用于阀芯上的液体压力和弹簧力相平衡的原理，来达到压力控制的目的。

液压系统中的压力控制一般靠压力控制阀来实现，利用压力控制阀来控制系统整体或部分压力的回路称为压力控制回路。它包括调压、减压、增压、卸荷、保压及平衡等回路。

任务 7.1　压力控制阀的使用

在具体的液压系统中，根据工作需要，对压力控制的要求也各不相同，有的需要限制液压系统的最高压力，如安全阀；有的需要稳定液压系统中某处的压力值，如溢流阀、减压阀等；还有的是利用液压力作为信号控制其动作，如顺序阀和压力继电器等。那么，这些元件是如何调节和控制压力的？它们又有哪些控制特性？

本任务主要介绍溢流阀、减压阀、顺序阀和压力继电器的结构和工作原理，介绍它们的工作性能和在液压系统中的应用。学生通过学习应能熟练掌握各种压力控制阀的工作原理、图形符号和结构特点；掌握各种压力控制阀的工作特性，并能熟练分析它们在回路中的作用。

7.1.1　溢流阀

1. 溢流阀的结构和工作原理

（1）直动式溢流阀。

直动式溢流阀及其图形符号如图 7-1 所示。由图可知，阀芯 3 在弹簧力的作用下压在阀座 2 上，进油口 P 布置在阀的下方，回油口 T 设在阀的右边。当油液压力小于弹簧产生的压力时，阀芯在弹簧力的作用下紧压在阀座上，此时阀口处于关闭状态。当油液压力 p 大于弹簧压力时，阀芯被向上顶起，使阀口打开，油液经阀口进入阀座上方，再经回油口 T 流回油箱。转动手轮即可通过阀杆调节弹簧压力的大小，从而改变溢流压力 p 的大小。当调节完成后，溢流阀可保证进口压力基本恒定。

直动式溢流阀具有结构简单、灵敏度高等特点，

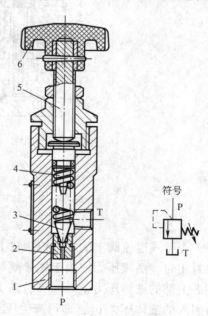

图 7-1　直动式溢流阀
1—阀体　2—阀座　3—阀芯
4—调压弹簧　5—阀杆　6—手轮

但溢流压力受溢流量的影响较大，稳压性能较差。这是因为流量较大时，需要阀芯上升量也大，弹簧压缩量随之增加，继而需要更大的压力才能将其推起。另一方面，这种溢流阀需要较大刚性的弹簧。故该类溢流阀在溢流时压力 p 会随着溢流量的大小有一定的变化，因而不适用于高压、大流量下工作。

（2）先导式溢流阀

先导式溢流阀如图 7-2 所示。它由先导阀（水平设置部分）和主阀两部分组成。主阀芯弹簧较软，阀芯中空，内部钻有上下连通的小孔，上孔 e 小（称为阻尼孔）、下孔 f 大，压力油经进油腔 P 和中空阀芯 e、f 同时作用于主阀及先导阀芯上。当先导阀芯未打开时，阀腔中油液没有流动，作用在主阀芯上下两个方向的液体压力相互平衡，主阀芯在弹簧力的作用下压在最下端位置（图示位置），此时阀口关闭，即溢流阀无溢流。当进油压力 p 增大至使先导阀打开时，液流通过主阀芯内的阻尼孔 e，沿着阀芯中部流到主阀芯上部，再经先导阀流至回油腔 T。由于阻尼孔的阻尼作用，液流流经阻尼孔时会产生一定的压降，造成主阀芯上下所受到的液体压力不相等，此时主阀芯上部液体压力小，下部压力大，这样，在压差的作用下主阀芯即可克服主阀弹簧的阻力而向上移动，打开阀口，实现了溢流，从而保证了液压泵出口压力基本恒定。通过调压手轮 8 调节先导阀的调压弹簧 7，便可调整溢流压力。

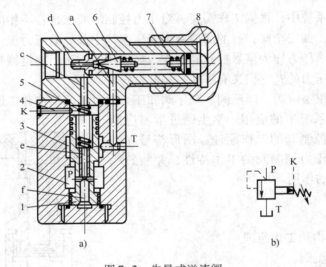

图 7-2　先导式溢流阀

a）结构图　b）符号

1—主阀芯　2—进油腔　3—回油腔　4—远程控制口　5—主阀弹簧
6—先导阀芯　7—先导阀弹簧　8—调压手轮

先导式溢流阀上的远程控制口 K（又称为外控口），对溢流压力具有调控作用。当将 K 口封闭时，溢流压力取决于先导阀弹簧的调定压力。而当 K 口与外界接通时，则作用在主阀芯上部的液体压力就是外界引入 K 口的压力，这时，只要溢流阀的进油压力 p 略大于 K 口引入的液体压力 p_K，即可产生压差，推动主阀芯上移而实现溢流。同理，若将 K 口直接与油箱接通，则 K 口压力为 0，此时，可认为溢流压力为 0。这说明，K 口对先导式溢流阀具有调控作用，所以，若将 K 口接一个远程调压阀，便可对系统压力实现远程控制。

先导式溢流阀的先导阀部分，结构尺寸较小，因此，调压弹簧刚性可以比直动式溢流阀的调压弹簧小，故压力调整比较轻便。另一方面，主阀芯向上打开时，由于主阀弹簧较软，因而阀芯上升时对溢流压力影响较小，溢流时压力较为稳定。但此种溢流阀要先导阀主阀都动作后才能起控制作用，因此反应不如直动式溢流阀灵敏。

2. 溢流阀的静态特性

溢流阀工作时，随着溢流量的变化，系统压力会产生一定的波动，不同的溢流阀其波动程度不同。因此一般用溢流阀稳定工作时的压力－流量特性来描述溢流阀的静态特性。

如图 7-3 所示为溢流阀的压力－流量特性曲线，又称为溢流阀的静态特性曲线。图中 p_T 为溢流阀调定压力，p_c 和 p'_c 分别为直动式溢流阀和先导式溢流阀的开启压力。

3. 溢流阀的应用

溢流阀在液压传动系统中应用广泛，主要用途有：

1）溢流定压；

2）作安全阀用；

3）远程与多级调压；

4）作背压阀用；

5）作卸荷阀用。

下面举例说明。

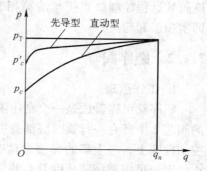

图 7-3　溢流阀的静态特性曲线

图 6-14 中的溢流阀在液压系统中的作用是调压、稳压、安全保护等。工作时通过手轮来调定溢流（工作）压力。工作压力调定后，如因油路流量小于泵的供油量时，则溢流阀自动溢流，保持工作压力的稳定。如因超载使压力升高，危及回路安全时，溢流阀能自动加大溢流量，将液压泵输出的压力油引回油箱，此时压力不再升高，起安全保护作用。

图 7-4 中的比例溢流阀 2，起远程调压作用。当先导式溢流阀 1 的溢流压力调定后，即可通过改变比例溢流阀中电磁铁的电信号大小来调节比例溢流阀的溢流压力，从而达到调节泵的出口压力的目的。这种溢流阀组成的回路，可在较宽的范围内对泵的出口压力实现远程无级调压。

如图 7-5 所示为溢流阀作背压阀使用的实例。图中的背压阀 6 所起的作用是使电液换向阀在中位时，泵的出口保持一个启动电液换向阀的压力，该压力控制在 0.2 ~ 0.3 MPa 之间。若无此压力，则电液换向阀不能动作，也即不能实现换向。

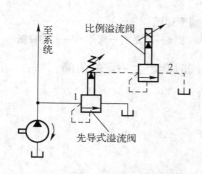

图 7-4　远程控制无级调压应用实例

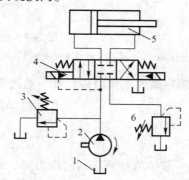

图 7-5　背压阀应用实例

1—油箱　2—液压泵　3—溢流阀　4—电液换向阀
5—液压缸　6—背压阀

97

如图 7-6 所示为溢流阀作卸荷阀的应用实例。图中的先导式溢流阀 2，三位四通电磁换向阀 3，直动式溢流阀 4，液压泵 1 组成二级调压 – 卸荷回路。当换向阀 3 处于中位时，先导式溢流阀的溢流压力为其本身的调定压力。当电磁铁 2YA 通电时，先导式溢流阀的溢流压力由直动式溢流阀 4 调定。当电磁铁 1YA 通电时，先导式溢流阀的远程控制口直接与油箱相通，此时溢流压力为 0，即实现了卸荷。

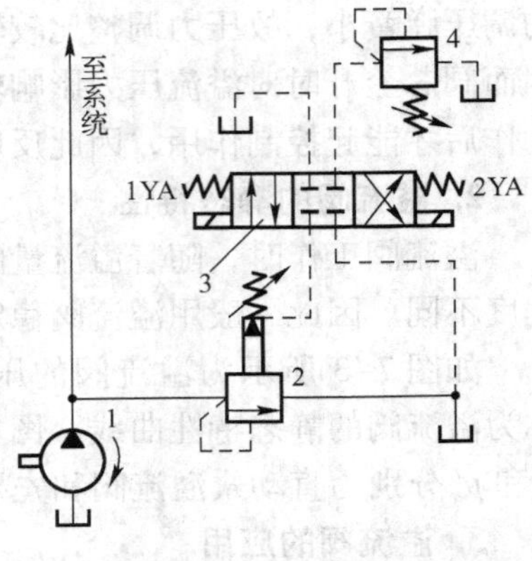

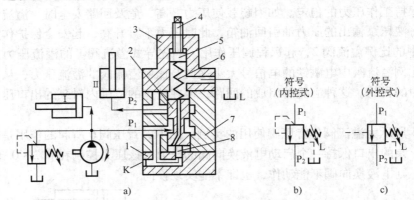

图 7-6　溢流阀作卸荷阀应用实例

7.1.2　顺序阀

1. 工作原理

顺序阀可以看成是一个利用液体压力打开的开关阀，其工作原理如图 7-7 所示。图中的阀芯 2 上部有一弹簧，底部有一控制柱塞 8。工作时，将 p_1 处的压力油引入底部，作用在控制柱塞上，与上部的弹簧力动态平衡。由于柱塞工作面积较小，产生的向上推力相对较小，因而可以减小调压弹簧 6 的刚度，选用较软的调压弹簧。当阀的进口处压力 p_1 小于阀芯上部的弹簧压力时，阀芯在弹簧力的作用下移至图示位置，此时阀口处于关闭状态，阀的出口处无油液输出，压力 p_2 为 0。当阀的进口处压力 p_1 大于弹簧的作用力时，阀芯被控制柱塞顶起，此时阀口打开，油液经阀芯的环形通流截面流至出口，其输出油的压力为 p_2，完成阀的打开过程。阀开启后，压力油进入二次油路，去驱动另一个执行元件。

图 7-7　直动式顺序阀原理图

1—下盖　2—阀芯　3—上盖　4—调压螺杆　5—弹簧座　6—弹簧　7—阀体　8—控制柱塞

由上述顺序阀的工作原理可知，油液流经顺序阀时会产生一定的压降，即：

$$\Delta p = p_1 - p_2$$

或：

$$p_2 = p_1 - \Delta p \tag{7-1}$$

式中　Δp——液体流经顺序阀的压力降，MPa；

p_1——顺序阀进口油液压力，MPa；

p_2——顺序阀出口油液压力，MPa。

如图 7-7 所示，由于顺序阀必须在回路压力达到其调定值后，才能打开向液压缸 II 的供油通道，所以当液压泵起动后，泵输出的油液先进入液压缸 I，推动液压缸 I 的活塞向左移动。当液压缸 I 到达行程终点，使系统压力升高到顺序阀的调定压力后，顺序阀打开，液压缸 II 才开始动作，由于顺序阀能使执行元件按顺序先后完成工作任务，故称这类阀为顺序阀。图中还可看出，若将下盖转过 90°安装，并打开外控口 K 时，则可变成外控顺序阀。如图 7-7b 所示为内控顺序阀的符号，如图 7-7c 所示为外控顺序阀的符号。

2. 典型结构

（1）直动式顺序阀。

图 7-8 为 XF 型直动式顺序阀的结构图。它主要由外控口（不用时用堵塞封闭）1、下阀盖 2、控制活塞 3、阀体 4、阀芯 5、弹簧 6、上阀盖 7 等零件组成。设置在控制柱塞内的阻尼孔和阀芯内的阻尼孔有助于阀的稳定工作。

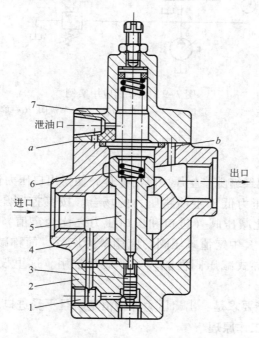

图 7-8　XF 型直动顺序阀

1—外控口　2—下阀盖　3—控制活塞　4—阀体　5—阀芯　6—弹簧　7—下阀盖

（2）先导式顺序阀

先导式顺序阀的结构原理与先导式溢流阀类似，其工作原理也基本相同，故不再重述。先导式顺序阀与直动式顺序阀一样也有内控外泄、外控外泄和外控内泄的控制方式。

3. 顺序阀的应用

应用顺序阀，可以使两个以上的执行元件按预定的顺序动作。并可将顺序阀用作背压阀、平衡阀、卸荷阀，或用来保证油路最低工作压力。

如图 7-9 为顺序阀的应用实例。当图中的电磁换向阀 4 通电时，换向阀执行左位的机能，此时液压泵向液压缸的无杆腔供油。但由于连接 B 缸的外控顺序阀 7 的调定压力比 A 缸的负载压力高 0.5 MPa，故 A 缸运动时 B 缸因顺序阀没有打开而保持不动，从而保证了 A

缸先动，B 缸后动的顺序动作。此过程直至 A 缸活塞运动至右止点后压力升高至将顺序阀 7 打开为止。

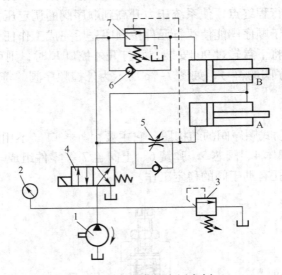

图 7-9　顺序阀应用实例

1—液压泵　2—压力表　3—溢流阀　4—电磁换向阀　5—节流阀　6—单向阀　7—顺序阀

7.1.3　减压阀

减压阀是利用液流流经缝隙产生压力降的原理，使得出口压力低于进口压力的压力控制阀，用于要求某一支路压力低于主油路压力的场合。按其控制压力可分为：定值减压阀（出口压力为定值）、定比减压阀（进口和出口压力之比为定值）和定差减压阀（进口和出口压力之差为定值）。其中定值减压阀的应用最为广泛，简称减压阀，按其结构又有直动式和先导式之分，先导式减压阀性能较好，最为常用。这里仅对先导式定值减压阀进行分析。

对定值减压阀的性能要求是：出口压力保持恒定，且不受进口压力和流量变化的影响。

1. 减压阀的结构和工作原理

先导式减压阀的结构形式很多，但工作原理相同。图 7-10 是一种常用的先导式减压阀结构原理图。它也分为两部分，即先导阀和主阀。由先导阀调压，主阀减压。压力油 p_1（一次压力油）由进油口进入，经主阀阀芯 7 和阀体 6 所形成的减压口后从出油口 p_2 流出。由于油液流过减压口的缝隙时有压力损失，所以出口油压 p_2（二次压力油）低于进口压力 p_1。出口压力油一方面送往执行元件，另一方面经阀体 6 下部和端盖 8 上通道至主阀阀芯 7 下腔，再经主阀阀芯 7 上的阻尼孔 9 引入主阀阀芯上腔和先导锥阀 3 的右腔，然后通过锥阀座 4 的阻尼孔作用在锥阀上。当负载较小、出口压力 p_2 低于调压弹簧 11 所调定的压力时，先导阀关闭。当主阀阀芯 7 上的阻尼孔 9 内无油液流动时，主阀阀芯上、下两腔油压均等于出口油压 p_2，主阀阀芯在软弹簧 10 的作用下处于最下端位置，主阀阀芯与阀体之间构成的减压口全开，不起减压作用；当出口压力 p_2 上升并超过调压弹簧 11 所调定的压力时，先导阀阀口打开，油液经先导阀和泄油口流回油箱。由于阻尼孔 9 的作用，主阀阀芯上腔的压力

100

p_3将小于下腔的压力 p_2。当此压力差所产生的作用力大于主阀阀芯弹簧的预紧力时，主阀阀芯 7 上升使减压口缝隙减小，p_2 下降，直到此压差与阀芯作用面积的乘积和主阀阀芯上的弹簧力相等时，主阀阀芯处于平衡状态。此时减压阀保持一定开度，出口压力 p_2 稳定在调压弹簧 11 所调定的压力值上。

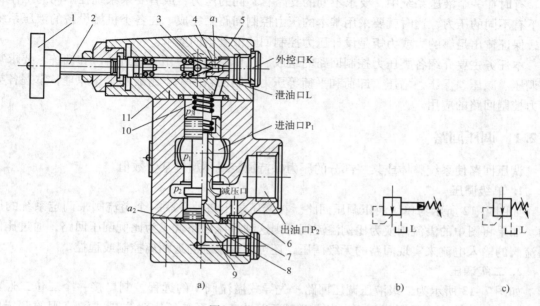

图 7-10　先导式减压阀
1—调压手轮　2—调节螺钉　3—锥阀　4—锥阀座　5—阀盖　6—阀体
7—主阀阀芯　8—端盖　9—阻尼孔　10—主阀弹簧　11—调压弹簧

　　如果由于外来干扰使进口压力 p_1 升高，则出口压力 p_2 也升高，使主阀阀芯向上移动，主阀开口减小，p_2 又降低，在新的位置上取得平衡，而出口压力基本维持不变；反之亦然。这样，减压阀能利用出油口压力的反馈作用，自动控制阀口开度，从而使得出口压力基本保持恒定，因此，称为定值减压阀。

　　减压阀的阀口为常开型，其泄油口必须由单独设置的油管通往油箱，且泄油管不能插入油箱液面以下，以免造成背压，使泄油不畅，影响阀的正常工作。

　　与先导式溢流阀相同，先导式减压阀也有一外控口 K，当阀的外控口 K 接一远程调压阀，且远程调压阀的调定压力低于减压阀的调定压力时，可以实现二级减压。

2. 减压阀的应用及注意事项

　　在液压系统中，减压阀一般用于减压回路，有时也用于系统的稳压，常用于控制、夹紧、润滑回路。这些回路的压力常需低于主油路的压力，因而常采用减压回路，如图 7-11 所示，回路中单向阀的作用是当主油路压力下降到低于减压阀调定压力（如主油路中液压缸快速运动）时，防止油液倒流，起到短时保压作用。

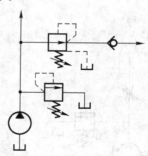

图 7-11　减压阀应用

任务 7.2 压力控制回路分析

有时在一个液压系统中，要求不同的支路有不同的压力，或者要求系统在不同的工作状态下有不同的压力，这时就要采用基本的压力控制回路来完成。在各类机械设备的液压系统中，保证输出足够的力或力矩是设计压力控制回路最基本的要求。

本任务主要介绍各类压力控制回路的组成、工作原理及应用。通过学习和训练，要求掌握调压、减压、保压、增压、卸荷和平衡等压力控制回路的基本组成和工作原理；掌握各类压力控制回路的应用。

7.2.1 调压回路

调压回路使系统整体或某一部分的压力保持恒定或不超过某个数值。

1. 单级调压

如图 7-12 所示为单级液压调压回路。在液压泵出口处并联一个溢流阀来调定系统的压力。如果将图中的溢流阀换为比例溢流阀，则这种调压回路就成为比例调压回路，通过比例溢流阀的输入电流来实现回路的无级调压，还可实现系统的远距离控制或程控。

2. 二级调压

如图 7-13 所示为二级液压调压回路，先导式溢流阀 1 的远程控制口接一个二位二通电磁换向阀，其后接远程调压阀 2，当电磁铁不通电时，系统压力为先导式溢流阀的调定压力；电磁铁通电时，系统压力为远程调压阀的调定压力。回路中远程调压阀的调定压力要小于先导式溢流阀的调定压力。

3. 多级调压

如图 7-14 所示多级调压回路，由溢流阀 1、2、3 分别控制系统的压力，从而组成了三级调压回路。当两电磁铁均不通电时，系统压力由主溢流阀 1 调定，当 1YA 通电时，由阀 2 调定系统压力；当 2YA 通电时，系统压力由阀 3 调定。但在这种调压回路中，阀 2 和阀 3 的调定压力要小于阀 1 的调定压力，而阀 2 和阀 3 的调定压力之间没有一定的关系。

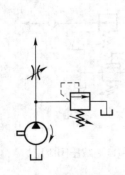

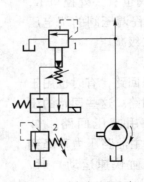

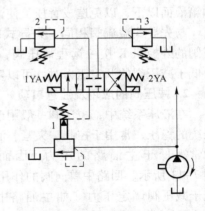

图 7-12　单级调压回路　　　图 7-13　二级调压回路　　　图 7-14　多级调压回路

7.2.2　减压回路

在液压系统中，一个液压泵常常需要向若干个执行元件供油。当各执行元件所需的工作压力不相同时，就要分别控制。若某个执行元件所需的供油压力较液压泵供油压力低时，可在此分支油路中串联一个减压阀，所需压力由减压阀来调节控制，如控制油路、夹紧油路、润滑油路等就常采用减压回路。减压回路的功用是使系统中的某一部分油路具有较低的稳定压力，最常见的减压回路采用定值减压阀与主油路相连。

1. 单级减压回路

如图 7-15 所示为夹紧机构中常用的减压回路，回路中串联一个减压阀，使夹紧缸能获得较低而又稳定的夹紧力。减压阀的出口压力可在 0.5 MPa 至溢流阀的调定压力范围内调节，当系统压力有波动时，减压阀出口压力可稳定不变。单向阀的作用是当主系统压力下降到低于减压阀调定压力（如主油路中液压缸快速运动）时，防止油液倒流，起到短时保压作用，使夹紧缸的夹紧力在短时间内保持不变。

为了确保安全，夹紧回路中常采用带机械定位的二位四通电磁换向阀，或采用失电夹紧的二位四通电磁换向阀换向，防止在电路出现故障时松开工件而出事故。

为使减压回路可靠地工作，其减压阀的最高调定压力应比系统调定压力低一定的数值。例如，中压系统约低 0.5 MPa，中高压系统约低 1 MPa，否则减压阀不能正常工作。当减压支路的执行元件需要调速时，节流元件应安装在减压阀出口的油路上，以免减压阀泄漏（指由减压阀泄油口流回油箱的油液）对执行元件的速度发生影响。

2. 二级减压回路

如图 7-16 所示是由减压阀和远程调压阀组成的二级减压回路。主油路压力由溢流阀 2 调节，将减压阀 3 的外控口通过二位二通电磁换向阀 4 与远程调压阀 5 相连接，便可得到两种减压压力。当二位二通电磁换向阀 4 处于图示位置时，减压油路的压力由减压阀 3 的调定压力决定；当二位二通电磁换向阀 4 通电时，由于减压阀 3 的外控口与远程调压阀 5 相连接，减压油路的压力由远程调压阀 5 的调定压力决定。必须注意，远程调压阀 5 的调定压力应低于减压阀 3 的调定压力，才能得到二级减压压力，并且减压阀的调定压力应低于溢流阀2 的调定压力，才能保证减压阀正常工作，起减压作用。

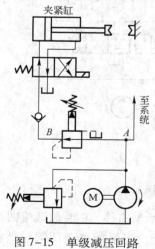

图 7-15　单级减压回路

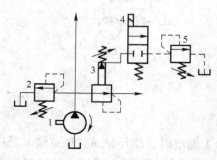

图 7-16　二级减压回路

7.2.3 增压回路

当液压系统中的某一支路需要压力较高但流量不大的压力油，若采用高压泵又不经济，或者根本就没有这样高压力的液压泵时，可以采用增压回路。采用增压回路，系统工作压力仍然较低，因此可节省能源，而且工作可靠，噪声小。增压回路的作用是使系统中某一部分具有较高且稳定压力，它能使系统中的局部压力远高于液压泵的输出压力。

1. 单作用增压缸的增压回路

如图 7-17a 所示是利用单作用增压缸使液压系统增压的增压回路。增压缸中有大、小两个活塞，并由一根活塞杆连接在一起。当手动换向阀 3 右位工作时，泵输出压力油进入增压缸 A 腔，推动活塞向右运动，B 腔油液经手动换向阀 3 流回油箱，而 C 腔输出高压油，油液进入工作缸 6 推动单作用式液压缸活塞下移，此时 C 腔的压力为：

$$p_C = \frac{p_A \times A_1}{A_2} \tag{7-2}$$

式中　p_A、p_C——分别为 A、C 腔的油液压力；

　　　A_1、A_2——分别为增压缸大、小端活塞面积。

由于 $A_1 > A_2$，所以，$p_C > p_A$。由此可知，增压缸 C 腔输出的油压力比液压泵输出压力高。

当手动换向阀 3 左位工作时，增压缸活塞向左退回，工作缸 6 靠弹簧复位。为了补偿增压缸 C 腔和工作缸 6 的泄漏，可通过单向阀 5 由辅助油箱补油。

使用单作用增压缸的增压回路，只能供给断续的高压油，所以也称之为单作用增压回路，因此，它适用于行程较短、单向作用力很大的液压缸。

2. 双作用增压缸增压回路

如图 7-17b 所示为采用双作用增压缸的增压回路，它能连续输出高压油。

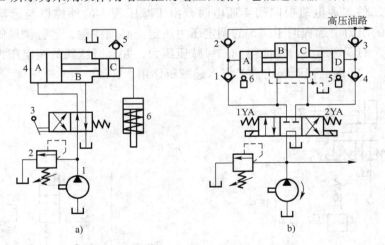

图 7-17　增压回路
a) 单作用增压缸　b) 双作用增压缸

当 1YA 通电时，增压缸 A、B 腔输入低压油，推动活塞右移，C 腔油液流回油箱，D 腔增压后的压力油经单向阀 3 输出，此时单向阀 2、4 关闭。当活塞移至顶端触动行程开关 5

时，换向阀1YA断电、2YA通电，换向阀换向，活塞左移，A腔增压后的压力油经单向阀2输出，这样依靠换向阀不断换向，即可连续输出高压油，所以该回路也称之为连续增压回路，其增压油的压力为：

$$p_{增} = p \frac{A_1 + A_2}{A_1} \tag{7-3}$$

式中　p——液压泵供油压力；
　　　A_1——小缸活塞有效面积；
　　　A_2——大缸活塞有效面积。

7.2.4　保压回路

有的机械设备在工作过程中，常常要求液压执行机构在其行程终止时，保持压力一段时间，这时需采用保压回路。所谓保压回路，也就是使系统在液压缸不动或仅有工件变形所产生的微小位移下稳定地维持住压力，最简单的保压回路是使用密封性能较好的液控单向阀的回路，但是阀类元件处的泄漏使得这种回路的保压时间不能维持太久。常用的保压回路有以下几种。

1. 用蓄能器的保压回路

如图7-18所示为用蓄能器的保压回路。泵1同时驱动主油路切削缸和夹紧油路夹紧缸7工作，并且要求切削缸空载或快速退回运动时，夹紧缸必须保持一定的压力，使工件被夹紧而不松动。

该回路采用蓄能器6进行保压。加工工件的工作循环是先将工件夹紧后，方可进行加工。因此泵1先向夹紧缸供油，同时向蓄能器充液，当夹紧油路压力达到压力继电器5的调定压力时，压力继电器发出电信号，主油路切削缸开始工作，夹紧油路由蓄能器补偿油路的泄漏，以保持夹紧油路的压力。当夹紧油路的压力降低到一定数值时，泵再向夹紧油路供油。当切削缸快速运动

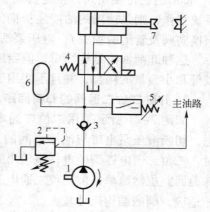

图7-18　蓄能器保压回路

时，主油路压力低于夹紧油路的压力，单向阀3关闭，防止夹紧油路的压力下降。

用蓄能器保压的回路特点是保压时间长，压力稳定性高，但在工作循环中必须有足够的时间向蓄能器充液，充液时间的长短决定于蓄能器的容量和油路的泄漏大小。

2. 自动补油保压回路

如图7-19所示为采用液控单向阀和电触点式压力表的自动补油式保压回路，其工作原理是：当1YA得电，电磁换向阀处于右位，液压缸上腔压力上升至电触点式压力表的上限值时，压力表上触点通电，使电磁铁1YA失电，换向阀处于中位，液压泵卸荷，液压缸由液控单向阀保压。当液压缸上腔的压力下降到预定的下限

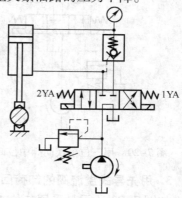

图7-19　自动补油的保压回路

值时，电触点式压力表又发出信号，使1YA得电，液压泵再次向系统供油，使压力上升，当压力达到上限值时，压力表上触点又发出信号，使1YA失电。因此，这一回路能自动地使液压缸补充压力油，使其压力能长期保持在一定的范围内。

7.2.5 卸荷回路

当液压系统中的执行元件短时间停止工作（如测量工件或装卸工件）时，应使液压泵卸荷空载运转，以减少功率损失、减少油液发热，延长泵的使用寿命而又不必经常起动电动机。因为液压泵的输出功率为其流量和压力的乘积，所以，两者任一近似为零，功率损耗即近似为零。液压泵的卸荷有流量卸荷和压力卸荷两种。

流量卸荷主要使用变量泵，使变量泵输出的流量仅为补偿泄漏所需的最小流量。此方法比较简单，但泵仍处在高压状态下运行，磨损比较严重。

压力卸荷的方法是使泵在接近零压下运转。常见的压力卸荷回路有以下几种方式。

1. 用三位主换向阀中位的卸荷回路

如图7-20所示是用中位机能为M形的三位换向阀实现卸荷的回路。此外，中位机若为H、K形的三位换向阀，也能实现中位卸荷。如回路需卸荷时，可将上述换向阀的中位接入系统工作，则泵输出的油液经换向阀直接回油箱，这时泵出口压力下降，几乎为零（仅克服换向阀及管道的损失），液压泵消耗的功率很小。

这种卸荷回路结构简单，但当压力较高、流量较大时容易产生冲击，故一般适用于压力较低和小流量的场合，并且不能用于一泵驱动两个或两个以上执行元件的系统。

2. 并联二位二通阀的卸荷回路

如图7-21所示是用二位二通电磁阀的卸荷回路。当系统工作时，二位二通电磁阀失电，切断液压泵出口与油箱之间的通道，泵输出的压力油进入系统。当工作部件停止运动时，二位二通电磁阀通电，泵输出的油液经二位二通阀直接流回油箱，使液压泵卸荷。这种卸荷回路虽然简单，但二位二通电磁阀需通过泵的全部流量，选用的规格应与泵的公称流量相适应，阀的结构尺寸较大。

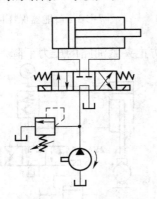
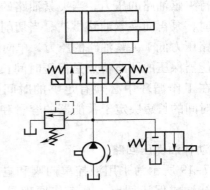

图7-20　用三位主换向阀中位卸荷回路　　　图7-21　用二位二通阀的卸荷回路

3. 用先导式溢流阀的卸荷回路

如图7-22所示是采用二位二通电磁阀与先导式溢流阀构成的卸荷回路。二位二通电磁阀与先导式溢流阀的远程控制口相连接，当工作部件停止运动时，二位二通电磁阀通电，使先导式溢流阀的远程控制口接通油箱，此时溢流阀主阀芯的阀口全开，液压泵输出的油液以很低的压力经溢流阀流回油箱（有少部分油液是通过溢流阀遥控口然后经二位二通电磁阀流回油箱），液压泵卸荷。这种卸荷回路便于远距离控制，同时二位二通电磁阀可选用小流量规格。这种卸荷方式要比直接用二位二通电磁阀的卸荷方式平稳些。

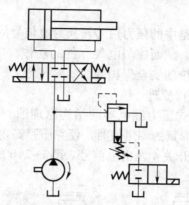

图7-22　用先导式溢流阀的卸荷回路

7.2.6　平衡回路

为了防止立式液压缸或垂直运动工作部件由于自重的作用而下滑造成事故，或在下行中因自重而造成超速运动，使运动不平稳，在系统中可采用平衡回路。

如图7-23a所示为采用单向顺序阀的平衡回路。在1YA得电后活塞下行时，回油路上就存在着一定的背压；只要将这个背压调得能支承住活塞和与之相连的工作部件自重，活塞就可以平稳地下落。当换向阀处于中位时，活塞就停止运动，不再继续下移。这种回路当活塞向下快速运动时，功率损失大，锁住时活塞和与其相连的工作部件会因单向顺序阀和换向阀的泄漏而缓慢下落，因此它只适用于工作部件重量不大、活塞锁住时定位要求不高的场合。如图7-23b所示为采用外控顺序阀的平衡回路。当活塞下行时，控制压力油打开顺序阀，背压消失，因而回路效率较高，当停止工作时，外控顺序阀关闭，可防止活塞和工作部件因自重而下降。这种平衡回路的优点是只有上腔进油时活塞才下行，比较安全可靠；缺点是，活塞下行时平稳性较差。这是因为活塞下行时，液压缸上腔油压降低，将使顺序阀关

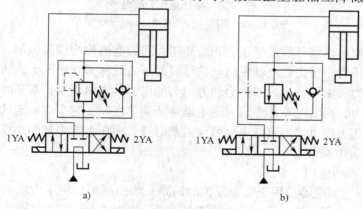

图7-23　用顺序阀的平衡回路

闭。当顺序阀关闭时，因活塞停止下行，使液压缸上腔油压升高，又打开顺序阀。因此顺序阀始终工作于启闭的过渡状态，系统平稳性较差。这种回路适用于运动部件重量不大的液压系统，目前在插床和一些锻压机械上应用较广泛。

拓展知识

压力继电器

压力继电器是将系统或回路中的压力信号转换为电信号的信号转换装置。它可利用液压力来启闭电气触点发生电信号，从而控制电气元件的动作，实现电动机起停、液压泵卸荷、多个执行元件的顺序动作和系统的安全保护等。

1. 压力继电器的结构和工作原理

如图 7-24a 所示为单柱塞式压力继电器的结构原理图。压力油从油口 P 进入，并作用于柱塞 1 的底部，当压力达到弹簧的调定值时，便克服弹簧阻力和柱塞表面摩擦力，推动柱塞上升，通过顶杆 2 触动微动开关 4 发出电信号。图 7-24b 所示为压力继电器的图形符号。

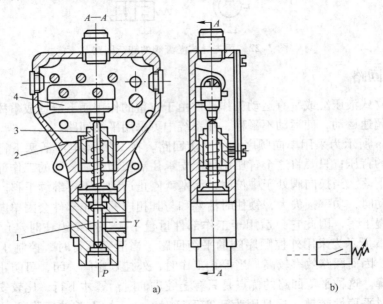

图 7-24 单柱塞压力继电器
1—柱塞 2—顶杆 3—调节螺钉 4—微动开关

压力继电器发出电信号的最低压力和最高压力间的范围称为调压范围。拧动调节螺钉 3 即可调整其工作压力。压力继电器发出电信号时的压力，称为开启压力；切断电信号时的压力，称为断开压力。由于开启时摩擦力的方向与油压力的方向相反，断开时则相同，故开启压力大于断开压力，两者之差称为压力继电器通断调节区间，它应有一定的范围，否则，系统压力脉动时，压力继电器发出的电信号会时断时续。中压系统中使用的压力继电器其调节区间一般为 0.35 ~ 0.8 MPa。

2. 压力继电器的应用

图 7-25 为压力继电器应用于安全保护的回路。如图所示，将压力继电器 2 设置在夹紧液压缸 3 的一端，液压泵启动后，首先将工件夹紧，此时夹紧液压缸 3 的右腔压力升高，当升高到压力继电器的调定值时，压力继电器 2 动作，发出电信号使 2YA 通电，于是切削液

压缸 4 进刀切削。在加工期间，压力继电器 2 微动开关的常开触头始终闭合。若工件没有夹紧，继电器 2 断开，于是 2YA 断电，切削缸 4 立即停止进刀，从而避免工件未夹紧被切削而出事故。

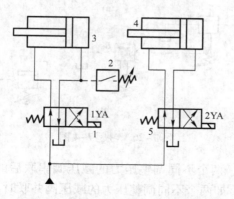

图 7-25　压力继电器的应用实例
1、5—电磁换向阀　2—压力继电器　3、4—液压缸

项目小结

1. 溢流阀有直动式与先导式之分，溢流阀的作用主要有溢流定压、安全保护和远程调压等。

2. 顺序阀可认为是一个利用液体压力来打开的开关阀，顺序阀也有直动式与先导式之分。

3. 当减压阀的出油口压力 p_2（负载产生的压力）小于调定压力时，减压阀处于全开位置，减压阀不起减压作用；当负载产生的压力大于调定压力时，减压阀输出的压力 p_2 等于调定压力。

4. 压力控制回路是利用压力控制阀来控制系统整体或部分压力的回路。它包括调压回路、减压回路、增压回路、卸荷回路、保压回路及平衡回路等。

综合训练 7

7-1　溢流阀、减压阀和顺序阀各有什么作用？顺序阀能否当溢流阀使用？

7-2　先导式顺序阀与先导式减压阀在结构上有何异同？各有何特点？

7-3　减压阀出口若不与负载相接，而直接接回油箱，此时会出现什么情况？

7-4　如图 7-26 所示，溢流阀 A、B、C 的调定压力分别为 $p_A = 4$ MPa，$p_B = 3$ MPa，$p_C = 5$ MPa，试问图 7-26a 和 7-26b 中压力表读数各为多少？

7-5　若先导式溢流阀主阀芯上阻尼孔被污物堵塞，溢流阀会出现什么样的故障？如果溢流阀先导阀锥阀座上的进油小孔堵塞，又会出现什么故障？

7-6　若把先导式溢流阀的远程控制口当成泄漏口接油箱，这时液压系统会产生什么问题？

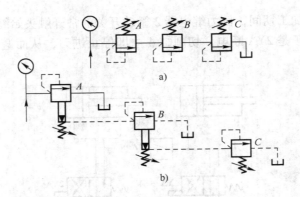

a)

b)

图 7-26　习题 7-4 图

7-7　如图 7-27 所示，两个不同调整压力的减压阀串联后的出口压力决定于哪一个减压阀的调整压力？为什么？如两个不同调整压力的减压阀并联时，出口压力又决定于哪一个减压阀？为什么？

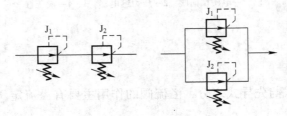

图 7-27　习题 7-7 图

7-8　如图 7-28 所示溢流阀的调定压力为 4 MPa，若阀芯阻尼小孔造成的损失不计，试判断下列情况下压力表读数各为多少？

（1）YA 断电，负载为无限大时；

（2）YA 断电，负载压力为 2 MPa 时；

（3）YA 通电，负载压力为 2 MPa 时。

7-9　如图 7-29 所示回路中，液压缸无杆腔面积 $A = 50\ cm^2$，负载 $F_L = 10000\ N$，各阀的调定压力如图示，试分析确定在活塞运动时和活塞运动到终端停止时 A、B 两处的压力各为多少？

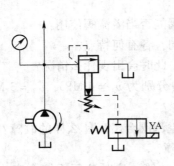

图 7-28　习题 7-8 图

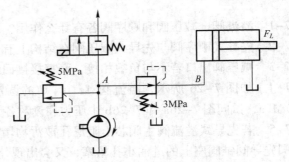

图 7-29　习题 7-9 图

7-10 卸荷回路的功用是什么？试绘出两种不同的卸荷回路。

7-11 什么是平衡回路？平衡阀的调定压力如何确定？

7-12 在如图 7-30 所示的系统中，两个溢流阀串联，若已知两个溢流阀 Y_1 和 Y_2 的调定压力分别为 $p_1 = 2$ MPa，$p_2 = 4$ MPa，溢流阀卸荷时的压力损失忽略不计。试判断在二位二通电磁阀不同的工况下，A 点和 B 点的压力各为多少？将数据值填入表 7-1 内。

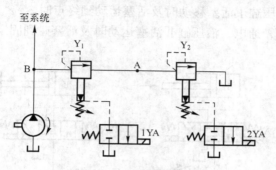

图 7-30 习题 7-12 图

表 7-1 各点压力表

电磁铁工况		各点压力/MPa	
1YA	2YA	p_A	p_B
−	−		
+	−		
−	+		
+	+		

注：用"＋"表示电磁铁通电；用"－"表示电磁铁断电。

7-13 如图 7-31 所示为一个二级减压回路，活塞运动时需克服摩擦力 $F = 1500$ N，活塞无杆腔面积 $A = 15$ cm^2，溢流阀调整压力 $p_Y = 4.5$ MPa，两个减压阀的调整压力分别为 $p_{J1} = 2$ MPa，$p_{J2} = 3.5$ MPa，管道和换向阀的压力损失不计。试分析：

(1) 当 1YA 通电时，活塞处于运动过程中，A、B、C 三点的压力各为多少？

(2) 当 1YA 通电时，活塞夹紧工作时，上述三点压力又各为多少？

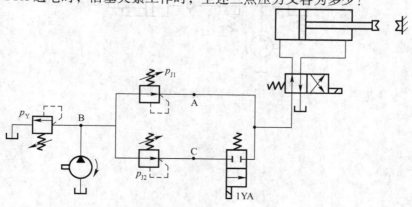

图 7-31 习题 7-13 图

7–14　如图 7–32 所示的液压系统中，两液压缸无杆腔的有效面积 $A_1 = A_2 = 100\,cm^2$，缸 I 负载 $F = 35\,000\,N$，缸 II 运动时负载为 0，不计摩擦阻力、惯性力和管道损失，溢流阀、顺序阀和减压阀的调定压力分别为 4 MPa、3 MPa 和 2 MPa。求在下列三种情况下，A、B 和 C 处的压力。

（1）液压泵启动后，两换向阀处于中位。

（2）1YA 通电，液压缸 I 活塞移动时及活塞运动到终点时。

（3）1YA 断电，2YA 通电，液压缸 II 活塞运动时及活塞碰到固定挡块时。

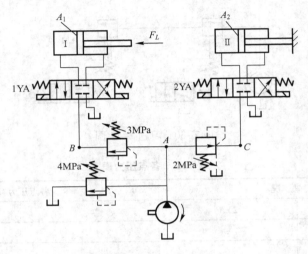

图 7–32　习题 7–14 图

7–15　如图 7–33 所示的回路中，已知两液压缸的活塞面积均为 $A = 0.02\,m^2$，负载分别为 $F_1 = 8 \times 10^3\,N$，$F_2 = 4 \times 10^3\,N$。设溢流阀的调整压力为 $p_Y = 4.5\,MPa$，试分析减压阀调整压力值分别为 1 MPa、2 MPa、4 MPa 时，两液压缸的动作情况。

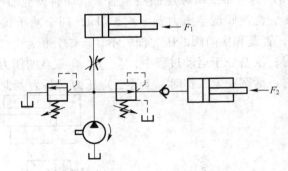

图 7–33　习题 7–15 图

项目 8 流量控制阀、速度控制回路和多缸顺序动作回路

项目描述

流量控制阀是用于控制液压系统流量的液压阀，它通过改变阀口过流截面面积来调节输出流量，从而控制执行元件运动速度的控制阀。常见的流量阀有节流阀、调速阀、分流阀以及溢流节流阀等。

速度控制回路的作用是调节执行元件的工作速度，对于液压缸，只能靠改变输入流量来调速，对于液压马达，靠改变输入流量或马达的排量均可达到调速的目的。改变流量可使用流量阀或变量泵，改变排量可使用变量马达，因此，通常的调速回路有节流调速、容积调速和容积节流调速三种。

任务 8.1 流量控制阀的使用

在液压系统中，当执行元件的有效面积一定时，执行元件的运动速度取决于输入执行元件的流量，而液压缸或液压马达等执行元件经常需要变换速度，以满足不同的工作要求。流量控制阀是节流调速系统中的基本调节元件，其中节流阀和调速阀应用最广。

本任务主要介绍流量控制阀的结构、工作原理及性能特点，通过学习学生应能掌握节流阀、调速阀的工作原理、图形符号；掌握流量控制阀的调节范围、最小稳定流量、压力对流量的影响等性能指标；能熟练分析它们在回路中的作用。

8.1.1 节流阀

1. 结构与工作原理

如图 8-1 所示为一种典型节流阀的结构图和图形符号。油液从进油口 P_1 进入，经阀芯上的三角槽节流口，从出油口 P_2 流出，转动手柄可使推杆推动阀芯做轴向移动，从而改变节流阀的通流面积，改变了流量的大小。如图 8-2 所示为单向节流阀的结构图及图形符号。当压力油从油口 P_1 流入，经阀芯上的三角槽节流口从油口 P_2 流出，这时起节流作用。当压力油从油口 P_2 流入时，在压力油作用下，阀芯克服软弹簧的作用力而下移，油液不再经过节流口而直接从油口 P_1 流出，这时起单向阀作用。

2. 节流阀的应用

节流阀和单向节流阀是简易的流量控制阀，它们在定量泵液压系统中的主要作用是与溢流阀配合，组成三种节流调速回路，即进油节流调速回路、回油节流调速回路和旁路节流调速回路，节流阀也使用在容积节流调速回路中。这种阀没有压力及温度补偿装置，不能自动补偿负载及油液黏度变化所造成的速度不稳定，但其结构简单，制造和维护方便，所以在负

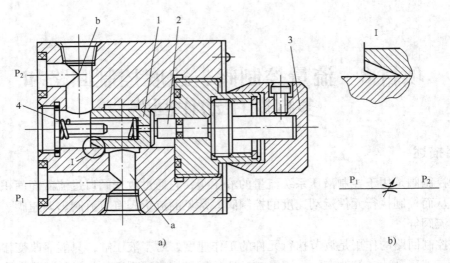

图 8-1 节流阀
1—阀芯 2—推杆 3—手柄 4—弹簧 a—进油通道 b—出油通道
a）结构原理图 b）图形符号

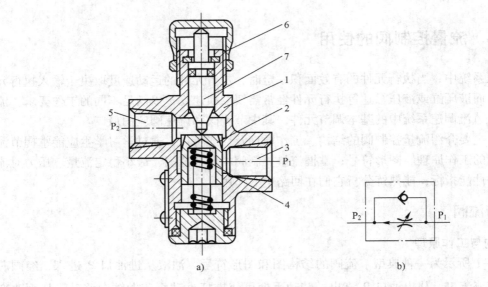

图 8-2 单向节流阀
1—阀体 2—阀芯 3、5—油口 4—弹簧 6—螺母 7—顶杆

载变化不大或对速度稳定性要求不高的液压系统中使用，具体应用可看图 6-14 中的节流阀 6，它在系统中的作用是调控伸缩液压缸的运动速度。

8.1.2 调速阀

在节流调速系统中，当通流面积调定后，如果负载发生变化，会使节流阀两端压力差发生变化，从公式 $q = KA_T\Delta p^m$ 可知，通过节流阀的流量也随之发生变化，从而使执行元件的运动速度不稳定。因此，节流阀只适用于负载变化不大、速度稳定性要求不高的场合。为解决负载变化大的执行元件的速度稳定性问题，通常要对节流阀进行压力补偿，即采取措施保证负载变化时，节流阀前后压力差不变。对节流阀的压力补偿有两种方式：一种是由定差减压阀串联节流阀组成调速阀；另一种是由压差式溢流阀与节流阀并联组成为溢流节流阀。

1. 调速阀的工作原理及结构

（1）调速阀的工作原理

如图 8-3 所示分别为调速阀的工作原理、图形符号和简化符号。为了使节流阀前后的压差不随负载发生变化，采用一个定差减压阀与节流阀串联组合起来，使通过节流阀的调定流量不随负载变化而改变，就可以有效提高流量的稳定性。调节原理如下：压力油 p_1 经减压阀阀口后变为 p_2，p_2 同时进入减压阀阀芯大端左腔 b 和小端左腔 a；p_2 经过节流阀后压力变为负载压力 p_3；p_3 再引入减压阀芯大端右腔 c。因为 a、b、c 各腔有效作用面积有如下关系：$A = A_1 + A_2$。当阀芯在某一位置平衡时有 $p_2A_1 + p_2A_2 = p_3A + F_s$。

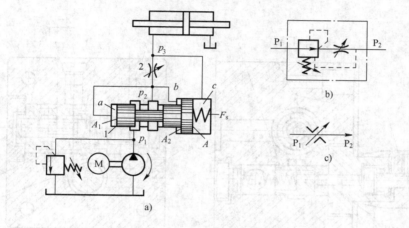

图 8-3　调速阀的工作原理
1—减压阀　2—节流阀

而节流阀前后压差 $\Delta p = p_2 - p_3$，所以得 $\Delta p = p_2 - p_3 = F_s/A$。

由于减压阀阀芯移动量不大，且弹簧刚度很小，所以 F_s 基本不变，这就保证了 Δp 基本不变。假如负载突然增大，造成 p_3 加大，迫使减压阀阀芯左移，阀口开大，液阻减小，使 p_2 也增大，仍保持 Δp 不变；相反，p_3 减小，导致减压阀芯右移，液阻增大，p_2 也跟着减少，还是保持 Δp 不变。

调速阀和节流阀的流量特性（q 与 Δp 之关系）曲线如图 8-4 所示。由图中可以看出，通过节流阀的流量随其进出口压差的变化而变化，而调速阀的特性曲线在 Δp 大于 Δp_{min} 时，基本上是一条水平线，即进出口压差变化时，通过调速阀的流量基本不变。只有当压差很小时，一般 $\Delta p = 0.5 \sim 1 MPa$，调速阀的特性曲线与节流阀的特性曲线重合，这是因为此时调速阀中的减压阀处于非工作状态，减压阀口全开，调速阀只相当于一个节流阀。

单向调速阀只是在结构上增加了一个单向阀，油液正向

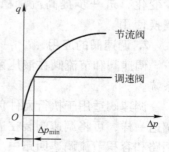

图 8-4　调速阀与节流阀的
性能比较

流动时起调速作用，反向时起单向阀作用。

为了保证调速阀的正常工作，在设计系统与使用调速阀时要使调速阀最小压差大于 Δp_{min}，对高压调速阀，其进、出油口的最小压力差一般取 1 MPa，而中低压调速阀的 Δp 一般取 0.5 MPa。

（2）调速阀的结构

如图 8-5 所示为调速阀结构图，其节流阀芯与减压阀芯轴线呈空间垂直位置安装在阀体内。工作时，压力油从进油口 P_1 进入减压阀右环形槽 a，经阀口后进入环形槽 b，再经过孔 c 到达节流阀芯 2 的环形槽，经过节流口进入 d 腔，最后经过孔 e 从出油口 P_2 流出。b 腔中压力油经孔 h 和减压阀芯上的孔 j 分别进入减压阀芯大小端右腔，节流后的 e 腔压力油经孔 f 和 g 进入减压阀芯大端左腔。调节手柄 1，使节流阀芯轴向移动，就可以调节阀口开度，控制流量。

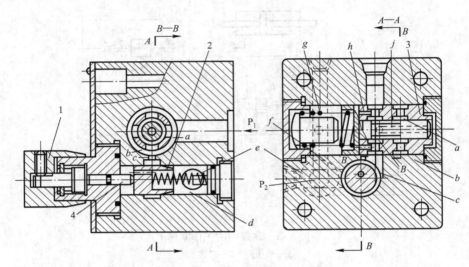

图 8-5　调速阀的结构
1—调速手柄　2—节流阀芯　3—轴套　4—推杆

如果在节流阀芯与调节推杆之间加装一个热膨胀系统较大的聚氯乙烯温度补偿杆，则在油温升高时，就可使补偿杆膨胀增长，自动关小阀口，补偿因温度升高造成的流量变化，进一步提高流量稳定性。中压调速阀工作压力 0.5～6.3 MPa，进出油口不能调换使用。

2. 调速阀的应用

调速阀和节流阀在液压系统中的应用基本相同，主要与定量泵、溢流阀组成节流调速系统。

调速阀适用于执行元件负载变化大、运动速度稳定性要求较高的液压系统中。与节流阀调速一样，可将调速阀装在进油路上、回油路上或旁路上，也可用于执行机构往复节流调速回路和容积节流调速回路中。图 6-15 的调速阀 7，即为调速阀的应用实例，它在回路中的作用是控制并稳定液压缸活塞的运动速度。

8.1.3 溢流节流阀

1. 工作原理及典型结构

溢流节流阀是由起稳压作用的溢流阀（压力补偿装置）和节流阀并联而成，如图 8-6 所示。进油腔的油液压力为 p_1，油液一部分进入节流阀，另一部分经溢流口流回油箱。节流阀后的出油压力为 p_2。p_1 和 p_2 又分别作用到溢流阀阀芯的下端和上端。当负载增加，即 p_2 增加时，阀芯随之下移，关小溢流口，使 p_1 增加，因而节流阀前后的压力差（$p_1 - p_2$）基本保持不变。当负载减小，即 p_2 减小时，阀芯跟着上移，溢流口加大，接着压力 p_1 降低，压力差（$p_1 - p_2$）仍保持不变，因而流量也基本不变。

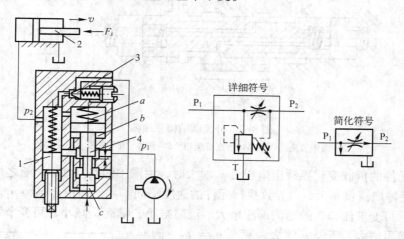

图 8-6　溢流节流阀结构原理图
1—节流阀阀芯　2—液压缸　3—安全阀阀芯　4—溢流阀阀芯

一般在溢流节流阀中装有安全阀，以防止系统过载。它还有温度补偿装置。当将安全阀阀芯后的弹簧调松时，可使泵卸荷。

2. 溢流节流阀的应用

与调速阀比较，溢流节流阀能使系统压力随负载变化，故功率损失小，系统发热量减小。但一般溢流节流阀压力补偿装置中的弹簧较硬，故压力波动较大，流量稳定性较差，流量小时更甚。

因此，溢流节流阀多用于对调速稳定性要求较低的系统，一般与变量泵组成联合调速系统。

8.1.4 分流-集流阀

分流-集流阀可以使两个或两个以上的执行元件在承受不同负载时仍能获得相等（或成一定比例）的流量，从而实现执行元件的同步运动，故也称为同步阀。

根据流量分配情况，分流-集流阀可分为等量式和比例式两种；根据液流方向，可分为分流阀、集流阀和分流-集流阀等。

1. 工作原理

图 8-7 是分流阀原理图。它由两个固定节流孔 1、2，阀体 5，阀芯 6 和两个对中弹簧 7

等主要零件组成。对中弹簧保证阀芯处于中间位置，两个可变节流口 3、4 的过流面积相等（液阻相等）。阀芯的中间台肩将阀分成完全对称的左、右两部分，位于左边的油室 a 通过阀芯上的轴向小孔与阀芯右端弹簧腔相通，位于右边的油室 b 通过阀芯上的另一轴向小孔与阀芯左端弹簧腔相通。液压泵进油经过液阻相等的固定节流孔 1 和 2 后，压力分别为 p_1 和 p_2，然后经可变节流口 3 和 4 分成两条并联支路 I 和 II（压力分别为 p_3 和 p_4），通往两个几何尺寸完全相同的执行元件。当两个执行元件的负载相等时，两出口压力 $p_3 = p_4$，则两条支路的进出口压力差相等，因此输出流量相等，两执行元件同步。

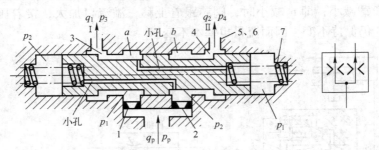

图 8-7　分流阀结构原理图

1、2—固定节流孔　3、4—可变节流口　5—阀体　6—阀芯　7—弹簧

当执行元件的负载变化导致出口压力 p_3 增大时，由图中油路可知，p_1 随之增大，$\Delta p = p_p - p_1$ 减小，使输出流量 $q_1 < q_2$，导致执行元件的速度不同步。此时由于 $p_1 > p_2$，压力差使阀芯向左移动，可变节流口 3 的通流面积增大、液阻减小，继而 p_1 减小；可变节流口 4 的通流面积减小，液阻增大，于是 p_2 增大。直至 $p_1 = p_2$，阀芯受力重新实现平衡，稳定在新的位置为止。此时，两个可变节流口（孔）的通流面积不相等，两个可变节流口的液阻也不等，但恰好能保证两个固定节流口前后的压力差相等，保证两个出油口的流量相等，使两执行元件的速度恢复同步。

2. 分流－集流阀的应用

分流－集流阀在液压系统中的主要作用是保证 2~4 个执行元件的速度同步。同步精度一般为 2% ~ 5%（同步精度是两个液压缸间最大位置误差与行程的百分比）。这种同步回路简单经济，且两缸在承受不同负载时仍能实现同步，但分流－集流阀压力损失大。图 8-8 为分流－集流阀应用实例。

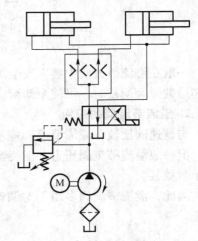

图 8-8　分流－集流阀在同步回路中的应用实例

任务 8.2　速度控制回路分析

液压系统中，用以控制调节执行元件速度的回路，称为速度控制回路。由于几乎所有的执行元件都有控制运动速度的要求，其工作性能的好坏对整个系统性能起着重要作用。

本任务主要介绍节流调速、容积调速、容积节流调速、快速运动、速度换接等常用的速度控制回路的组成、工作原理、特点及应用。通过学习和技能训练，学生应掌握各类速度控制回路的组成和工作原理；具备熟练分析调速回路、快速运动回路和速度换接回路的工作原理、特点的能力。

8.2.1 调速回路

调速回路是用来调节执行元件运动速度的回路，在不考虑液压油的压缩性和泄漏的情况下，液压缸的速度为：

$$v = \frac{q}{A} \tag{8-1}$$

液压马达的转速为：

$$n = \frac{q}{V_m} \tag{8-2}$$

式中 q——输入液压缸、液压马达的流量；

A——液压缸的有效工作面积；

V_m——液压马达的排量。

由以上两式可知，改变输入液压执行元件的流量 q 或改变液压缸的有效面积 A（或液压马达的排量 V_m）均可达到改变速度的目的。但改变液压缸工作面积的方法在实际中是不现实的，因此，只能用改变进入液压元件的流量或用改变变量液压马达排量的方法来调速。为了改变进入液压执行元件的流量，可采用变量液压泵来供油，也可采用定量泵和流量控制阀，以改变通过流量阀流量的方法来实现。用定量泵和流量阀来调速时，称为节流调速；用改变变量泵或变量液压马达的排量调速时，称为容积调速；用变量泵和流量阀来调速时，则称为容积节流调速。

1. 节流调速回路

节流调速回路是通过调节回路中流量控制元件（节流阀或调速阀）通流截面面积的大小来控制流入执行元件的流量，达到调节执行元件运动速度的目的。节流调速回路结构简单可靠、成本低、使用维护方便，但效率较低，因此在小功率系统中得到广泛应用。

根据流量控制阀在回路中的安装位置不同，节流调速回路可分为进油节流调速回路、回油节流调速回路和旁路节流调速回路。

（1）进油节流调速回路

在执行元件的进油路上串接一个流量阀，即构成进油路节流调速回路，如图 8-9 所示。在这种回路中，定量泵的供油压力由溢流阀调定，液压泵输出的油液一部分经节流阀流入液压缸的工作腔，推动活塞运动，多余的油液由溢流阀溢回油箱，由于溢流阀有溢流，泵的出口压力就是溢流阀的调整压力并基本保持恒定（定压）。调节节流阀的通流面积，即可调节节流阀的流量，从而调节液压缸的运动速度。

1）速度负载特性。

液压缸在稳定工作时，其受力平衡方程式为：

$$p_1 A_1 = F + p_2 A_2$$

式中 p_1、p_2——分别为液压缸进油腔和回油腔的压力；

F——液压缸的负载；

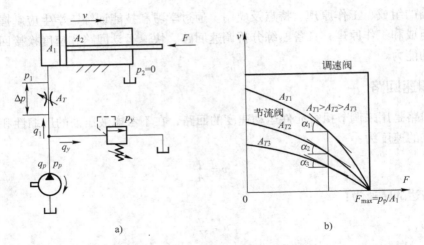

图 8-9　进油节流调速回路和速度 - 负载特性
a）进油节流调速回路　b）速度 - 负载特性曲线

A_1、A_2——分别为液压缸无杆腔和有杆腔的有效面积。

因为回油腔通油箱，$p_2 \approx 0$，故：

$$p_1 = \frac{F}{A_1}$$

因为液压泵的供油压力 p_p 为定值，故节流阀两端的压力差为：

$$\Delta p = p_p - p_1 = p_p - \frac{F}{A_1}$$

经节流阀进入液压缸的流量为：

$$q_1 = KA_T \Delta p^m = KA_T \left(p_p - \frac{F}{A_1} \right)^m$$

式中　A_T——节流阀的通流面积。

故液压缸的运动速度为：

$$v = \frac{q_1}{A_1} = \frac{KA_T}{A_1} \left(p_p - \frac{F}{A_1} \right)^m \tag{8-3}$$

活塞的运动速度 v 与负载 F 的关系，称为速度 - 负载特性，式（8-3）即为进油节流调速回路的速度 - 负载特性方程式，由该公式可得速度 - 负载特性曲线，如图 8-9b 所示，它反映了该回路执行元件的速度随其负载而变化的规律。图中，横坐标为液压缸的负载，纵坐标为液压缸或活塞的运动速度。第 1、2、3 条曲线分别为节流阀过流面积为 A_{T1}、A_{T2}、A_{T3}（$A_{T1} > A_{T2} > A_{T3}$）时的速度 - 负载特性曲线。曲线越陡，说明负载变化对速度的影响越大，即速度的刚性越差；曲线越平缓，速度刚性越好。分析上述特性曲线可知以下几点：

① 当节流阀开口 A_T 一定时，缸的运动速度 v 随负载 F 的增加而降低，其特性较软；

② 当节流阀开口 A_T 一定时，负载较小的区段曲线比较平缓，速度刚性较好，负载较大的区段曲线较陡，速度刚性较差；

③ 在相同负载下工作时，节流阀开口较小，缸的运动速度 v 较低时曲线较平缓，速度刚性较好；节流阀开口较大，缸的运动速度 v 较高时，曲线较陡，速度刚性较差。

由上述分析可知，当流量阀为节流阀时，进油节流调速回路用于低速、轻载且负载变化较小的液压系统，能使执行元件获得较平稳的运动速度。

当流量控制阀采用调速阀时，从进油节流调速回路的速度－负载特性曲线可以看出，其速度刚性明显优于相应的节流阀调速回路。因此采用调速阀的进油节流调速回路可用于速度较高、负载较大且负载变化较大的液压系统，但是这种回路的效率比用节流阀时更低些。

2）最大承载能力。

由式（8-3）可知：无论 A_T 为何值，当 $F_{max} = p_p A_1$ 时，节流阀两端压差 Δp 为零，活塞停止运动，此时液压泵输出的流量全部经溢流阀流回油箱。所以此 F 值即为该回路的最大承载值，即：

$$F_{max} = p_p A_1 \tag{8-4}$$

3）功率和效率。

在节流阀进油节流调速回路中，液压泵的输出功率为 $p_p = p_p q_p =$ 常量。

液压缸的输出功率为：

$$P_1 = Fv = F \frac{q_1}{A_1} = p_1 q_1 \tag{8-5}$$

所以该回路的功率损失为：

$$\Delta P = P_p - P_1 = p_p q_p - p_1 q_1 = p_p (q_1 + q_y) - (p_p - \Delta p) q_1 = p_p q_y + \Delta p q_1 \tag{8-6}$$

式中　q_y——通过溢流阀的溢流量，$q_y = q_p - q_1$。

由上式可知，这种调速回路的功率损失由两部分组成。

溢流损失为：

$$\Delta P_y = p_p q_y \tag{8-7}$$

节流损失为：

$$\Delta P_T = \Delta p q_1 \tag{8-8}$$

回路的效率为：

$$\eta = \frac{P_1}{P_p} = \frac{Fv}{p_p q_p} = \frac{p_1 q_1}{p_p q_p} \tag{8-9}$$

由于存在两部分的功率损失，故这种调速回路的效率较低。当负载恒定或变化很小时，其效率可达 0.2 ~ 0.6；当负载变化大时，其最高效率仅为 0.385。机械加工设备常有快进－工进－快退的工作循环，工进时泵的大部分流量溢流，所以回路效率极低，而低效率导致油温升高和泄漏增加，进一步影响了速度的稳定性和效率。回路功率越大，问题越严重。

（2）回油节流调速回路

如图 8-10 所示，把节流阀串联在液压缸的回油路上，借助于节流阀控制液压缸的排油量 q_2 来实现速度调节。由于进入液压缸的流量 q_1 受回油路排出流量 q_2 的限制。所以用节流阀来调节液压缸的排油量 q_2，也就调节了进油量 q_1，定量泵多余的油液仍经溢流阀流回油箱，从而使泵出口的压力稳定在调整值不变。

1）速度负载特性　类似式（8-3）的推导过程，由液压缸活塞上的力平衡方程（$p_2 \neq 0$）和经过节流阀的流量方程（$\Delta p = p_2$），可得出液压缸的速度负载特性为：

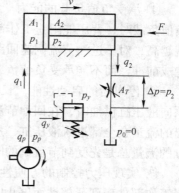

图 8-10　回油节流调速回路

$$v = \frac{q_2}{A_2} = \frac{KA_T \left(p_p \dfrac{A_1}{A_2} - \dfrac{F}{A_2} \right)^m}{A_2} \tag{8-10}$$

式中 A_1、A_2——分别为液压缸无杆腔和有杆腔的有效面积；

$\qquad F$——液压缸的外负载；

$\qquad A_T$——节流阀通流面积；

$\qquad p_p$——溢流阀的调定压力。

比较式（8-3）和式（8-10）可以发现，回油节流调速和进油节流调速的速度负载特性基本相同。对于双出杆液压缸，则两种节流调速回路的速度负载特性完全一样。因此，对进油路节流调速回路的一些分析完全适用于回油节流调速回路。

2）最大承载能力　回油节流调速的最大承载能力与进油路节流调速相同。即：

$$F_{\max} = p_p A_1 \tag{8-11}$$

3）功率和效率　在回油路节流调速回路中，液压泵的输出功率与进油路节流调速回路相同。

液压缸的输出功率为：$\quad P_1 = Fv = (p_p A_1 - p_2 A_2)v = p_p q_1 - p_2 q_2 \tag{8-12}$

所以该回路的功率损失为：

$$\Delta P = P_p - P_1 = p_p q_p - p_p q_1 + p_2 q_2 = p_p (q_p - q_1) + p_2 q_2 = p_p q_y + \Delta p q_2 \tag{8-13}$$

由上式可知，回油路节流调速回路的功率损失也由两部分组成。

溢流损失为：$\qquad\qquad\qquad \Delta P_y = p_p q_y \tag{8-14}$

节流损失为：$\qquad\qquad\qquad \Delta P_T = \Delta p q_2 \tag{8-15}$

回路的效率为：$\qquad\quad \eta = \frac{Fv}{p_p q_p} = \frac{p_p q_1 - p_2 q_2}{p_p q_p} = \frac{\left(p_p - p_2 \dfrac{A_2}{A_1} \right) q_1}{p_p q_p} \tag{8-16}$

当使用同一个液压缸和同一个溢流阀，且负载和活塞运动速度相同时，则式（8-16）和式（8-9）是相同的，可以认为回油节流调速回路的效率和进油节流调速回路的效率基本相同，这种调速回路的效率也比较低。

从以上分析可知，进油节流调速回路和回油节流调速回路有许多相同之处，但是，它们也有下述不同之处。

① 承受负值负载的能力　对于回油节流调速，由于回油路上有节流阀产生的背压，在负值负载时，背压能阻止工作部件的前冲，即能在负值负载下工作，而且速度越快，背压也就越高；对于进油节流调速回路，由于回油腔没有背压，在负值负载作用下，会出现失控而造成前冲，而不能承受负值负载（负载方向与液压力方向相同的负载称为负值负载）。

② 停车后的启动性能　长期停车后液压缸油腔内的油液会流回油箱，当重新启动液压泵向液压缸供油时，在回油节流调速回路中，由于进油路上没有节流阀控制流量，液压泵输出的流量会全部进入液压缸，从而造成活塞前冲现象；但在进油节流调速回路中，进入液压缸的流量总是先受到节流阀的限制，故活塞前冲很小，甚至没有前冲。

③ 实现压力控制的方便性　在进油节流调速回路中，进油腔的压力将随负载而变化。当工作部件碰到死挡铁而停止时，其压力升高并能达到溢流阀的调定压力，利用这一压力变化值，可方便地用来实现压力控制（例如用压力继电器发出信号）；但在回油节流调速中，

只有回油腔的压力才会随负载而变化。当工作部件碰到死挡铁后，其压力降为零。虽然可用这一压力变化来实现压力控制，但其可靠性低，故一般不采用。

④ 运动平稳性　在回油节流调速回路中，由于有背压存在，它可以起阻尼作用，同时空气也不易渗入，因此运动的平稳性较好；而在进油节流调速回路中则没有背压存在，因此，回油节流调速回路的运动平稳性比进油节流调速回路要好一些。对于单出杆液压缸，由于无杆腔的进油量大于有杆腔的回油量，所以进油节流调速回路能获得更低的稳定速度。

为了提高回路的综合性能，实际中较多的是采用进油调速，并在回油路上加背压阀，以提高运动的平稳性。这种方式兼具了两种回路的优点。

（3）旁路节流调速回路

将流量阀设置在与执行元件并联的旁油路上，即构成了旁油路节流调速回路，如图 8-11a 所示。该回路采用定量泵供油，流量阀的出口接油箱，节流阀调节了溢回油箱的流量，从而控制了进入液压缸的流量，因而调节节流阀的开口就调节了执行元件的运动速度，同时也调节了液压泵流回油箱流量的多少，起到了溢流的作用。由于溢流作用已由节流阀承担，故溢流阀实际上起安全阀的作用，它在常态时关闭，过载时才打开，其调定压力为液压缸最大工作压力的 $1.1 \sim 1.2$ 倍。液压泵出口的压力与液压缸的工作压力相等，直接随负载的变化而改变，不为定值。流量阀进、出油口的压差也等于液压缸进油腔的压力（流量阀出口压力可视为零）。

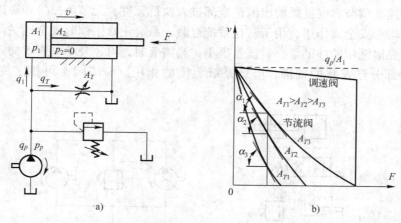

图 8-11　旁路节流调速回路及速度 – 负载特性

如图 8-11b 所示为旁路节流调速回路的速度 – 负载特性，分析特性曲线可知，该回路有以下特点。

① 节流阀开口越大，进入液压缸中的流量越少，活塞运动速度则越低；反之，开口越小，活塞运动速度越快。

② 当节流阀开口一定时，活塞运动的速度也随负载的增大而减小，而且其速度刚性比进、回油路节流调速回路更软。

③ 当节流阀开口一定时，负载较小的区段曲线较陡，速度刚性差；负载较大的区段曲线较平缓，速度刚性较好。

④ 在相同负载下工作时，节流阀开口较小，活塞运动速度较高时曲线较平缓，速度刚

性较好；开口较大，速度较低时，曲线较陡，速度刚性较差。

⑤ 节流阀开口不同的各特性曲线，在负载坐标轴上不相交。这说明它们的最大承载能力不同。速度高时承载能力较大，速度越低其承载能力越小。

根据以上分析可知，旁路节流调速回路负载特性很软，低速承载能力又差，故其应用比前两种回路少，只宜用于高速、重载，且对速度的平稳性要求不高的较大功率的液压系统中，例如，液压牛头刨床的主传动系统、输送机械的液压系统等。

若采用调速阀代替节流阀，旁路节流调速回路的速度刚性会有明显的提高，如图 8-11b 所示的特性曲线。旁路节流调速回路有节流损失，但无溢流损失，发热较少，其效率比进、回油节流调速回路要高。

2. 容积调速回路

容积调速回路是用改变变量泵或变量液压马达的排量来调节执行元件运动速度的回路。容积调速回路与节流调速回路相比，既无溢流损失，又无节流损失，故效率高，系统发热小；缺点是变量泵和变量马达的结构复杂，成本高，这种回路适用于功率较大的大型机床、液压压力机、工程机械和矿山机械等设备。

（1）变量泵与定量执行元件的容积调速回路

如图 8-12a 所示为变量泵与液压缸组成的开式容积调速回路，如图 8-12b 所示为变量泵与定量液压马达组成的闭式容积调速回路。通过改变变量泵的排量 V_p 实现对液压缸或液压马达的运动速度调节。变量泵输出流量全部进入执行元件，无节流损失和溢流损失。两图中的溢流阀 2 均起安全阀作用，用于防止系统过载，系统正常工作时安全阀关闭。图 8-12b 中，泵 6 是补充泄漏用的辅助泵，其流量很小，当需要时，可顶开单向阀 5 向系统补油，该泵还起到置换部分已发热的油液、降低系统温度的作用。溢流阀 4 可稳定变量泵吸油口压力。

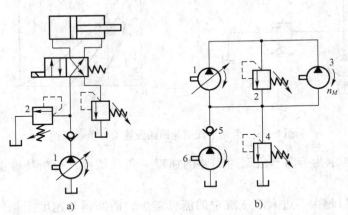

图 8-12 变量泵 - 定量执行元件容积调速回路
a）变量泵 - 缸 b）变量泵 - 定量马达

（2）定量泵与变量马达的容积调速回路

如图 8-13a 所示为定量泵和变量马达组成的容积调速回路，辅助泵 4、溢流阀 2、5 的作用与变量泵 - 定量马达的调速回路相同。定量泵 1 的输出流量不变，改变变量液压马达的排量 V_M 就可改变液压马达的输出转速。在这种调速回路中，由于液压泵输出的流量为常数，当负载功率恒定时，马达输出功率 P_M 和回路工作压力 p 都恒定不变，而马达的输出转矩 T_M 与马达的排量 V_M 成正比，马达的转速与其排量 V_M 成反比。

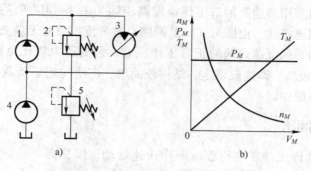

图 8-13　定量泵 - 变量马达容积调速回路

定量泵 - 变量马达的容积调速回路的特性如图 8-13b 所示。从图中可知输出功率 P_M 不变，故此回路又称为"恒功率调速回路"。由于这种回路的调速范围较小，故这种回路目前较少单独使用。

3. 容积节流调速回路

容积节流调速回路通过压力补偿式变量泵供油、调速阀（或节流阀）调节进入液压缸的流量，使泵的输出流量自动地与液压缸所需流量相适应。常用的容积节流调速回路有：限压式变量泵与调速阀组成的容积节流调速回路、变压式变量泵与节流阀组成的容积调速回路。

图 8-14a 所示是一个由变量泵和调速阀组成的容积节流调速回路。该回路中，当二位二通换向阀 3 在图示位置，活塞杆快速向右运动，变量泵 1 按快进的要求输出大流量 q_{max}，同时应使泵的限定压力 p_c 大于快速运动所需压力。如果阀 3 电磁铁得电，左位接入系统，泵 1 输出的压力油经调速阀 2 进入液压缸 4 左腔，缸 4 右腔回油，经背压阀 5 回到油箱。此

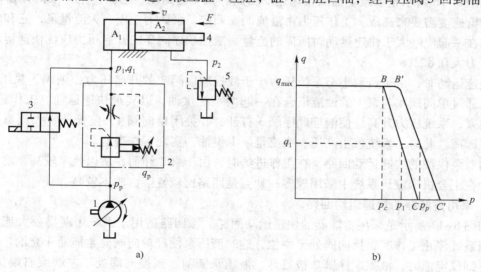

图 8-14　变量泵 - 调速阀的容积节流调速回路
a）调速原理图　b）调速特性

时，流量 $q_1 < q_B$，泵的供油压力 p_p 升高，泵的流量便自动减小到 $q_1 \approx q_B$，使泵输出的流量与系统工作进给时需要的流量保持一致。这种调速回路的运动稳定性、速度负载特性、承载能力和调速范围均与采用调速阀的节流调速回路相同。图 8-14b 所示是变量泵 - 调速阀的容积节流调速回路调速特性。由图可知，此回路只有节流损失而无溢流损失。

实际使用中，为了保证调速阀的正常工作压差，泵的压力应比负载压力 p_1 至少大 5×10^5 Pa。该回路效率较高、调速较稳定、结构较简单，广泛应用于负载变化不大的中、小功率组合机床的液压系统中。

8.2.2　快速运动回路

某些机械要求执行元件在空行程时需作快速运动，以提高生产率。常见的快速运动回路有以下几种。

1. 液压缸差动连接的快速运动回路

如图 8-15 所示是采用差动式液压缸实现差动连接的快速运动回路。在项目 4 中讲到，当液压缸差动连接时，相当于减少了液压缸的有效面积，即有效面积仅为活塞杆的面积。这样，当相同流量进入液压缸时，其运动速度将明显提高。但是，此时活塞上的有效推力相应减少，因此它一般适用于空载行程。如图所示，当电磁铁 3YA 不通电时，二位三通电磁阀连通液压缸的左右腔，形成差动回路，使活塞实现快速运动；同时还可以通过阀 4 右位使缸右腔回油路经调速阀 5，实现活塞慢速运动。这种液压回路简单经济，应用较多；但快、慢速的转换不够平稳。

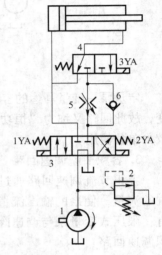

图 8-15　液压缸差动连接的快速回路

2. 双泵供油的快速运动回路

如图 8-16 所示是双泵供油的快速运动回路。泵 1 为高压、小流量泵，泵的流量按最大工作进给速度需要来选取，工作压力由溢流阀 5 调定。泵 2 为低压、大流量泵，它和泵 1 的流量加在一起应略大于快速运动时所需的流量。液控顺序阀 3 的开启压力应比快速运动时所需的压力大 0.8 MPa。

快速运动时，由于负载小，系统压力小于液控顺序阀 3 的开启压力，则阀 3 关闭。泵 2 的油液通过单向阀 4 与泵 1 的油液汇合在一起向系统供油，以实现快速运动。工作进给时，负载加大，系统压力升高，使液控顺序阀 3 打开，并关闭单向阀 4，使低压、大流量泵 2 通过阀 3 卸荷。此时，系统仅由高压、小流量泵 1 供油，实现工作进给。

用双泵供油的快速运动回路，在工作进给时，由于泵 2 卸荷，所以效率较高，功率利用合理，在组合机床液压系统中采用较多；缺点是回路比较复杂，成本较高。

3. 采用蓄能器的快速运动回路

如图 8-17 所示是采用蓄能器的快速运动回路。该回路适用于系统短期需要大流量的场合。当系统停止工作时，换向阀处于中位，这时液压泵便经单向阀向蓄能器 4 充油。蓄能器油压达到规定值时，液控顺序阀 2 被打开，液压泵卸荷。当换向阀处于左端或右端位置时，液压泵和蓄能器 4 共同向液压缸供油，实现快速运动。由于采用蓄能器和液压泵同时向系统供油，所以可用较小流量的液压泵来获得较快的运动速度。

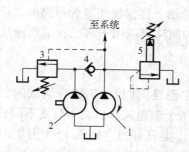

图 8-16　双泵供油的快速运动回路

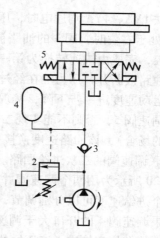

图 8-17　采用蓄能器的快速运动回路

8.2.3　速度换接回路

液压系统中常要求某一执行元件在完成自动工作循环过程中，进行速度的换接。如由快速运动转换为第一种工作进给速度，而后再进一步转换为更慢的第二种工作进给速度等。这种速度转换回路，应能保证速度的转换平稳、可靠。

1. 快、慢速换接回路

实现快、慢速换接的方法很多，常采用电磁换向阀和行程阀实现速度的转换。如图 8-18 所示是用行程阀的速度换接回路。行程换向阀 1 处于图示位置时，当液压缸活塞快进到预定位置时，活塞杆上的挡块压下行程阀 1，行程阀关闭，液压缸右腔油液必须通过节流阀 2 才能流回油箱，活塞运动转为慢速工进。换向阀右位接入回路时，压力油经单向阀 3 进入液压缸右腔，活塞快速向左返回。这种回路速度切换比较平稳，换接位置准确。但行程阀的安装位置不能任意布置，必须装在运动部件的附近，管路连接也较为复杂。如果将行程阀改用电磁换向阀，并通过挡块压下电气行程开关来控制电磁铁的通电或断

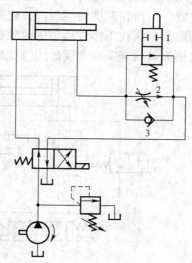

图 8-18　用行程阀的速度换接回路

电，也可实现快慢速度的换接。这样阀的安装较灵活，管路连接方便；但速度换接的平稳性、可靠性和换接精度相对较差。这种回路在机床液压系统中较为常见。

2. 两种工作进给速度的换接回路

某些设备的进给部件，有时需要有两种工进速度，一般第一种工进速度较大，大多用于粗加工；第二种工进速度较小，大多用于半精加工或精加工。两次工进速度常用以下两种方法来实现。

（1）串联调速阀的二次进给回路。

如图 8-19 所示为用两个调速阀串联并与两个二位二通电磁阀联合组成的二次进给回

路。当电磁铁1YA、4YA均通电时，压力油经阀3进入液压缸左腔，使活塞向右快速前进；当4YA断电处于右位时，阀3的油路被切断，压力油需先经调速阀5后再经电磁阀4进入到液压缸左腔，完成由快速转换为第一次工作进给；而当1YA、3YA均通电时，阀4处于右位，该阀油路被断开，压力油在经过调速阀5后必须再经过调速阀6最后进入到液压缸左腔，使活塞运动速度进一步下降，实现第二次工作进给。注意使用这种回路时，调速阀6的开口要小于调速阀5，否则不能实现二次进给（这种回路只能用于第二次进给速度小于第一次进给速度的场合），该回路速度换接平稳性较好。

（2）并联调速阀的二次进给回路。

如图8-20所示为用两个调速阀并联并与两个电磁换向阀6、7联合组成的二次进给回路，这里两个进给速度可以分别调节，互不影响。两个调速阀开口大小只要不同即可实现二次进给。如果调速阀4的开口大于调速阀5的开口，则只有当电磁铁1YA通电时，压力油经过电磁阀6的右位直接进入液压缸的左腔，使活塞向右快速运动；当4YA也通电时，阀6的油路被切断，压力油便经过调速阀4后经电磁阀7左位再进入液压缸左腔，使活塞运动由快进转换为第一次工作进给；当3YA也通电时，使阀7处于右位，压力油只能经过调速阀5后再经过阀7右位进入液压缸左腔，使活塞的运动速度进一步下降为第二次工作进给速度。使用该回路时，由于一个调速阀工作时另一个调速阀无油通过，其定差减压阀处于最大开口位置，因而在速度转换瞬间，通过该调速阀的流量过大会造成进给部件突然前冲。因此这种回路不宜用在工作过程中的速度换接，只可用在速度预选的场合。执行元件还可以通过电液比例流量阀来实现速度的无级变换，切换过程平稳。

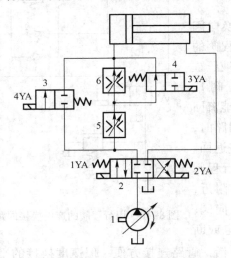

图8-19　调速阀串联的二次进给回路

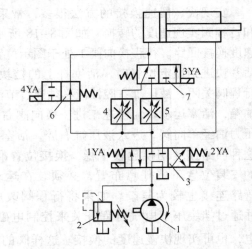

图8-20　调速阀并联的二次进给回路

任务8.3　多缸顺序动作回路分析

某些机械，特别是自动化机床，在一个工作循环中往往要求各个液压缸按着严格的顺序依次动作（如机床要求夹紧、切削、退刀等），多缸顺序动作回路就是实现这种要求的回路。多缸顺序动作回路包括用行程阀控制的顺序动作回路、用行程开关控制的顺序动作回路、用顺序阀控制的顺序动作回路、用压力继电器控制的顺序动作回路和时间控制的顺序动作回路等。

本任务主要介绍行程控制、压力控制和时间控制等三种顺序动作回路的组成、工作原理、特点及应用。通过学习和技能训练，学生应掌握顺序动作回路的组成和工作原理；具备熟练分析顺序动作回路特点的能力。

8.3.1 行程控制的顺序动作回路

行程控制的顺序动作回路是利用执行元件运动到一定位置（或行程）时，发出控制信号，使下一执行元件开始动作的液压回路。

1. 用行程阀控制的顺序动作回路

如图 8-21 所示是用行程换向阀（又称为机动换向阀）控制的顺序动作回路。电磁换向阀和行程换向阀处于图示状态时，液压缸 A 和液压缸 B 都处于左端位置（即原位）。当电磁换向阀的电磁铁得电后，电磁换向阀处于右位，液压缸 A 的活塞按箭头①的方向向右运动。当液压缸 A 右行到预定的位置时，挡块压下行程换向阀 1，使行程换向阀处于上位，则液压缸 B 的活塞按箭头②的方向向右运动。当电磁换向阀的电磁铁断电后，电磁换向阀处于左位，液压

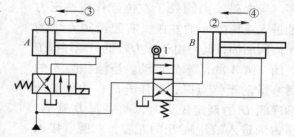

图 8-21 行程换向阀控制的顺序动作回路

缸 A 的活塞按箭头③的方向向左运动。当挡块离开行程换向阀后，行程换向阀复位（处于下位），液压缸 B 按箭头④的方向向左运动退回原位。

该回路中的运动顺序在①、②和③、④之间的转换，是依靠机械挡块压放行程换向阀的阀芯使其位置变换实现的，因此动作可靠，一般不会产生误动作。但是，行程换向阀必须安装在液压缸附近，且改变运动顺序较困难，主要用于专用机械的液压系统。

2. 用行程开关控制的顺序动作回路

如图 8-22 所示是用行程开关和电磁换向阀控制的顺序动作回路。电磁铁 1YA 通电后，液压缸 A 按箭头①的方向向右运动。当它右行到预定位置时，挡块压下行程开关 S2，发出信号使电磁铁 2YA 通电，则液压缸 B 按箭头②的方向向右运动。当它运行到预定位置时，挡块压下行程开关 S4，发出信号使电磁铁 1YA 断电，则液压缸 A 按箭头③的方向向左运动。当它左行到原位时，挡块压下行程开关 S1，使电磁铁 2YA 断电，则液压缸 B 按箭头④的方向向左运动，当它左行到原位时，挡块压下行程开关 S3，发出信号表明一个工作循环结束。

这种用电信号控制转换的顺序动作回路，使用调整方便，便于更改动作顺序，因此，应用较广泛。回路工作的可靠性取决于电器元件的质量。

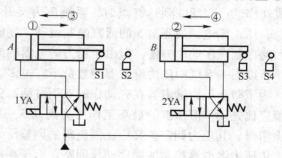

图 8-22 行程开关和电磁换向阀控制的顺序动作回路

目前还可采用 PLC（可编程控制器）利用编程来改变动作顺序的控制，这是一个发展趋势。

8.3.2 压力控制的顺序动作回路

1. 用顺序阀控制的顺序动作回路

压力控制就是利用油路本身的压力变化来控制液压缸的先后动作顺序，通常利用压力继电器或顺序阀作为控制元件来控制动作顺序。

如图 8-23 所示是采用两个单向顺序阀的压力控制顺序动作回路。其中单向顺序阀 D 控制两液压缸前进时的先后顺序，单向顺序阀 C 控制两液压缸后退时的先后顺序。当电磁换向阀处于左位工作时，压力油进入液压缸 A 的左腔，右腔经阀 C 中的单向阀回油，此时由于压力较低，顺序阀 D 关闭，缸 A 的活塞先运动。当液压缸 A 的活塞运动至终点时，油压升高，达到单向顺序阀 D 的调定压力时，顺序阀 D 开启，压力油进入液压缸 B 的左腔，右腔直接回

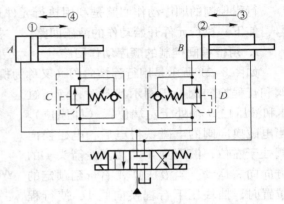

图 8-23　用顺序阀控制的顺序动作回路

油，缸 B 的活塞向右运动。当液压缸 B 的活塞右移到达终点后，电磁换向阀换向处于右位，此时压力油进入液压缸 B 的右腔，左腔经阀 D 中的单向阀回油，使缸 B 的活塞向左返回，到达终点时，压力升高打开顺序阀 C 再使液压缸 A 的活塞返回。

这种顺序动作回路的可靠性，在很大程度上取决于顺序阀的性能及其压力的调整值。顺序阀的调整压力应比先动作的液压缸的工作压力高 0.8～1 MPa，以免在系统压力波动时，发生误动作。

2. 用压力继电器控制的顺序动作回路

如图 8-24 所示为用压力继电器控制的顺序动作回路。两液压缸的动作顺序是通过压力继电器对两个电磁阀的操纵来实现的。其工作原理是：当 1YA 通电时，液压缸 5 的活塞向右运动，完成动作①；当缸 5 运动到终点后，系统压力升高使压力继电器 6 动作，发出信号使 3YA 通电，液压缸 4 的活塞向右运动，完成动作②；当液压缸 4 运动到终点后，系统压力升高，压力继电器 3 动作，发出信号使 3YA 断电、4YA 通电，液压缸 4 的活塞向左运动，完成动作③；当活塞到达终点时，系统压力又升高，压力继电器 3 动作，发出信号使 2YA 通电、1YA 断电，液压缸 5 的活塞向左运动，完成动作④，到此就完成了一个工作循环。这种回路控制顺序动作方便，但由于压力继电器的灵敏度高，在液压冲击作用下容易引起误动作，所以同一系统中压力继电器的数量不宜过多。

为了防止压力继电器在先动作的液压缸活塞到达行程终点前误发信号，压力继电器的调定值应比先动作液压缸的最高工作压力高 0.3～0.5 MPa；同时为了使压力继电器能可靠地发出信号，其压力调定值又应比溢流阀的调整压力低 0.3～0.5 MPa。

用压力继电器控制的顺序动作回路，由于在压力波动的冲击下，易产生误动作，所以仅适用于压力波动不大的液压系统。

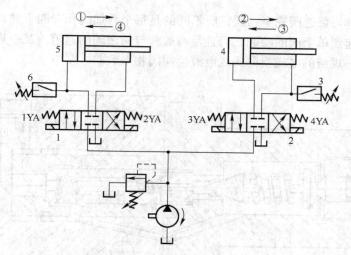

图 8-24　压力继电器控制的顺序动作回路

3. 时间控制的顺序动作回路

所谓时间控制的顺序动作回路，就是利用延时元件控制工作部件按时间先后顺序动作的控制回路。

如图 8-25 所示是采用延时阀进行时间控制的顺序动作回路。延时阀由单向节流阀和二位三通液动换向阀组成。当电磁铁 1YA 通电时，压力油进入液压缸 1，使缸 1 向右运动，完成动作①。同时，三位四通电磁换向阀出口的压力油一部分至延时阀 3 的左端，阀 3 右端的液压油经节流阀回油箱，这样，经过一定时间后，使延时阀中的二位三通换向阀左位接入系统，压力油经三位四通电磁换向阀、阀 3 中的二位三通换向阀的左位进入液压缸 2 的左腔，使缸 2 向右运行，完成动作②。液压缸 2 和液压缸 1 向右运动开始的时间间隔可用延时阀中的节流阀调节。当电磁铁 2YA 通电后，

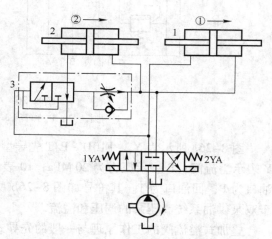

图 8-25　时间控制的顺序动作回路

液压缸 1、2 一起快速向左运动返回原位。同时，压力油进入延时阀的右端，使延时阀中的二位三通阀阀芯左移复位。

这种控制方法单独使用不够可靠，必须和行程控制配合起来使用。在液压系统中多采用时间继电器、延时继电器或延时阀控制多缸按时间完成先后动作顺序。

拓展知识

1. 叠加阀

（1）叠加阀的结构和工作原理

叠加式液压阀简称叠加阀，图 8-26 及图 8-27 分别为叠加式溢流阀和叠加式调速阀结构图。这种阀是在板式阀集成化的基础上发展起来的新型液压元件。就工作原理而言，单个

叠加阀的工作原理与普通阀完全相同，所不同的是每个叠加阀都有四个油口 P、A、B、T 上下贯通，它不仅起到单个阀的功能，而且是沟通阀与阀之间的通道。某一规格的叠加阀的连接安装尺寸与同一规格的电磁换向阀或电液换向阀相一致。

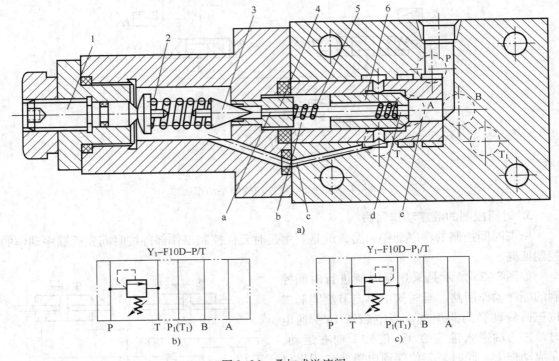

图 8-26　叠加式溢流阀
1—推杆　2、5—弹簧　3—锥阀　4—阀座　6—主阀芯

图 8-26a 所示为 Y_1 – F10D – P/T 先导型叠加式溢流阀。它由主阀和先导阀两部分组成。Y 表示溢流阀；F 表示压力为 20 MPa；10 表示通径为 ϕ10 mm；D 表示叠加阀；P/T 表示进油口为 P，回油口为 T。其符号如图 8-26b 所示。图 8-26c 所示为 P_1/T 型符号，它主要用于双泵供油系统高压泵的调压和溢流。

叠加式溢流阀的工作原理与一般的先导式溢流阀相同。压力油由进油口 P 进入阀芯 6 右端的 e 腔，经阀芯上阻尼孔 d 流至阀芯 6 左端 b 腔，并经小孔 a 作用于锥阀芯 3 上。当系统压力低于溢流阀调定压力时，锥阀 3 关闭，主阀芯 6 在弹簧力作用下处于关闭位置，阀不溢流；当系统压力达到溢流阀的调定压力时，锥阀 3 开启，b 腔油液经锥阀口及孔道 c 由油口 T 流回油箱，主阀芯 6 右腔的油液经阻尼孔 d 向左流动，从而在主阀芯两端产生了压力差，使阀芯 6 向左移动，主阀阀口打开，油液从出油口 T 溢流回油箱。调节弹簧 2 的预压缩量便可改变溢流阀的调整压力。

图 8-27a 所示为 QA – F6/10D – BU 型单向调速阀，图 8-27b 为其符号。QA 表示单向调速阀；F 表示压力为 20 MPa；6/10 表示该阀通径为 ϕ6 mm，而其接口尺寸属于 ϕ10 mm 系列；D 表示叠加阀；B 表示该阀适用于液压缸 B 腔油路上；U 表示调速节流阀为出口节流。工作原理与一般单向调速阀基本相同。当压力油由油口 B 进入时，油可进入单向阀阀芯 1 的左腔，使单向阀阀口关闭；同时又可经过调速阀中的减压阀和节流阀，由油口 B′ 流出。当压力油由油口

B′进入时，压力油可将单向阀阀芯顶开，经单向阀由油口 B 流出，而不流经调速阀。

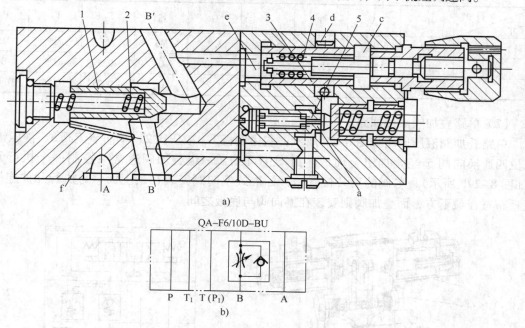

QA–F6/10D–BU

b)

图 8–27　叠加式调速阀
1—单向阀　2、4—弹簧　3—节流阀　5—减压阀

　　这类阀的阀体，其上下两面做成连接面（安装面，如图 8–28 和表 8–1 所示），安装在板式换向阀与底板之间，由有关的压力、流量和单向控制阀组成一个集成化控制回路。每个叠加阀除了具有液压阀功能外，还起油路通道的作用。因此，由叠加阀组成的液压系统，阀与阀之间不需要另外的连接体，而是以阀体作为连接体，直接叠合再用螺栓联接而成。当选用相同直径系列的叠加阀叠合在一起并用螺栓连接时，即可组成所需的液压传动系统。叠加阀因其结构形状而得名。同一通径的各种叠加阀的油口和螺钉孔的大小、位置、数量都与相匹配的板式换向阀相同。

编号：GB8100–AB–03–4–B

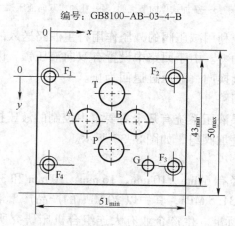

图 8–28　主油口最大直径为 6.3 mm 的压力控制阀、顺序阀、
卸荷阀、节流阀和单向阀的安装面

表 8-1 安装面的尺寸 单位：mm

尺寸 \ 符号	P	A	T	B	G	F₁	F₂	F₃	F₄
ϕ	6.3	6.3_{max}	6.3_{max}	6.3_{max}	3.4	M5	M5	M5	M5
x	21.5	12.7	21.5	30.2	33.0	0	40.5	40.5	0
y	25.90	15.50	5.10	15.50	31.75	0	−0.75	31.75	31.00

（2）单路叠加阀液压回路。

单路叠加阀液压回路如图 8-29 所示，它由底板 1、减压阀 2、单向节流阀 3、液压锁 4、三位四通换向阀 5 经叠加组合而成。由图中可知，一组叠加阀通常只控制一个执行元件（如图 8-29b 所示），各阀的安装位置是：标准式换向阀安装在最上面，与执行元件连接的底板布置在最下方，而叠加阀则安装在换向阀与底板之间。

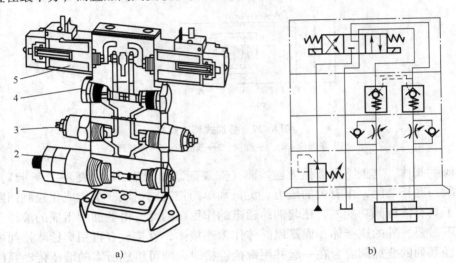

图 8-29 叠加阀结构原理图

a）结构原理图 b）符号原理图

1—底板 2—叠加式减压阀 3—叠加式单向节流阀 4—叠加式双向液压锁 5—三位四通电磁换向阀

该回路的工作任务是：利用减压阀的减压作用将主油路送入的压力油经减压后送入夹紧缸，为夹紧缸的工作提供动力。由于回路中设置有双向液压锁，因而夹紧缸有长时间保持夹紧工件的能力，直至换向阀换向，液压缸退回为止。

（3）多路叠加阀液压回路。

在叠加阀系统中，如果液压系统有几个需要集中控制的液压执行元件，则可采用多联底板，并列组成相应的多路叠加阀组，如图 8-30 所示。

（4）叠加阀的选型

国内生产的叠加阀通径有 6 mm、10 mm、16 mm、20 mm 和 32 mm 五个系列，公称压力系列为 10 MPa、20 MPa 和 31.5 MPa，其中以 20 MPa 的产品产量最大，我国生产的叠加阀连接尺寸符合 ISO 4401 国际标准。生产企业有大连组合机床研究所、江苏海门液压件厂、河北保定液压件厂、浙江象山液压件厂等。

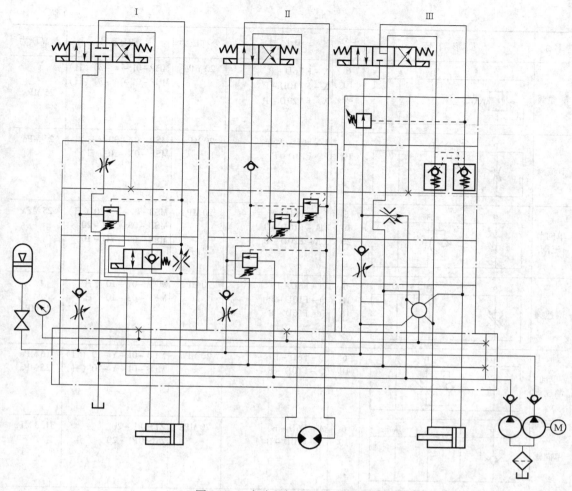

图 8-30 多路叠加阀系统典型回路

国外生产叠加阀的公司较多，其中以德国力士乐公司、日本油研公司和美国威格士公司的产品较有代表性。国内外叠加阀部分产品系列如表 8-2 所示，详细产品系列型谱及外形尺寸请参见有关公司的产品资料。

表 8-2 国内外叠加阀部分产品系列

名称	图 形 符 号				通径 /mm	中国型号	公称压力	德国型号	最高压力
溢流阀	P	T	B	A	6 10 20	Y – F*6D – P/O Y₁ – F*10D – P/O Y₂ – F*20D – P/O	20 MPa	ZDB6VP2 – 30/* ZDB10VP2 – 30/*	31.5 MPa
减压阀	P	T	B	A	6 10 20	J – F*6D – P J – F*10D – P J – F*20D – P	20 MPa	ZDR6DP1 – 30/* YM ZDR10DP1 – 40/* YM	21 MPa

名称	图 形 符 号	通径/mm	中国型号	公称压力	德国型号	最高压力
顺序阀	P T B A	6 10 20	X－F*6D－P X－F*10D－P X－F*20D－P	20 MPa	MHP－01－*－30（日） MHP－01－*－30（日）	25 MPa
节流阀	P T B A	6 10	L－F6D－P L－F10D－P	20 MPa	MSP－01－30（日） MSP－03－20（日）	25 MPa
单向节流阀	P T B A	6 10 20	LA－F6D－B LA－F10D－B LA－F20D－B	20 MPa	MSB－01－Y－30（日） MSB－03－YH－20 MSB－06－YH－10	25 MPa
调速阀	P T B A	6 10 16	Q－F6D－P Q－F10D－P Q－F16D－P	20 MPa	MFP－01－10（日） MFP－03－10（日）	25 MPa
单向调速阀	P T B A	6 10	Q－F6D－B Q－F10D－B	20 MPa	MFB－01－Y－10（日） MFB－01－Y－10（日）	16 MPa 25 MPa
单向阀	P T B A	6 10	A－F6D－B A－F10D－B	20 MPa	Z1S6P1－20 Z1S10P1－20	31.5 MPa
液控单向阀	P T B A	6 10 16	AY－F6D－B（A） AY－F10D－B（A） AY－F16D－B（A）	20 MPa	Z2S6B－50 Z2S10B－10 Z2S16B－30	31.5 MPa
液压锁	P T B A	6 10 16	2AY－F6D－AB（BA） 2AY－F10D－AB（BA） 2AY－F16D－AB（BA）	20 MPa	Z2S6－50 Z2S10－10 Z2S16－30	31.5 MPa

说明：① 名称中的每一项，均有多种结构形式，详细情况可查阅液压手册。

② 注有（日）者为日本油研公司产品。

（5）叠加阀的应用。

叠加阀可根据其不同的功能组成不同的叠加阀系统。

由叠加阀组成的液压系统的优点有：标准化、通用化、集成化程度高，设计、加工、装配周期短，结构紧凑、体积小、重量轻、占地面积小；当液压系统改变而需增减元件时，将其重新组装方便、迅速；叠加阀可集中配置在液压站上，也可分散安装在设备上，配置形式灵活，又是无管连接的结构，消除了因油管、管接头等引起的漏油、振动和噪声；叠加阀系统使用安全可靠，维修容易，外形整齐美观。其缺点是回路形式较少，通径较小，不能满足较复杂和大功率的液压系统的需要。

在组成叠加阀系统时，应考虑如下问题。

1）一组叠加阀回路中的换向阀、叠加阀和底板的通径及安装连接尺寸必须一致，且必须符合 ISO 4401 标准规定。

2）回路中的调速阀或节流阀的安装位置应靠近换向阀，有利于其他阀的回油或泄油的畅通。

3）在单回路的系统中，设置一个压力表开关；在集中供油的多回路系统中，不需要每个回路都设压力表开关。在有减压阀的回路中，可单独设置压力表开关，并放在该减压阀的回路中。

2．电液伺服阀

电液伺服阀是一种无电信号时处于守候状态，有电信号时则作出反应的阀。它既是电液转换元件，也是功率放大元件，能够将小功率的输入电信号转换为大功率的液压能（流量和压力）输出。

（1）工作原理

电液伺服阀通常由电气－机械转换装置、液压放大器和反馈（平衡）机构三部分组成。

电气－机械转换装置用来将输入的电信号转换为转角或直线位移输出，输出转角的装置称为力矩马达，输出直线位移的装置称为力马达。

液压放大器接受小功率的电气－机械转换装置输入的转角或直线位移信号，对大功率的压力油进行调节和分配，实现控制功率的转换和放大。

反馈和平衡机构使电液伺服阀输出的流量或压力获得与输入电信号成比例的特性。

（2）典型电液伺服阀

1）喷嘴挡板式电液伺服阀

如图 8-31 所示为喷嘴挡板式电液伺服阀的工作原理图。图中上半部分为力矩马达，下半部分为前置级（喷嘴挡板）和主滑阀。当无电流信号输入时，力矩马达无力矩输出，与衔铁 5 固定在一起的挡板 9 处于中位，主滑阀阀芯也处于中位（零位）。压力油 p_s 进入主滑阀阀口，因阀芯两端台肩将阀口关闭，油液不能进入 A、B 口，但经固定节流孔 10 和 13 分别引到喷嘴 8 和 7，经喷射后，液流回油箱。由于挡板处于中位，两喷嘴与挡板的间隙相等（液阻相等），因此喷嘴前的压力 p_1 与 p_2 相等，主滑阀阀芯两端压力相等，阀芯处于中位。若线圈输入电流，衔铁上产生顺时针方向的磁力矩，使衔铁连同挡板一起绕弹簧管中的支点顺时针偏转，左喷嘴 8 的间隙减小，右喷嘴 7 的间隙增大，即使压力 p_1 增大，p_2 减小，主滑阀阀芯在两端压力差作用下向右运动，开启阀口，p_s 与 B，A 与 T 相通。在主阀阀芯向右运动的同时，通过挡板下端的弹簧杆 11 反馈作用，使挡板逆时针方向偏转，左喷嘴 8 的间隙增大，右喷嘴 7 的间隙减小，于是压力 p_1 减小，p_2 增大。当主滑阀阀芯向右移到某一位置，由两端压力差形成的液压力通过反馈弹簧杆作用在挡板上的力矩、喷嘴液流压力作用在挡板上的力矩以及弹簧管的反力矩之和，与力矩马达产生的电磁力矩相等时，主滑阀阀芯受力平衡，稳定在一定的开口下工作。

显然，改变输入电流大小，可成比例地调节电磁力矩，从而得到不同的主阀开口大小。若改变输入电流的方向，主滑阀阀芯反向位移，实现液流的反向控制。

如图 8-31 所示电液伺服阀的主滑阀阀芯的最终工作位置是通过挡板弹性反力反馈作用达到平衡的，因此称为力反馈式。除力反馈式外，还有位置反馈、负载流量反馈、负载压力反馈等。

喷嘴挡板式伺服阀的优点是：

① 衔铁及挡板均工作在中立位置附近，线性度好；

② 运动部分的惯性小，动态响应快；

③ 双喷嘴挡板阀由于结构对称，采用差动方式工作，因此压力灵敏度高；

④ 阀芯基本处于浮动状态，不易卡住；

⑤ 温度和压力零漂小。

缺点是：

① 喷嘴与挡板之间的间隙小，容易被脏物堵塞，对油液的洁净度要求较高，抗污染能力差；

② 内部泄漏流量较大，效率低，功率损失大；

③ 力反馈回路包含力矩马达，使阀频带进一步提高受到限制，特别是在大流量阀的情况下。

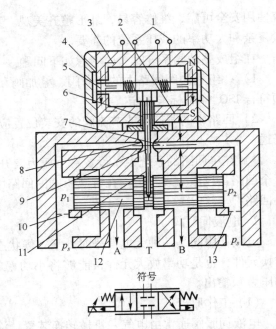

图 8-31 喷嘴挡板式电液伺服阀工作原理图
1—线圈 2、3—导磁体 4—永久磁铁 5—衔铁
6—弹簧 7、8—喷嘴 9—挡板 10、13—固定节流孔
11—反馈弹簧杆 12—主阀芯

2）射流管式电液伺服阀

如图 8-32 所示是常见的射流管式力反馈两级电液流量伺服阀。这种伺服阀采用干式桥形永磁力矩马达，射流管 7 焊接在衔铁上，并由薄壁弹簧片 2 支承。液压油通过柔性的供压管 6 进入射流管。当有电信号输入时，力矩马达将带动射流管偏转一个角度，使射流管喷嘴射出的液压油进入到与滑阀两端容腔分别相通的两个接收孔中。若左边接收孔射入油量大于右边，则阀芯左边背压高，右边背压低，从而形成压差，推动阀芯右移。同时，射流管的侧面装有弹簧板及反馈弹簧丝，其末端插入阀芯中间的小槽内，跟着阀芯一起移动，构成对力矩马达的力反馈，随着阀芯的右移，射流接收管的位置得到调整，使两接收孔的流量相等，压差逐渐变小，达到新的平衡位置时阀芯停止右移，并保持到电信号改变为止；阀芯的位移，实现了主阀芯油流的换向。力矩马达借助薄弹簧片实现对液压部分的密封隔离。

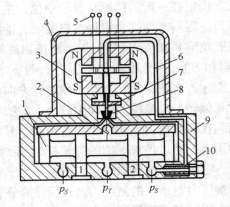

图 8-32 射流管式力反馈两级电液流量伺服阀
1—阀芯 2—反馈弹簧 3—力矩马达 4—阀盖
5—接线头 6—柔性供压管 7—射流管
8—射流接收器 9—阀体 10—滤油器

射流管式伺服阀最大的特点是抗污染能力强、可靠性高、寿命长。伺服阀的抗污染能力，一般是由其结构中的最小通流尺寸所决定的。而在多级伺服阀中，前置级油路中的最小通流尺寸成为决定性因素。射流管阀的最小通流尺寸为 0.2 mm，而喷嘴挡板式伺服阀为 0.025 ~ 0.05 mm，因此射流管阀的抗污染能力强，可靠性高。另外，射流管阀的压力效率和容积效率高，可以产生较大的控制压力和流量，这就提高了功率阀的驱动力，增大了功率阀的抗污染能力。从前置级磨损对性能的影响来看，射流喷嘴端面和接受端面的磨损，对性能的影响小，因此工作稳定，零漂小，寿命长。

射流管阀的缺点是频率响应低，零位泄漏流量大，低温特性差，加工工艺复杂，难度大。

（3）电液伺服阀的应用。

电液伺服阀由其高精度和快速控制能力，广泛应用于各种工业设备、航空航天和军事装备的开环或闭环的电液控制系统中，特别是系统要求高的动态响应、大输出功率的场合。

喷嘴挡板式伺服阀适用于航空航天及一般工业用的高精度电液位置伺服、速度伺服系统及信号发生装置。高响应型可用于中小型振动台和疲劳试验机。特殊的负载类型可用于小型伺服加载及伺服压力控制系统。

如图 8-33 所示是大型、高精度液压冲床利用电液伺服阀实现 2 个液压缸活塞同步动作的应用实例。通过位置检测器检测液压缸活塞上、下行的工况，若上、下行时出现工作台倾斜，则说明液压缸工作不同步，此时由检测器发出电信号，并输入到电液伺服阀的力矩马达线圈内，电液伺服阀立即作出反应，自动换向，向下行慢的液压缸补油；反之，上行时，向上行慢的液压缸补油，达到自动、精确控制两液压缸活塞同步上、下行的目的。

3. 数字液压阀

（1）分类及特点。

电液数字阀简称为数字阀，它是用数字信息直接控制的阀。用计算机对电液系统进行控制是今后技术发展的必然趋向。比例阀、伺服阀只能接收连续变化的电压或电流信号，而数字阀则可直接与计算机连接，不需要数 - 模转换器，可用于用计算机实时控制的电液系统中。图 8-34 为一典型的数字阀控制系统框图。

数字阀具有结构简单、工艺性好、价格低廉、抗污染能力强、工作稳定、可靠等优点。

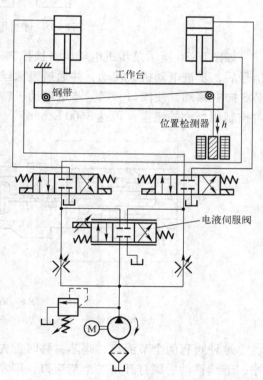

图 8-33　伺服阀同步回路实例

数字阀目前主要有由步进电动机驱动的增量式数字阀和用脉宽调制原理控制的高速开关型数字阀两类，前者已形成部分产品，而后者则处于研究阶段。下面主要介绍增量式数字阀，它包括数字流量阀与数字压力阀两种。

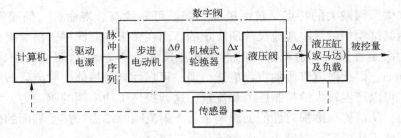

图 8-34 数字控制系统方框原理图

（2）工作原理。

对增量型数字阀而言数字阀的控制系统就是步进电动机的控制系统。图 8-35 是步进电动机控制系统框图。

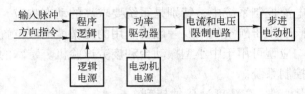

图 8-35 步进电动机控制系统方框图

如图 8-36 所示是步进电动机直接控制的数字流量阀。其工作原理如下：当计算机给出信号后，步进电动机 1 转动，并通过滚珠丝杆 2 使旋转角度转化为轴向位移，带动节流阀阀芯 3 向右移动，使阀口开启。步进电动机转动的步数，相当于阀芯一定的开度。这样的结构可控制相当大的流量（可达 3600 L/min）。

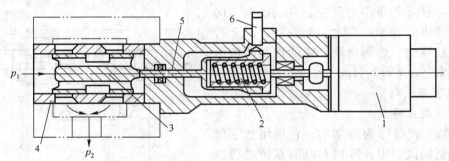

图 8-36 数字流量阀
1—步进电动机 2—滚珠丝杆 3—阀芯 4—阀套 5—连杆 6—传感器

这种阀有两个节流口，阀芯右移时首先打开右边的节流口，该口是非全周开口，流量较小，继续移动后则打开第二个节流口，即左边的全周节流口，流量较大。该阀的流量由阀芯 3、阀套 4 及连杆 5 的相对热膨胀取得温度补偿，维持流量的恒定。图中双点画线部分表示数字阀的阀体，在此用简图的表示。

该阀采用开环控制式，且装有单独的零位移传感器 6，在每个控制周期终止时，阀芯能由零位传感器控制回到零位。这样就保证每个工作周期都在相同的位置开始，使阀具有高的重复精度。

（3）数字阀的应用。

如图 8-37 所示为数字阀应用于压铸机系统的实例。该压铸机压射速度有六个，其中 v_1、v_2 是慢速压射速度，v_3、v_4 是快速压射速度，v_5 是增压速度，v_6 是开型时压射速度。为了实现这种六速压铸功能，该压铸机采用了一个数字式流量阀进行调控。控制装置通过驱动电源使步进电动机转动，控制数字阀的流量，使液压缸及其带动的压铸机构按需要的速度及位置运动。

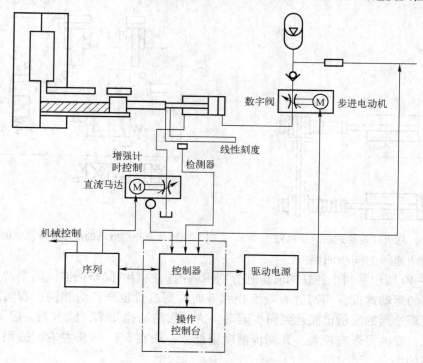

图 8-37　压铸机数字阀控制系统

注塑机、压力机、玻璃成型机等和压铸机的动作相似，也可应用这一类型的数字阀来实现控制。

4. 同步回路

在某些设备上，为使多个执行元件克服负载、摩擦、泄漏、制造质量、结构变形上的差异，常要求两个或两个以上的执行元件的运动速度或位移相同。完成这样功能的回路称为同步运动回路。

（1）机械连接式同步回路

如图 8-38 所示是用机械连接式的同步回路。它是将两个液压缸通过机械装置（齿轮齿条或刚性固联）将其活塞杆连接在一起，使它们的运动相互受到牵制，因而实现可靠的同步运动。这种回路适用于两液压缸相互靠近且负载较小的场合。

（2）带补偿措施的串联液压缸同步回路

如图 8-39 所示为两液压缸串联的同步回路，在这个回路中，液压缸 1 的有杆腔 A 的有效面积与液压缸 2 的无杆腔 B 的面积相等，因而从 A 腔排出的油液进入 B 腔后，两液压缸的升降便得到同步。而补偿措施使同步误差在每一次下行运动中都可以消除，避免误差的积累。其补偿原理为：当三位四通换向阀处于右位时，两液压缸活塞同时下行，若缸 1 的活塞先运动到底，就触动行程开关 a，使电磁换向阀 5 的电磁铁得电，压力油便经阀 5 和液控单向阀 3 向缸 2 的 B 腔补油，推动活塞继续运动到底，误差即被消除；若缸 2 先运动到底，则触动行程开关 b，使电磁换向阀 4 的电磁铁得电，控制压力油使液控单向阀的反向通道打开，使缸 1 的 A 腔通过液控单向阀回油，其活塞即可继续运动到底。这种串联式同步回路只适用于负载较小的液压系统。

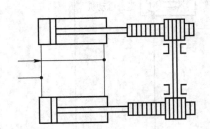

图 8-38　用机械连接式的同步回路

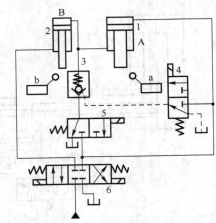

图 8-39　带补偿措施的用串联液压缸的同步回路

（3）用调速阀的同步回路

如图 8-40 所示是两个并联的液压缸分别用调速阀控制的同步回路。两个调速阀分别调节两缸活塞的运动速度，当两缸有效面积相等时，则流量也调整为相同；若两缸面积不等时，则改变调速阀的流量也能达到同步运动。这种回路结构简单，成本低，运动速度可调；但效率较低，受油温影响较大，其同步精度偏低，一般在 5%～7% 左右。适用于同步精度要求不太高的场合。

（4）用分流阀的同步回路

如图 8-41 所示是用分流阀的同步回路，它是利用分流阀 5 使泵的供油平均分配给两个液压缸，两缸活塞能同步向右运动而不受负载变化的影响。该回路结构简单，使用方便，偏载下仍能保持同步；但压力损失大，效率较低。

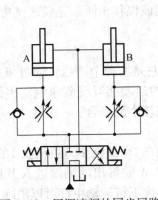

图 8-40　用调速阀的同步回路

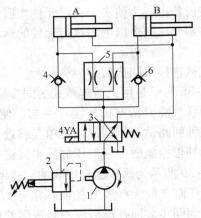

图 8-41　用分流阀的同步回路

对于同步精度要求较高的场合，可以采用由比例调速阀和电液伺服阀组成的同步回路。

5. 多缸工作互不干涉回路

在一泵多缸的液压系统中，往往由于其中一个液压缸快速运动时，会造成系统的压力下降，影响其他液压缸工作进给的稳定性。因此，在工作进给要求比较稳定的液压系统中，如果多缸同时运动，则必须采用快慢速互不干涉回路。多缸快慢速互不干涉回路如图 8-42 所示。

在图 8-42 中，各液压缸分别要完成快进、工作进给和快速退回的自动循环，要求在完成各自工作循环时彼此互不影响。回路采用双泵供油系统，泵 1 为高压小流量泵，供给各缸工作进给所需的压力油；泵 2 为低压大流量泵，为各缸快进或快退时输送低压油，它们的压力分别由溢流阀 3 和 4 调定。

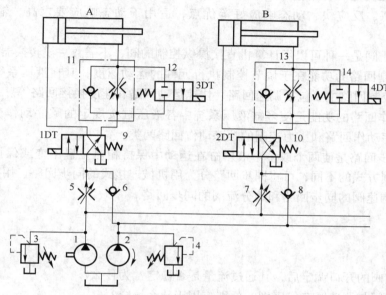

图 8-42　多缸工作时互不干涉回路

当开始工作时，电磁阀 1DT、2DT 和 3DT、4DT 同时通电，液压泵 2 输出的压力油经单向阀 6 和 8 进入液压缸的左腔，此时两泵供油使各活塞快速前进。当电磁铁 3DT、4DT 断电后，由快进转换成工作进给，单向阀 6 和 8 关闭，工进所需压力油由液压泵 1 供给。如果其中某一液压缸（例如缸 A）先转换成快速退回，即换向阀 9 失电换向，泵 2 输出的油液经单向阀 6、换向阀 9 和单向调速阀 11 的单向阀进入液压缸 A 的右腔，左腔经换向阀 9 回油箱，使活塞快速退回。而其他液压缸仍由泵 1 供油，继续进行工作进给。这时，调速阀 5（或 7）使泵 1 仍然保持溢流阀 3 的调整压力，不受快退的影响，防止了相互干扰。在回路中调速阀 5 和 7 的调整流量应适当大于单向调速阀 11 和 13 的调整流量，这样工作进给的速度由阀 11 和 13 来决定，这种回路可以用在具有多个工作部件各自分别运动的机床液压系统中。换向阀 10 用来控制 B 缸换向，换向阀 12、14 分别控制 A、B 缸快速进给。

项目小结

1. 流量控制阀中结构最简单的是节流阀，调速效果最好的是调速阀，使系统压力随负载变化的是溢流节流阀。调速阀工作时，进出油口之间需要有 0.5 ~ 1 MPa 的压力差才能正常工作。

2. 分流 – 集流阀是一种同步阀，同步精度为 2% ~ 5%，故不能用于同步精度要求高的场合。

3. 叠加阀是一种板式集成阀，单个叠加阀的工作原理与普通阀完全相同，不同的是阀的上下两面设置成安装面，四油口 P、A、B、T 从上至下贯通两面。相同规格的叠加阀贯通位置相同，因而阀与阀之间可以相互联通，当选用不同功能的叠加阀元件时，即可组成不同功能的叠加阀回路。

4. 电液伺服阀是一种集信号转换、功率放大、反馈平衡于一体的高精度阀。电液伺服阀具有精度高、反应快、动态响应好等优点，适用于动态响应要求高，输出功率大的场合。

5. 数字液压阀是一种可以用计算机直接操纵控制的阀，不需数 – 模转换器。

6. 速度控制回路的功能在于调节控制执行元件的运动速度，其在液压系统中占有重要的地位。速度控制回路主要包括调速回路、快速运动回路和速度换接回路等。

7. 顺序动作回路的功能是使多缸液压系统中各液压缸按规定的顺序动作，通常可分为行程控制的顺序动作回路和压力控制的顺序动作回路两类。

8. 多缸同步回路是使两个或多个液压缸在运动中保持相对位置不变或保持速度相同的回路。按照控制方式的不同，可将同步回路分为用机械连接式的同步回路、用串联液压缸的同步回路、用调速阀的同步回路和用分流阀的同步回路。

综合训练 8

8-1 节流阀的开口调定后，其通过流量是否稳定？为什么？

8-2 节流阀与调速阀有何区别？分别应用于什么场合？

8-3 节流阀的最小稳定流量有什么意义？影响其数值的因素主要有哪些？

8-4 试比较节流调速、容积调速、容积节流调速回路的特点，并分别说明其应用在什么场合？

8-5 叠加阀是如何实现叠加的？它有何优缺点？

8-6 电液伺服阀结构上有何特点？它有何优缺点？

8-7 如图 8-43 所示的回路为一快慢速度转换回路，按设计要求液压缸活塞应能实现"快进→工进→快退"的动作循环（活塞右行为"进"，左行为"退"）。压力继电器控制活塞的换向退回。但在实际试车时，发现其动作失调。试问：此图有哪些错误？画出改正后的回路图。

8-8 如图 8-44 所示的液压系统，能完成"快进→一工进→二工进→快退"的动作循环，读懂回路图。

（1）写出系统中各元件的名称。

（2）填写如表 8-2 所示的电磁铁动作顺序表。

（3）说明阀 1 和阀 2 在回路中的作用，并指出阀 3 和阀 4 的开口哪一个大？

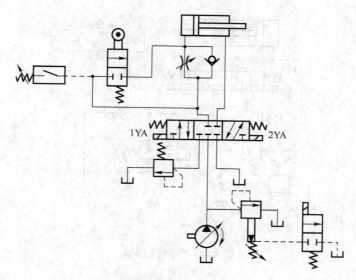

图 8-43 习题 8-7 图

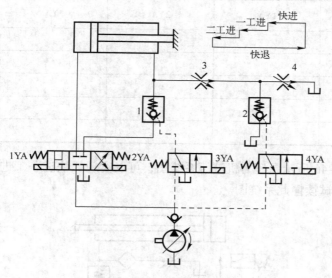

图 8-44 习题 8-8 图

表 8-2 电磁铁动作顺序表

动作 \ 电磁铁	1YA	2YA	3YA	4YA
快进				
一工进				
二工进				
快退				

注：用"＋"表示电磁铁通电；用"－"表示电磁铁断电。

8-9 如图 8-45 所示为专用镗床的液压系统，能实现"快进→一工进→二工进→快退→原位停止"的工作循环。试填写如表 8-3 所示的电磁铁动作顺序表。

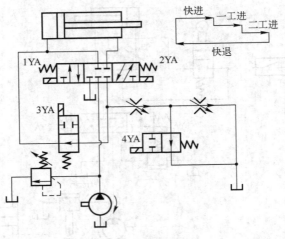

图 8-45　习题 8-9 图

表 8-3　电磁铁动作顺序表

动作 \ 电磁铁	1YA	2YA	3YA	4YA
快进				
一工进				
二工进				
快退				
原位停止				

8-10　如图 8-46 所示是压力机液压系统图，可以实现"快进→工进→保压→快退→停止"的动作循环。试读懂此系统图。

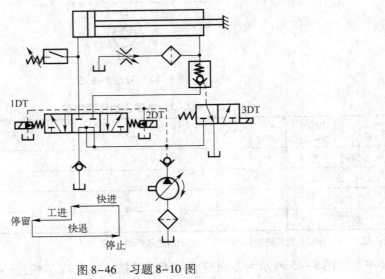

图 8-46　习题 8-10 图

146

（1）写出各元件的名称和功用。

（2）绘制并填写电磁铁动作循环表。

（3）写出各动作时的油液流动情况。

8-11 如图 8-47 所示的液压系统能实现"A^+（夹紧）$\to B^+$（快进）$\to B^+$（工进）$\to$
B^-（快退）$\to A^-$（松开）$\to$泵卸荷"的顺序动作的工作循环。

（1）试填写上述循环时的电磁铁动作顺序表（表 8-4）。

（2）说明系统由哪些基本回路组成。

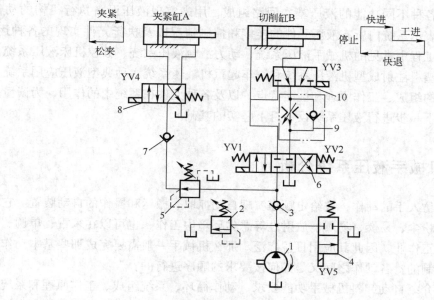

图 8-47 习题 8-11 图

表 8-4 电磁铁动作顺序表

动作 \\ 电磁铁	YV1	YV2	YV3	YV4	YV5
A +（夹紧）					
B +（快进）					
B +（工进）					
B –（快退）					
B 停止					
A –（松开）					
泵卸荷					

注：用" + "表示电磁铁通电；用" - "表示电磁铁断电。

项目 9 典型液压传动系统

项目描述

液压系统由各种不同功能的液压基本回路组成，用来实现液压设备执行机构的动作要求。液压系统图表示系统内所有液压元件的连接和控制情况以及执行元件实现的各种运动。本项目介绍了在工程中常见的机械手液压系统、动力滑台液压系统、数控机床液压系统、液压机液压系统、塑料注射成型机液压系统和汽车起重机液压系统六种典型液压应用系统。通过分析这些系统的组成、工作原理和性能特点，以及各种元件在系统中的作用，为读懂更复杂的液压系统和下一步进行液压系统设计打下坚实的基础。

任务 9.1 机械手液压系统分析

机械手是模仿人手的动作，按给定顺序实现自动抓取、搬运和操作的自动装置。它能在高温、高压、多粉尘、易燃、易爆、放射性等恶劣环境中工作，也可以在笨重、单调、频繁的操作中代替人工作业，因此其应用日益广泛。那么机械手一般需要完成那些基本动作？这些动作是如何控制的？各动作之间又是如何按要求的顺序进行的？

本任务主要介绍自动卸料机械手功能要求、动作循环、系统组成、工作原理和系统特点等知识。通过学习应基本掌握分析较复杂液压系统的步骤和方法；初步具备分析复杂液压系统所包含的基本回路的能力。能熟练分析自动卸料机械手液压系统中各元件的作用、液压系统的工作原理和系统特点。

阅读和分析一个复杂的液压系统，一般可按以下步骤进行。

1）了解设备的用途和对液压系统的具体要求，以及该液压设备的工作循环。

2）初步阅读液压系统图，了解系统中包含哪些元件，并以执行元件为中心，将系统分解为若干个子系统。

3）逐步分析各个子系统，了解每一个子系统由哪些基本回路组成，各个元件的功用及其相互间的关系。根据运动工作循环和动作要求，参照电磁铁动作顺序表和有关资料，搞清油液的流动路线。

4）根据液压系统的工作要求分析各子系统之间的相互关系，进而理解整个液压系统的工作原理。

9.1.1 概述

自动卸料机械手是模仿人的手部动作，按给定程序、轨迹和要求，实现自动抓取、搬运和操作的机械装置。为完成上述动作，需要机械手具有手臂回转、手臂上下、手臂伸缩和手指松夹等运动功能，并且手臂上下运动和手臂伸出速度要能进行调节。

9.1.2 自动卸料机械手液压系统的工作原理

如图9-1所示为自动卸料机械手液压系统原理图。该系统由单向定量泵2供油，溢流阀6调节系统压力，压力值可通过压力表8显示。由行程开关发信号给相应的电磁换向阀，从而控制机械手相应的动作。

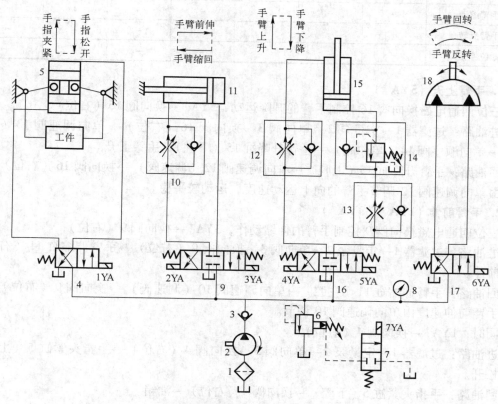

图9-1　自动卸料机械手液压系统

1—过滤器　2—单向定量泵　3—单向阀　4、17—二位四通电磁换向阀　5—手指夹紧缸
6—先导式溢流阀　7—二位二通电磁换向阀　8—压力表　9、16—三位四通电磁换向阀
10、12、13—单向调速阀　11—手臂伸缩缸　14—单向顺序阀　15—手臂升降缸　18—手臂回转缸

自动卸料机械手液压系统是一种多缸动作液压系统，其典型工作循环过程为：手臂上升→手臂前伸→手指夹紧（抓料）→手臂回转→手臂下降→手指松开（卸料）→手臂缩回→手臂反转（复位）→原位停止。

上述的工作循环过程中，各电磁阀电磁铁动作顺序见表9-1。

表9-1　电磁铁动作顺序表

动作顺序	1YA	2YA	3YA	4YA	5YA	6YA	7YA
手臂上升	-	-	-	-	+	-	-
手臂前伸	+	-	+	-	-	-	-
手指夹紧	-	-	-	-	-	-	-

动作顺序	1YA	2YA	3YA	4YA	5YA	6YA	7YA
手臂回转	-	-	-	-	-	+	-
手臂下降	-	-	-	+	-	+	-
手指松开	+	-	-	-	-	+	-
手臂缩回	-	+	-	-	-	+	-
手臂反转	-	-	-	-	-	-	-
原位停止	-	-	-	-	-	-	+

1. 手臂上升（5YA⁺）

三位四通电磁换向阀16控制手臂的升降运动，$5YA^+$→换向阀16（右位）。

进油路：过滤器1→定量泵2→单向阀3→换向阀16（右位）→单向调速阀13（单向阀）→单向顺序阀14（单向阀）→手臂升降缸15（下腔），手臂上升。

回油路：手臂升降缸15（上腔）→单向调速阀12（调速阀）→换向阀16（右位）→油箱。由单向调速阀12调节手臂的向上运动速度，运动较平稳。

2. 手臂前伸（1YA⁺，3YA⁺）

三位四通电磁换向阀9控制手臂的伸缩动作，$3YA^+$→换向阀9（右位）；

进油路：过滤器1→定量泵2→单向阀3→换向阀9（右位）→手臂伸缩缸11（右腔），手臂前伸。

回油路：手臂伸缩缸11（左腔）→单向调速阀10（调速阀）→换向阀9（右位）→油箱。手臂前伸速度由单向调速阀10调节。

同时，$1YA^+$→换向阀4（右位）。

进油路：过滤器1→定量泵2→单向阀3→换向阀4（右位）→手指夹紧缸5（上腔），手指松开。

回油路：手指夹紧缸5（下腔）→换向阀4（右位）→油箱。

3. 手指夹紧（1YA⁻）

二位四通电磁换向阀4控制手指的夹紧与松开，$1YA^-$→换向阀4（左位）。

进油路：过滤器1→定量泵2→单向阀3→换向阀4（左位）→手指夹紧缸5（下腔），手指夹紧。

回油路：手指夹紧缸5（上腔）→换向阀4（左位）→油箱。

4. 手臂回转（6YA⁺）

二位四通电磁换向阀17控制手臂的回转，$6YA^+$→换向阀17（右位）。

进油路：过滤器1→定量泵2→单向阀3→换向阀17（右位）→手臂回转缸18（右位），手臂逆时针回转。

回油路：手臂回转缸18（左位）→换向阀17（右位）→油箱。

5. 手臂下降（4YA⁺，6YA⁺）

$6YA^+$→换向阀17（右位），手臂处于逆时针回转位。

$4YA^+$→换向阀16（左位）。

进油路：过滤器1→定量泵2→单向阀3→换向阀16（左位）→单向调速阀12（单向

阀）→手臂升降缸15（上腔），手臂下降。

回油路：手臂升降缸15（下腔）→单向顺序阀14（顺序阀）→单向调速阀13（调速阀）→换向阀16（左位）→油箱。由单向调速阀13调节手臂的向下运动速度。

6. 手指松开（1YA⁺，6YA⁺）

6YA⁺→换向阀17（右位），手臂处于逆时针回转位。

1YA⁺→换向阀4（右位）。

进油路：过滤器1→定量泵2→单向阀3→换向阀4（右位）→手指夹紧缸5（上腔），手指松开。

回油路：手指夹紧缸5（下腔）→换向阀4（右位）→油箱

7. 手臂缩回（2YA⁺，6YA⁺）

6YA⁺→换向阀17（右位），手臂处于逆时针回转位

2YA⁺→换向阀9（左位）。

进油路：过滤器1→定量泵2→单向阀3→换向阀9（左位）→单向调速阀10（单向阀）→手臂伸缩缸11（左腔），手臂回缩。

回油路：手臂伸缩缸11（右腔）→换向阀9（左位）→油箱。

8. 手臂反转（6YA⁻）

6YA⁻→换向阀17（左位）。

进油路：过滤器1→定量泵2→单向阀3→换向阀17（左位）→手臂回转缸18（左位），手臂反转（顺时针）。

回油路：手臂回转缸18（右位）→换向阀17（左位）→油箱。

9. 原位停止（7YA⁺）

二位二通电磁换向阀7控制液压泵卸荷。7YA⁺→换向阀7（上位）

滤油器1→定量泵2→单向阀3→先导式溢流阀6→油箱。定量泵2泵卸荷，活塞原位停止。

9.1.3 机械手液压系统特点

机械手液压传动系统的特点如下。

（1）各执行元件换向采用电磁换向阀，方便、灵活，容易实现自动控制。

（2）手臂的升降和手臂的前伸速度分别由单向调速阀13、12和10控制，实现回油路节流调速，平稳性较好。

（3）手臂升降缸为立式液压缸，为支承手臂运动部件的自重，采用了单向顺序阀14的平衡回路，可防止手臂自行下滑或超速。

（4）手指夹紧缸采用电磁阀4失电夹紧，安全可靠。

（5）采用了先导式溢流阀的卸荷回路，可有效减少功率损失。

任务9.2　动力滑台液压系统分析

动力滑台是组合机床上用来实现进给运动的一种通用部件，有机械动力滑台和液压动力滑台之分。液压动力滑台的运动是靠液压缸驱动的，根据加工需要，台面上可以安装动力箱、多轴箱及各种专用切削头等工作部件，能完成钻、扩、铰、镗、铣、车、刮端面、攻螺

纹等工序的机械加工，并能按多种进给方式实现半自动工作循环。液压动力滑台在机械制造业的成批和大量生产中得到广泛的应用。

本任务主要介绍动力滑台液压系统的功能要求、典型动作循环、系统组成、工作原理和系统特点。学生通过学习应能熟练分析动力滑台液压系统的组成和工作原理；正确分析各元件在动力滑台液压系统中所起的作用；分析液压系统所包含的基本回路和系统特点；进一步提高分析复杂液压系统的能力。

9.2.1 概述

组合机床是一种高效的机械加工专用机床。它由一些通用部件（如动力头、滑台、床身、立柱、底座和回转工作台等）和少量专用部件（如主轴箱、夹具等）组成，图9-2是卧式组合机床的结构示意图。

液压动力滑台有不同的规格，但其液压系统的组成和工作原理基本相同。图9-3是YT4543型液压动力滑台的液压系统原理图，该动力滑台的进给速度范围为 6.6 ~ 660 mm/min，快速移动速度为6.5 m/min，最大进给力为45 kN。该系统采用限压式变量叶片泵供油，电液换向阀换向，快进由液压缸差动连接来实现，用

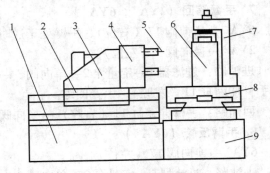

图9-2　卧式组合机床示意图

1—床身　2—动力滑台　3—动力头　4—主轴箱　5—刀具
6—工件　7—夹具　8—工作台　9—底座

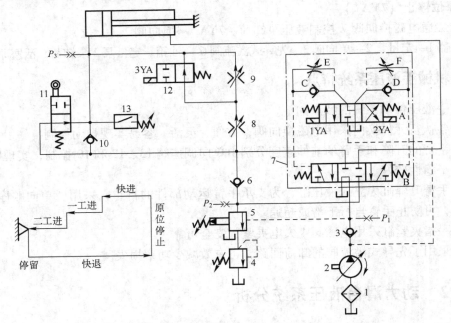

图9-3　YT4543型动力滑台液压系统图

1—过滤器　2—变量泵　3、6、10—单向阀　4—背压阀　5—顺序阀　7—三位四通电液动换向阀
8、9—调速阀　11—二位二通机动换向阀　12—二位二通电磁换向阀　13—压力继电器

行程换向阀实现快进与工进的转换，用二位二通电磁换向阀实现两种工进速度之间的转换。为了保证滑台工作进给终点的位置精度，采用了死挡铁停留来限位。该液压系统可以实现多种自动工作循环，如：

1）快进→工进→死挡铁停留→快退→原位停止。

2）快进→一工进→二工进→死挡铁停留→快退→原位停止。

3）快进→工进→快进→工进→……→快退→原位停止。

各种自动循环均由行程挡铁控制行程开关和行程阀来实现。下面以典型的二次工作进给（并有死挡铁停留）的自动工作循环为例，说明该系统的工作原理。

9.2.2 YT4543型动力滑台液压系统的工作原理

在阅读和分析液压系统图时，参阅如表9-2所示的电磁铁和行程阀的动作顺序表。

表9-2 电磁铁和行程阀动作顺序表

元件名称 动作顺序	电 磁 铁			行程阀11
	1YA	2YA	3YA	
快进	+	−	−	−
一工进	+	−	−	−
二工进	+	−	+	−
死挡铁停留	+	−	+	−
快退	−	+	−	+ / −
原位停止	−	−	−	−

一般用"＋"表示电磁铁通电或行程阀压下，"－"表示电磁铁断电或行程阀原位。

1. 快进（1YA⁺）

按下启动按钮，电磁铁1YA通电，电磁换向阀A的左位接入控制油液，液动换向阀B在控制油液的作用下其左位接入系统工作，这时系统中油液的通路如下。

1）控制油路。

进油路：过滤器1→变量泵2→换向阀A（左位）→单向阀C→换向阀B（左端）。

回油路：换向阀B（右端）→节流阀F→换向阀A（左位）→油箱。

于是，换向阀B的阀芯向右移动，使其左位接入系统（换向时间由节流阀F调节）。

2）主油路。

进油路：过滤器1→变量泵2→单向阀3→换向阀B（左位）→行程阀11（下位）→液压缸左腔。

回油路：液压缸右腔→换向阀B（左位）→单向阀6→行程阀11（下位）→液压缸左腔。

此时由于负载较小，液压系统的工作压力较低，所以液控顺序阀5关闭，液压缸形成差动连接；又因变量泵2在低压下输出流量为最大，所以动力滑台完成快速前进。

2. 第一次工作进给（1YA⁺、行程阀11压下）

当滑台运动到预定位置，行程挡铁压下行程阀11，切断了快进油路，电液换向阀7的工作状态不变（阀B和阀A的左位仍接入系统工作），压力油须经调速阀8、二位二通电磁阀12（右位）才能进入液压缸的左腔。由于油液流经调速阀而使阀前的系统压力升高，于是液控顺序阀5打开，单向阀6关闭，使液压缸右腔的油液经阀B左位、液控顺序阀5、背压阀4流回油箱，滑台转换为第一次工作进给运动。其主油路如下。

进油路：过滤器1→变量泵2→单向阀3→换向阀B（左位）→调速阀8→电磁阀12（右位）→液压缸左腔。

回油路：液压缸右腔→换向阀B（左位）→液控顺序阀5→背压阀4→油箱。

因为工作进给时系统压力升高，所以变量泵2的输出流量减小，以适应工作进给的需要，进给速度的大小由调速阀8来调节。

3. 第二次工作进给（1YA⁺、3YA⁺、行程阀11压下）

第一次工作进给终止时，行程挡铁压下相应的电气行程开关（图中没画出），发出电信号，使电磁铁3YA通电，二位二通电磁阀12将进油通路切断，压力油须经调速阀8和9才能进入液压缸的左腔。此时，由于调速阀9的开口量小于调速阀8，所以进给速度再次降低，其大小可用调速阀9来调节。其他油路情况与第一次工作进给相同。

4. 死挡铁停留（1YA⁺、3YA⁺、行程阀11压下）

当滑台第二次工作进给完毕，碰上死挡铁后停止前进，停留在死挡铁处，这时液压缸左腔油液的压力升高，当升高到压力继电器13的调定值时，压力继电器动作，发出信号给时间继电器，其停留时间由时间继电器控制，经过时间继电器的延时，再发出信号使滑台返回。

5. 快退（2YA⁺）

时间继电器延时后发出信号，使电磁铁1YA、3YA断电，2YA通电，这时换向阀A的右位接入回路，控制油液使换向阀B的右位接入系统工作。此时，由于滑台返回的负载小，系统压力较低，变量泵2的流量自动增至最大，所以动力滑台快速退回。这时系统油液的通路如下。

1）控制油路。

进油路：过滤器1→变量泵2→换向阀A（右位）→单向阀D→换向阀B（右端）。

回油路：换向阀B（左端）→节流阀E→换向阀A（右位）→油箱。

2）主油路。

进油路：过滤器1→变量泵2→单向阀3→换向阀B（右位）→液压缸右腔。

回油路：液压缸左腔→单向阀10→换向阀B（右位）→油箱。

动力滑台快速后退，当其快退到一定位置（即一工进的起始位置）时，行程阀11复位，使回油路更为畅通，但不影响快速退回动作。

6. 原位停止

当滑台退回到原位时，行程挡铁压下行程开关而发出信号，使2YA断电，换向阀A、B都处于中位，液压缸失去动力源，滑台停止运动。变量泵2输出的油液经单向阀3、换向阀B（中位）流回油箱，液压泵卸荷。单向阀3使泵卸荷时，控制油路中仍能保持一定的压力，这样，当电磁换向阀A通电时，可保证液动换向阀B能正常换向。

9.2.3 动力滑台液压系统的特点

由以上分析可知，基本回路的性能决定了系统的主要性能，其具体特点如下。

（1）系统采用了限压式变量泵和调速阀组成的进油容积节流调速回路，并在回油路上设置了背压阀，这种回路能使滑台得到稳定的低速运动和较好的速度－负载特性，并且系统的效率较高。回油路中设置背压阀，是为了改善滑台运动的平稳性以及承受一定的负载。

（2）采用限压式变量泵和液压缸的差动连接回路来实现快速运动，使能量的利用比较经济合理。滑台停止运动时，换向阀使液压泵在低压下卸荷，以减少能量损失。

（3）采用行程阀、液控顺序阀实现快进与工进的速度切换，不仅简化了回路，而且动作可靠，速度切换平稳。同时，调速阀可起加载作用，在刀具接触工件之前就使进给速度变慢，因此不会引起刀具和工件的突然碰撞。

（4）在工作进给终止时采用了死挡铁限位，因而工作台停留位置精度高，适合镗削阶梯孔、锪孔和锪端面等工序的使用。

（5）由于采用了调速阀串联的二次进给进油节流调速方式，可使启动和进给速度转换时的前冲量较小，并便于利用压力继电器发出信号进行自动控制。

任务9.3　数控机床液压系统分析

随着数控技术的飞速发展，机床设备的自动化程度和精度越来越高。无论是一般数控机床还是加工中心，液压与气动都是其有效的传动与控制方式。目前大多数数控车床上使用了液压或气动技术。

本任务主要介绍 MJ-50 数控车床对液压系统的要求，液压系统的组成、工作原理和特点。通过学习应能熟练分析数控车床液压系统的组成和工作原理；正确分析各元件在数控车床液压系统中所起的作用；分析液压系统所包含的基本回路和系统特点；进一步提高分析具有多执行元件液压系统的能力。

9.3.1　概述

数控机床容易实现柔性自动化，近年来已取得了高速的发展和应用。数控机床对控制的自动化程度要求很高，对动作的顺序要求严格，并有一定的速度要求，液压系统一般由数控系统来控制，能方便地实现电气控制自动化，动作顺序可直接用电磁换向阀来实现，这一技术目前在数控机床中广泛采用。

由于数控机床主运动的驱动已趋向于直接用伺服电动机驱动，所以液压系统的执行元件主要承担各种辅助功能，虽然负载变化幅度不是很大，但要求其稳定。因此，常采用减压阀来保证各油路压力的恒定。如图9-4所示是数控车床组成图。

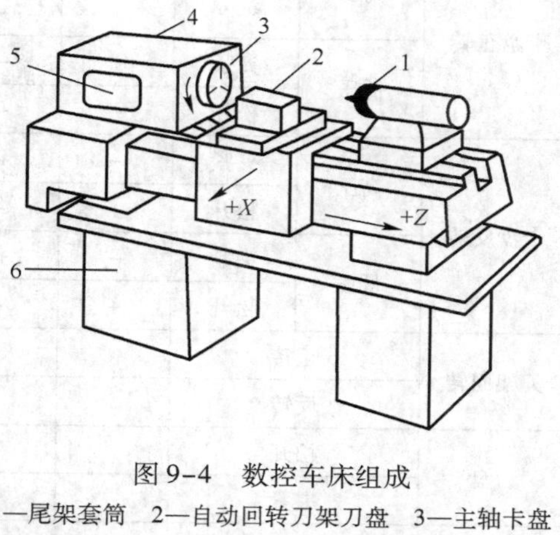

图 9-4　数控车床组成

1—尾架套筒　2—自动回转刀架刀盘　3—主轴卡盘
4—主轴箱　5—数控系统操作面板　6—床身

MJ-50 数控车床的工作过程主要包括卡盘夹紧与松开、卡盘夹紧力的高低压转换、回转刀架的松开与夹紧、刀架刀盘的正转与反转、尾座套筒的伸出与退回等，这些动作都是由液压系统驱动的。

9.3.2 MJ‒50 数控车床液压系统工作原理

如图 9‒5 所示是 MJ‒50 数控车床液压系统原理图。在阅读和分析液压系统图时，参阅如表 9‒3 所示的电磁铁的动作顺序表。

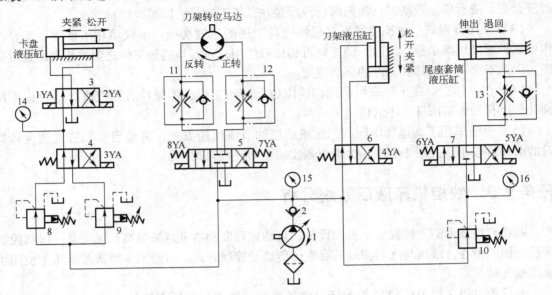

图 9‒5 数控车床液压系统

1—单向变量泵　2—单向阀　3—二位四通双电控电磁换向阀　4、6—二位四通电磁换向阀　5—三位四通电磁换向阀
7—三位四通电磁换向阀　8、9、10—先导式减压阀　11、12、13—单向调速阀　14、15、16—压力表

表 9‒3 MJ‒50 数控车床电磁铁动作顺序表

动作		电磁铁	1YA	2YA	3YA	4YA	5YA	6YA	7YA	8YA
卡盘正转	高压	夹紧	+	−	−					
		松开	−	+	−					
	低压	夹紧	+	−	+					
		松开	−	+	+					
卡盘反转	高压	夹紧	−	+	−					
		松开	+	−	−					
	低压	夹紧	−	+	+					
		松开	+	−	+					
刀架回转		正转							−	+
		反转							+	−
刀盘		松开				+				
		夹紧				−				
尾座		套筒伸出					−	+		
		套筒缩回				+	−			

156

机床的液压系统采用单向变量液压泵，系统压力调至 4 MPa，由压力表显示。其工作原理分析如下。

1. 卡盘的夹紧与松开

主轴卡盘的夹紧与松开是由二位四通电磁阀 3 控制的。卡盘的高压夹紧与低压夹紧的转换，由二位四通电磁阀 4 控制。

当卡盘处于正卡（也称外卡）且在高压夹紧状态时，夹紧力的大小由减压阀 8 来调整，由压力表 14 显示卡盘压力。当 3YA 断电、1YA 通电时，系统压力油经阀 8→阀 4（左位）→阀 3（左位）→卡盘夹紧缸右腔；卡盘夹紧缸左腔→阀 3（左位）→油箱。活塞杆左移，卡盘夹紧。

反之，当 2YA 通电时，系统压力油经阀 8→阀 4（左位）→阀 3（右位）→卡盘夹紧缸左腔；卡盘夹紧缸右腔→阀 3（右位）→油箱。活塞杆右移，卡盘松开。

当卡盘处于正卡且在低压夹紧状态时，夹紧力的大小由减压阀 9 来调整。当 1YA、3YA 通电时，系统压力油经阀 9→阀 4（右位）→阀 3（左位）→卡盘夹紧缸右腔。卡盘夹紧。

反之，当 2YA、3YA 通电时，系统压力油经阀 9→阀 4（右位）→阀 3（右位）→卡盘夹紧缸左腔，卡盘松开。

2. 回转刀架动作

回转刀架换刀时，首先是刀盘松开，之后刀盘就转到指定的刀位，最后刀盘复位夹紧。刀盘的夹紧与松开，由一个二位四通电磁阀 6 控制。刀架的旋转有正转和反转两个方向，它由一个三位四通电磁阀 5 控制，其旋转速度分别由单向调速阀 11 和 12 控制。

当 4YA 通电时，阀 6 右位工作，刀盘松开；当 8YA 通电时，系统压力油经阀 5（左位）→单向调速阀 11（调速阀）→刀架回转马达，刀架正转。回转速度由阀 11 调节。

若 7YA 通电时，系统压力油经阀 5（右位）→单向调速阀 12→刀架回转马达，刀架反转。当 4YA 断电时，阀 6 左位工作，刀盘夹紧。

3. 尾座套筒伸缩动作

尾座套筒的伸出与退回由一个三位四通电磁阀 7 控制。当 6YA 通电时，系统压力油经减压阀 10→换向阀 7（左位）→尾座液压缸左腔；尾座液压缸右腔→单向调速阀 13（调速阀）→阀 7（左位）→油箱，套筒伸出。套筒伸出时的工作压力大小通过减压阀 10 来调节，并由压力表 16 显示，伸出速度由单向调速阀 13 控制。反之，当 5YA 通电时，系统压力油经减压阀 10→电磁换向阀 7（右位）→单向调速阀 13（单向阀）→尾座液压缸右腔，套筒退回。这时尾座液压缸左腔的油液经电磁阀换向阀 7（右位）直接回油箱。

9.3.3 数控机床液压系统特点

（1）采用单向变量液压泵向系统供油，能量损失小。

（2）用换向阀控制卡盘，实现高低压夹紧，并可根据压力表提供的压力信息分别调节高压与低压时夹紧力的大小，以适应不同工况的需要。

（3）用液压马达实现刀架的转位，可实现无级调速，并能控制刀架的正、反转。

（4）用换向阀控制尾座套筒液压缸的换向，并能调节尾座套筒伸出时预紧力的大小，以适应不同工件的需要。

（5）压力表 14、15、16 可分别显示系统相应处的压力，以便于故障诊断和调试。

任务 9.4　压力机液压系统分析

压力机是锻压、冲压、冷挤压、校直、弯曲、粉末冶金压制成型等压力加工工艺中广泛应用的机械设备，压力机按其使用的工作介质不同，可分为油压机和水压机两种；按机体的结构不同分为单臂式、柱式和框架式等，其中四柱式油压机最为典型，应用也最广泛。压力机的液压系统工作压力高、液压缸尺寸大、流量大，是较为典型的高压大流量系统。

本任务主要介绍 YB 32 - 200 型压力机对液压系统的要求，典型的工作循环，液压系统的组成、工作原理和液压系统的特点。学生通过学习应能熟练分析压力机液压系统的组成和工作原理；正确分析各元件在压力机液压系统中所起的作用；分析液压系统所包含的基本回路和系统特点；基本具备分析较为复杂的液压系统工作原理和系统特点的能力。

9.4.1　概述

图 9-6 为四柱式液压机的结构示意图，它主要由四个导向立柱，上、下横梁和滑块组成。在上、下横梁中安装着上、下两个液压缸，上缸为主缸，下缸为顶出缸。

压力机对其液压系统的基本要求如下。

1）为完成一般的压制工艺，要求主缸（上液压缸）驱动滑块能实现"快速下行→慢速加压→保压延时→快速返回→原位停止"的工作循环；要求顶出缸（下液压缸）实现"向上顶出→停留→向下退回→原位停止"的动作循环，如图 9-7 所示。

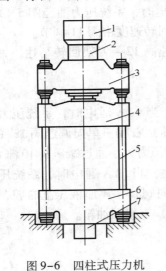

图 9-6　四柱式压力机

1—充液箱　2—主缸　3—上横梁　4—滑块
5—导向立柱　6—下横梁　7—顶出缸

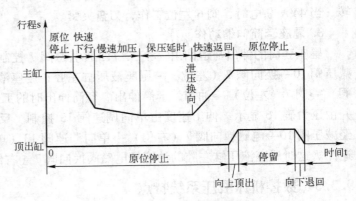

图 9-7　液压压力机工作循环图

2）液压系统中的压力要能经常变换和调节，并能产生较大的压制力（吨位），以满足工作要求，一般要求液压系统压力范围为 10 ~ 40 MPa。

3）液压系统功率大，空行程和加压行程的速度差异大，因此要求功率利用合理。

4）压力机为高压、大流量系统，对工作平稳性和安全可靠性要求较高。

9.4.2 YB 32-200 型压力机液压系统的工作原理

图9-8为YB 32-200型压力机液压系统图。

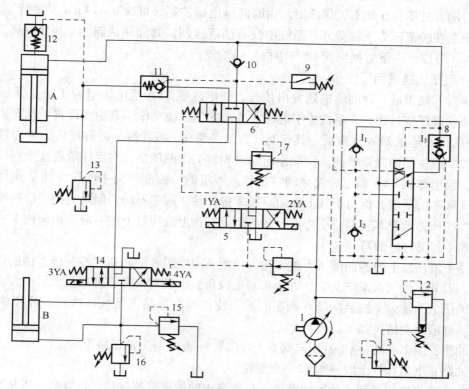

图9-8 YB 32-200型压力机液压系统图

该系统由一台高压变量泵供油，控制油路的压力油是由减压阀4减压后获得的，现以一般的定压成型压制工艺为例，说明该压力机液压系统的工作原理。

1. 压力机的滑块工作情况

（1）快速下行

电磁铁1YA通电，先导换向阀5和上缸主换向阀（液控）6左位接入系统，液控单向阀11被打开，这时系统中油液进入液压缸上腔，因滑块在自重作用下迅速下降，而液压泵的流量较小，所以液压机顶部充液箱中的油液经液控单向阀12也流入液压缸上腔，其油液流动情况如下。

进油路：泵1→阀7→上缸换向阀6（左位）→单向阀10 ┐
　　　　　　　　　　　　　　　　　　　　　　　　　├→上液压缸上腔。
充液箱→阀12 ┘

回油路：上液压缸下腔→阀11→上缸换向阀6（左位）→下缸换向阀14（中位）→油箱。

（2）慢速加压

滑块在运行中接触到工件，这时上液压缸上腔压力升高，液控单向阀12关闭，加压速度由液压泵的流量来决定，主油路的油液流动情况与快速下行时相同。

159

（3）保压延时

当系统压力升高到压力继电器 9 的调定压力时，压力继电器发出信号使电磁铁 1YA 断电，先导阀 5 和上液压缸换向阀 6 都恢复到中位，上液压缸上腔的高压油被活塞密封环和单向阀所封闭，处于保压状态，保压时间由时间继电器控制，可在 0 ~ 24 min 内调节。保压时除了液压泵在较低压力下卸荷外，系统中没有油液流动。其卸荷油路为：泵 1→阀 7→上缸换向阀 6（中位）→下缸换向阀 14（中位）→油箱。

（4）泄压快速返回

保压时间结束后，时间继电器发出信号，使电磁铁 2YA 通电。但为了防止保压状态向快速返回状态转变过快，在系统中引起压力冲击并使滑块动作不平稳而设置了预泄换向阀组 8。它的功用就是在 2YA 通电后，其控制压力油必须在上液压缸上腔卸压后，才能进入主换向阀右腔，使主换向阀 6 换向。预泄换向阀组 8 的工作原理是：在保压阶段这个阀以上位接入系统，当电磁铁 2YA 通电，先导阀右位接入系统时，控制油路中的压力油虽到达预泄换向阀组 8 阀芯的下端，但由于其上端的高压未曾卸除，阀芯不动。但是，由于液控单向阀 I_3 可以在控制压力低于其主油路压力下打开，所以有：上液压缸上腔→液控单向阀 I_3→预泄换向阀组 8（上位）→油箱。

于是上液压缸上腔的油液压力被卸除，预泄换向阀组 8 的阀芯在控制压力油的作用下向上移动，以其下位接入系统。它一方面切断上液压缸上腔通向油箱的通道，另一方面使控制油路中的压力油输到上缸换向阀 6 阀芯右端，使该阀右位接入系统。这时，液控单向阀 11 被打开。油液流动情况如下。

进油路：泵 1→阀 7→上缸换向阀 6（右位）→阀 11→上液压缸下腔。

回油路：上液压缸上腔→阀 12→充液箱。

所以，滑块快速返回，从回油路进入充液筒中的油液若超过预定位置时，可从充液箱中的溢流管流回油箱。上缸换向阀在由左位切换到中位时，阀芯右端由油箱经单向阀 I_1 补油，在由右位转换到中位时，阀芯右端的油液经单向阀 I_2 流回油箱。

（5）原位停止

滑块回程至预定高度，挡块压下行程开关，电磁铁 2YA 断电，先导阀和上缸换向阀均处于中位，这时上缸停止运动，液压泵在较低压力下卸荷，由于阀 11 和安全阀 13 的支承作用，滑块悬空停止。

2. 压力机的下滑块工作情况

（1）顶出缸向上顶出

电磁铁 4YA 通电时，顶出缸换向阀右位接入系统。其油路如下。

进油路：泵 1→阀 7→阀 6（中位）→下缸换向阀 14（右位）→下液压缸下腔。

回油路：下液压缸上腔→下缸换向阀 14（右位）→油箱。

（2）顶出缸向下退回

下滑块向上移动至下液压缸中活塞碰上缸盖时，便停留在这个位置上。在电磁铁 4YA 断电、3YA 通电时顶出缸向下退回，其油路如下。

进油路：泵 1→阀 7→阀 6（中位）→下缸换向阀 14（左位）→下液压缸上腔。

回油路：下液压缸下腔→下缸换向阀 14（左位）→油箱。

（3）原位停止

当顶出缸向下运动压下原位开关时，电磁铁 3YA 断电，下缸换向阀 14 处于中位，顶出缸活塞原位停止。系统中阀 16 为下缸安全阀，阀 15 为下缸溢流阀，由它可以调整顶出压力。

该压力机完成上述动作的电磁铁动作如表 9-4 所示。

表 9-4　电磁铁及预泄阀动作顺序表

电磁阀 预泄阀	信号来源	压力机液压缸工作循环v(t)								
		主缸					顶出缸			
		快速下行	慢速加压	保压延时	快速返回	原位停止	向上顶出	停留	返回	原位停留
1YA	按钮启动	+	+	-	-	-	-	-	-	-
2YA	继电器控制	-	-	-	+	-	-	-	-	-
预泄阀8		上	上	上	下	上	上	上	上	上
3YA	按钮控制	-	-	-	-	-	-	-	+	-
4YA	按钮启动	-	-	-	-	-	+	+	-	-

9.4.3　压力机液压系统的特点

1）系统中使用一个轴向柱塞式高压变量泵供油，系统工作压力由远程调压阀 3 调定。

2）系统中的顺序阀 7 调定压力为 2.5 MPa，从而保证了液压泵的卸荷压力不致太低，也使控制油路具有一定的工作压力（＞2.0 MPa）。

3）系统中采用了专用的预泄换向阀组 8 来实现滑块快速返回前的泄压，保证动作平稳，防止换向时的液压冲击和噪声。

4）系统利用管道和油液的弹性变形来保压，方法简单，但对液控单向阀和液压缸等元件的密封性能要求较高。

5）系统中上、下两缸的动作协调由两换向阀 6 和 14 的互锁来保证，一个缸必须在另一个缸静止时才能动作。

6）系统采用电液换向阀，满足高压、大流量液压系统的要求。

7）系统采用了液控单向阀的平衡回路，系统中的两个液压缸各有一个安全阀进行过载保护。

任务 9.5　塑料注射成型机液压系统分析

塑料注射成型机简称注塑机。它是将颗粒状的塑料加热熔化到流动状态，以快速、高压注入模腔，并保压一定时间，经冷却后成型为塑料制品（例如生活中经常用到的塑料盆、塑料桶等）。由于注塑机具有成型周期短，对塑料加工适应性强，能制成外形复杂、尺寸较精确的制品及自动化程度高等优点，在工业生产中被广泛应用。

本任务主要介绍 SZ – 250/160 型塑料注射成型机对液压系统的要求，液压系统的组成、工作原理和液压系统的特点。通过学习，应能分析注塑机液压系统的组成和工作原理；正确分析各元件在注塑机液压系统中所起的作用；分析液压系统所包含的基本回路和系统特点；基本具备分析较为复杂的液压系统工作原理和系统特点的能力。

9.5.1 概述

注塑机一般由合模部件、注射部件、液压传动与控制系统及电气控制部件等组成，图 9-9 为注塑机结构示意图。

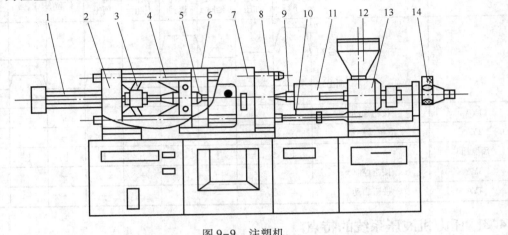

图 9-9　注塑机

1—合模液压缸　2—后固定板　3—曲柄连杆机构　4—拉杆　5—顶出缸　6—动模板　7—安全门
8—前固定模板　9—注射螺杆　10—注射座移动缸　11—机筒　12—料斗　13—注射缸　14—液压马达

现以 SZ – 250/160 型塑料注射成型机为例，介绍注塑机的工作原理，其工作循环如图 9-10 所示。

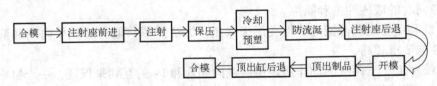

图 9-10　注塑机工作循环示意图

根据注塑工艺的需要，注塑机液压系统应满足以下要求。

1）有足够的合模力。合模装置由定模板、动模板、起模合模机构和制品顶出机构组成。在注射过程中，以一定的注射压力将塑料熔体注射入模腔，为防止塑料制品产生溢边或脱模困难，要求具有足够大的合模力。合模缸和连杆增力机构共同实现合模和锁模。为提高效率并避免冲击，在启、合模过程中，要求合模缸有慢、快、慢的速度变化。

2）注射座可整体前进与后退。注射部件由加料装置、料筒、螺杆、喷嘴、加料预塑装置、注射缸和注射座移动缸等组成。注射座缸固定，其活塞与注射座整体由液压缸驱动，保证在注射时有足够的推力，使喷嘴与模具浇口紧密接触，以防熔体流涎。

3）注射压力和速度可调节。不同黏度的熔体以及塑料制品几何形状不同，注射压力是有区别的。注射速度直接影响制品的质量，对于形状复杂的制品，注射速度要高一些，而速度过高又会使某些熔体产生高温而分解。所以注射压力和注射速度应能调节。

4）可保压冷却。当熔体注满型腔后，在冷却凝固时材料体积有收缩，故型腔内应保持一定的压力并补充熔体；否则会因充料不足而出现残次品。因此，保压压力和保压时间应能调节。

5）预塑过程可以调节。在保压冷却期间，料筒内螺杆仍在旋转，使料斗内的塑料颗粒被卷入料筒，加热、塑化、搅拌并挤压而向喷嘴方向推移成为熔体。这个过程就是预塑过程，它应当可以调节，以满足不同塑料、不同制品的需求。

6）可顶出制品。塑料制品冷却成型后要从模具中顶出，顶出缸的运行要平稳，其速度应能根据制品的形状尺寸进行调节，避免制品受损。

9.5.2　SZ－250/160 型注塑机液压系统的工作原理

SZ－250/160 型注塑机属于中、小型注塑机，每次最大理论注射容量分别为 201 cm³、254 cm³、314 cm³（Φ40 mm、Φ45 mm、Φ50 mm 三种机筒螺杆的注射量），锁模力为 1600kN。图 9–11 为其液压系统图。各执行元件的动作循环主要依靠行程开关控制电磁阀来实现，电磁铁动作顺序如表 9–5 所示。

表 9–5　SZ－250/160 型注塑机电磁铁动作顺序表

动作循环		电磁铁通电情况													
		1Y	2Y	3Y	4Y	5Y	6Y	7Y	8Y	9Y	10Y	11Y	12Y	13Y	14Y
合模	慢速	-	+	+	-	-	-	-	-	-	-	-	-	-	-
	快速	+	+	+	-	-	-	-	-	-	-	-	-	-	-
	低压慢速	-	+	-	-	-	-	-	-	-	-	-	-	+	-
	高压	-	+	+	-	-	-	-	-	-	-	-	-	-	-
注射	注射座前移	-	+	-	-	-	-	-	-	-	-	-	-	-	-
	慢速	-	+	-	-	-	-	-	+	-	+	-	+	-	-
	快速	+	+	-	-	-	-	-	+	-	+	-	+	-	-
保压		-	+	-	-	-	-	-	+	-	-	-	-	-	+
预塑		+	-	-	-	-	-	-	-	-	+	-	-	-	-
防流涎		-	+	-	-	-	-	-	+	-	+	-	-	-	-
注射座后退		-	+	-	-	+	-	-	-	-	-	-	-	-	-
开模	慢速1	-	-	-	+	-	-	-	-	-	-	-	-	-	-
	快速	+	-	-	+	-	-	-	-	-	-	-	-	-	-
	慢速2	+	-	-	-	-	-	-	-	-	-	-	-	-	-
顶出	前进	-	+	-	-	+	-	-	-	-	-	-	-	-	-
	后退														
螺杆后退		-	+	-	-	-	-	-	-	+	-	-	-	-	-

163

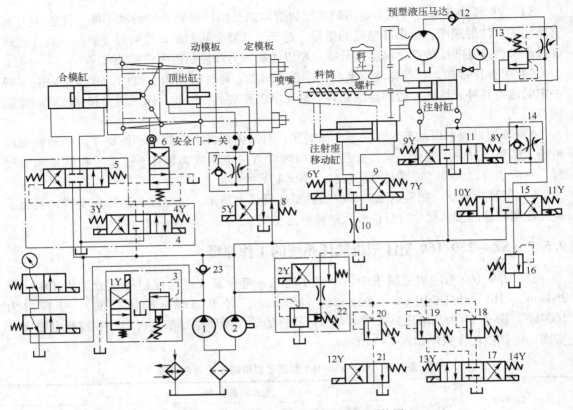

图 9-11　SZ-250/160 型注塑机液压系统图

1—大流量泵　2—小流量泵　3、22—电磁溢流阀　4、8、9、17、21—电磁换向阀
5—液动换向阀　6—行程阀　7、14—单向节流阀　10—固定节流器　11、15—电液换向阀
12、23—单向阀　13—调速阀　16—背压阀　18、19、20—远程调压阀

1. 关安全门

为保证操作安全，注塑机都装有安全门。关安全门，行程阀 6 恢复常位，合模缸才能动作，开始整个动作循环。

2. 合模

动模板慢速启动，快速前移，接近定模板时，液压系统转为低压、慢速进给。在确认模具内没有异物存在后，系统转为高压使模具闭合。这里采用了液压-机械式合模机构，合模缸通过对称五连杆机构推动模板进行开模和合模，连杆机构具有增力和自锁作用。

（1）慢速合模（2Y⁺、3Y⁺）

大流量泵 1 通过电磁溢流阀 3 卸载，小流量泵 2 的压力由溢流阀 22 调定，泵 2 的压力油经液动换向阀 5 右位进入合模缸左腔，推动活塞带动连杆慢速合模，合模缸右腔油液直接回油箱。

1）控制油路

进油路：泵 2→阀 4（左位）→阀 6（下位）→阀 5 右端。

回油路：阀 5 左端→阀 4（左位）→回油箱。

控制油路使阀 5 换至右位。

2）主油路

进油路：泵2→阀5（右位）→合模缸左腔。

回油路：合模缸右腔→阀5（右位）→油箱。

（2）快速合模（$1Y^+$、$2Y^+$、$3Y^+$）

慢速合模转快速合模时，由行程开关发令使1Y得电，泵1不再卸载，其压力油经单向阀23与泵2的供油会合，同时向合模缸供油，实现快速合模，最高压力由阀3限定。其控制油路及主油路的回油路与慢速合模相同，而主油路的进油路为：泵1、2→阀5（右位）→合模缸左腔。

（3）低压合模（$2Y^+$、$3Y^+$、$13Y^+$）

泵1卸载，泵2的压力由远程调压阀18控制。因阀18所调压力较低，合模缸推力较小，可避免两模板间的硬质异物损坏模具表面。

（4）高压合模（$2Y^+$、$3Y^+$）

泵1卸载，泵2供油，系统压力由高压溢流阀22控制，高压合模并使连杆产生弹性变形，牢固地锁紧模具。

3. 注射座前移（$2Y^+$、$7Y^+$）

泵2的压力油经电磁换向阀9右位进入注射座移动缸右腔，注射座前移使喷嘴与模具接触，注射座移动缸左腔油液经阀9流回油箱。

4. 注射

注射螺杆以一定的压力和速度将料筒前段的熔料经喷嘴注入模腔，分慢速注射和快速注射两种。

（1）慢速注射（$2Y^+$、$7Y^+$、$10Y^+$、$12Y^+$）

泵2的压力油经电液换向阀15左位和单向节流阀14的节流阀进入注射缸右腔，左腔油液经电液换向阀11的中位回油箱，注射缸活塞带动注射螺杆慢速注射，注射速度由单向节流阀14调节，远程调压阀20起定压作用。其油路如下。

进油路：泵2→阀15（左位）→阀14→注射缸右腔。

回油路：注射缸左腔→阀11（中位）→油箱。

（2）快速注射（$1Y^+$、$2Y^+$、$7Y^+$、$8Y^+$、$10Y^+$、$12Y^+$）

泵1和泵2的压力油经电液换向阀11右位进入注射缸右腔，左腔油液经阀11回油箱。由于两个泵同时供油，且不经过单向节流阀14，注射速度加快。此时，远程调压阀20起安全保护作用。其油路如下。

进油路：泵1、2
→阀15（左位）→阀14→注射缸右腔。
→阀11（右位）→注射缸右腔。

回油路：注射缸左腔→阀11（右位）→油箱。

5. 冷却保压（$2Y^+$、$7Y^+$、$10Y^+$、$14Y^+$）

高温的熔料进入模具中，立刻冷却；同时，模具内的冷却水管道通以冷却水，更加快了冷却速度。注射缸对模腔内的熔料实行保压并补塑，此时，只需少量油液，所以泵1卸载，泵2单独供油，多余的油液经溢流阀22溢回油箱，保压压力由远程调压阀19调节。其油路与慢速注射时相同。

6. 预塑（1Y⁺、2Y⁺、7Y⁺、11Y⁺）

保压完毕，从料斗加入的物料随着螺杆的转动被带至料筒前端，进行加热塑化，并建立起一定的压力。当螺杆头部熔料压力达到能克服注射缸活塞退回的阻力时，螺杆开始后退。后退到预定位置，即螺杆头部熔料达到所需注射量时，螺杆停止转动和后退，准备下一次注射。与此同时，在模腔内的制品冷却成型。

螺杆转动由预塑液压马达通过齿轮机构驱动。泵1和泵2的压力油经电液换向阀15右位、旁通型调速阀13和单向阀12进入液压马达。液压马达的转速由旁通型调速阀13控制，溢流阀22为安全阀。螺杆头部熔料压力迫使注射缸后退时，注射缸右腔油液经单向节流阀14、电液换向阀15右位和背压阀16回油箱，其背压力由背压阀16调定。同时注射缸左腔产生局部真空，油箱的油液在大气压作用下经阀11的中位进入注射缸左腔。预塑马达的油路如下。

进油路：泵1、2→阀15（右位）→阀13→阀12→液压马达进油口。

回油路：液压马达回油口→油箱。

上述油路使螺杆旋转送料进行预塑，其速度由旁通型调速阀13调节。注射缸油路如下。

进油路：油箱→阀11（中位）→注射缸左腔。

回油路：注射缸右腔→阀14→阀15（右位）→背压阀16→油箱。

7. 防流涎（2Y⁺、7Y⁺、9Y⁺）

采用直通开敞式喷嘴时，预塑加料结束，要使螺杆后退一小段距离，减小料筒前端压力，防止喷嘴端部物料流出。泵1卸载，泵2压力油一方面经阀9右位进入注射座移动缸右腔，使喷嘴与模具保持接触，另一方面经阀11左位进入注射缸左腔，使螺杆强制后退。注射座移动缸左腔和注射缸右腔油液分别经阀9和阀11回油箱。

8. 注射座后退（2Y⁺、6Y⁺）

保压结束，注射座后退。泵1卸载，泵2压力油经阀9左位使注射座后退。

9. 开模

开模分为慢速开模和快速开模。

（1）慢速开模（2Y⁺、4Y⁺）

泵1卸载，泵2压力油经液动换向阀5左位进入合模缸右腔，左腔油液经阀5回油箱。

（2）快速开模（1Y⁺、2Y⁺、4Y⁺）

泵1和泵2的压力油合流向合模缸右腔供油，开模速度加快。

10. 顶出制品

（1）顶出缸前进（2Y⁺、5Y⁺）

泵1卸载，泵2压力油经电磁换向阀8左位、单向节流阀7进入顶出缸左腔，推动顶出杆顶出制品，其运动速度由单向节流阀7调节。

（2）顶出缸后退（2Y⁺）

泵2的压力油经阀8右位使顶出缸后退。

9.5.3　塑料注射成型机液压系统的特点

1）系统中采用了液压－机械组合式合模机构，合模液压缸通过具有增力和自锁作用的五连杆机构来进行合模和开模，这样可使合模缸压力相应减少，且合模平稳、可靠。最后合模是依靠液压缸的高压，使连杆机构产生弹性变形来保证所需的合模力，并能把模具牢固地锁紧。这样可确保熔融的塑料以 40 ~ 150MPa 的高压注入模腔时，模具闭合严密，不会产生塑料制品的溢边现象。

2）系统中的快速运动是采用双泵供油来实现的。这可缩短空行程的时间以提高生产效率。合模机构在合模与开模过程中可按慢速→快速→慢速的顺序变化，平稳而不损坏模具和制品。

3）系统中采用了节流调速回路和多级调压回路。采用节流调速来保证注射速度的稳定。为保证注射座喷嘴与模具浇口紧密接触，注射座移动液压缸右腔在注射时一直与压力油相通，使注射座移动缸活塞具有足够的推力。系统可保证在塑料制品的几何形状、品种、模具浇注系统不相同的情况下，压力和速度可调。

4）注射动作完成以后，注射缸仍通高压油保压。可使塑料充满容腔而获得精确形状，同时在塑料制品冷却收缩过程中，熔融塑料可不断补充，防止浇料不足而出现残次品。

5）注塑机安全门未关闭时，行程阀切断了电液换向阀的控制油路，合模缸不通压力油，合模缸不能合模，保证了操作安全。

该液压传动系统所用元件较多，能量利用不够合理，系统发热较大。近年来多采用比例阀和变量泵来改进注射机液压系统。如采用比例压力阀和比例流量阀，可使系统的元件数量大为减少；以变量泵来代替定量泵和流量阀，可提高系统效率，减少发热。如果要进一步改进，可采用计算机控制其循环，优化其注射工艺。

任务 9.6　汽车起重机液压系统分析

汽车起重机是一种使用广泛的工程机械。这种机械机动性好、适应性强、自备动力、能在野外作业、操作简便灵活，因此在交通运输、城建、消防、大型物料场、基建和急救等领域得到了广泛的应用。在汽车起重机上采用液压技术，其承载能力大，可在有冲击、振动和环境较差的条件下工作。

本任务主要介绍汽车起重机液压系统的组成、工作原理和液压系统的特点。学生通过学习，应能熟练分析汽车起重机液压系统的组成和工作原理；正确分析各元件在汽车起重机液压系统中所起的作用；分析液压系统所包含的基本回路和系统特点；具备分析较为复杂的液压系统工作原理和系统特点的能力。

9.6.1　概述

汽车起重机是用与其配套的载重汽车为基本部分，在其上添加相应的起重功能部件，组成完整的汽车起重机，并利用汽车自备的动力作为起重机液压系统动力。起重机工作时，汽车的轮胎不受力，依靠 4 条液压支腿将整个汽车抬起来，并将起重机的各个部分展开，进行起重作业。当需要转移起重作业现场时，需将起重机的各个部分收回到汽车上，使汽车恢复到车辆运输功能状态。

图 9-12 是 Q2-8 型汽车起重机的外形图。这种液压起重机的最大起重量为 80 kN（幅度 3 m），最大起重高度为 11.5 m，起重装置可连续回转。

该型汽车起重机主要由 5 个部分组成。

1）支腿装置。起重作业时使汽车轮胎离开地面，架起整车，不使载荷压在轮胎上，并可调节整车的水平度。

2）吊臂回转机构。使吊臂实现 360°任意回转，并能在任意位置锁定。

3）吊臂伸缩机构。使吊臂在一定尺寸范围内可调，并能够定位，用以改变吊臂的工作长度。一般为 3 节或 4 节套筒伸缩结构。

4）吊臂变幅机构。使吊臂在一定角度范围内可调，用以改变吊臂的倾角。

5）吊钩起降机构。使重物在起吊范围内任

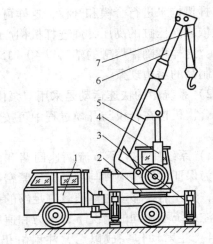

图 9-12　Q2-8 型汽车起重机外形图
1—汽车　2—转台　3—支腿　4—吊臂变幅液压缸
5—基本臂　6—吊臂伸缩液压缸　7—吊钩起降机构

意升降，并在任意位置负重停止，起吊和下降速度在一定范围内无级可调。

图 9-13 为 Q2-8 型汽车起重机液压系统图。该系统的液压泵由汽车发动机通过装在底盘变速箱上的取力箱传动。液压泵为高压定量齿轮泵，由于发动机的转速可以通过油门人为调节，因此尽管是定量泵，但在一定的范围内，其输出的流量可以通过控制汽车油门的开度大小来人为控制，从而实现无级调速。液压泵工作压力为 21 MPa，排量为 40 mL/r，转速为 1500 r/min。泵通过中心回转接头 9、截止阀 10 和过滤器 11，从油箱吸油。输出的压力油经手动阀组 1 和手动阀组 2 输送到各个执行元件。同时系统的执行元件的换向阀均为 M 型中位机能的手动三位四通阀，这不仅在各阀处于中位时能实现液压泵卸荷，降低间歇工作工况下的功率损耗，也实现了各执行元件的串联组合，在轻载情况下便可实现联动而提高工作效率。系统中除液压泵、过滤器、溢流阀、阀组 1 及支腿部分外，其他液压元件都装在可回转的上车部分，其中油箱也在上车部分，并作配重用。上车和下车部分的油路通过中心回转接头 9 连接。

9.6.2　Q2-8 型汽车起重机的工作原理

1. 支腿收放回路

汽车起重机有 4 个支腿，2 个位于汽车的前端，2 个位于汽车的后端。前后支腿的收放是通过相应支腿液压缸的伸缩来实现的。手动三位四通换向阀 A 和 B 分别控制两个前支腿液压缸和两个后支腿液压缸。换向阀均采用 M 型中位机能，且油路采用串联方式。由于支腿的作用是在汽车起重工作时支承负载（这时汽车轮胎提起，汽车处于架空状态），因此必须确保其不会因液压缸泄漏而使支腿自行下滑（软腿）。为此控制回路要在每一个液压缸的进、回油路上均安装一个液控单向阀，以保证液压缸双向锁紧。以前支腿的收回和放下为例，其油路的流动情况如下。

进油路：液压泵→多路换向阀组 1 中的阀 A（左位或右位）→液控单向阀→两前支腿液压缸的进油腔（阀 A 左位进油，前支腿放下；阀 A 右位进油，前支腿收回）。

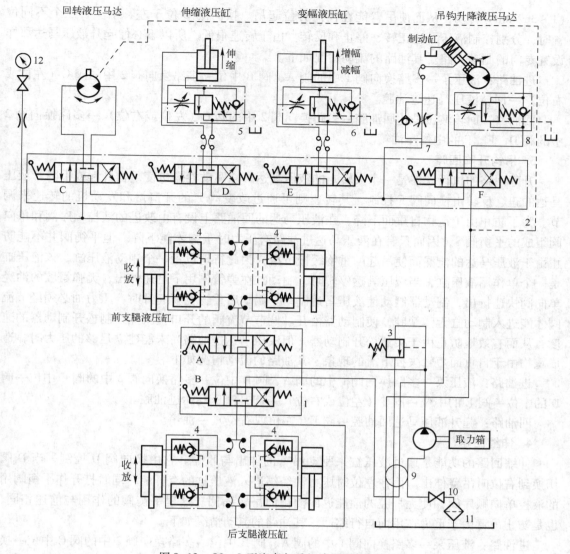

图 9-13　Q2-8 型汽车起重机液压系统原理图

1—手动阀组 1　2—手动阀组 2　3—溢流阀　4—液控单向阀组　5、6、8—平衡阀　7—单向节流阀
9—中心回转接头　10—截止阀　11—过滤器　12—压力表　A、B、C、D、E、F—手动换向阀

回油路：两前支腿液压缸的回油腔→液控单向阀（此时被进油路的控制油液打开）→换向阀 A（左位或右位）→逐个经换向阀 B、C、D、E、F 中位→油箱。

后支腿液压缸由换向阀 B 控制，其油路的通路情况则与上述油路类似。

前后 4 条支腿可以同时收放，当多路换向阀组 1 中的阀 A 和阀 B 同在左位工作时，4 条支腿都放下；阀 A 和阀 B 同时在右位工作时，4 条支腿都收回；当多路换向阀组 1 中的阀 A 左位工作，阀 B 右位工作时，前支腿放下，后支腿收回；当多路换向阀组 1 中的阀 A 右位工作、阀 B 左位工作时，前支腿收回，后支腿放下。

2. 吊臂回转回路

吊臂回转回路的执行元件是一个大转矩液压马达，它通过减速装置驱动转盘以低速

（1～3 r/min）转动，从而使吊臂能在任何方位起吊。换向阀 C 位于左、中、右三个不同位置时，分别控制液压马达正转、停止和反转。由于转速很低，所以不必像起升液压马达那样设置专门的制动回路。其油路的流动情况如下。

进油路：液压泵→多路换向阀 1 中的阀 A、阀 B 中位→多路换向阀 2 中的阀 C（左位或右位）→回转液压马达进油腔。

回油路：回转液压马达回油腔→多路换向阀 2 中的阀 C（左位或右位）→多路换向阀 2 中的阀 D、E、F 的中位→油箱。

3. 吊钩升降回路

升降回路的执行元件是一个大转矩的液压马达，它驱动卷扬机使重物升起或下降。液压马达的正、反转由换向阀 F 控制，其转速则可通过改变阀 F 的开口量和发动机的转速来调节。为了防止由于重物自重而下降，在液压马达的回油路上设有由改进的液控顺序阀和单向阀组成的平衡阀 8，因而只有在液压马达进油路有压力时重物才能下降。但平衡阀并不能防止由于液压马达的泄漏而使吊起的重物缓慢下滑，为此特地设置一个制动液压缸，该液压缸是一个单作用液压缸，当液压马达停转时，制动缸在弹簧作用下迅速伸出，无弹簧腔的油经单向阀快速排出，制动器制动使液压马达制动。制动后重物重新起升时，压力油必须经节流阀才能进入制动缸无弹簧腔，使制动器松开。调节节流阀的开口量就能控制松开制动器的速度，从而有效地防止由于突然松开制动器，但液压马达进油路尚未能建立足够的压力时，造成重物由于自重而短暂失控下滑的现象。其油路的流动情况如下。

进油路：液压泵→多路换向阀 1 中的阀 A、阀 B 中位→多路换向阀 2 中的阀 C 中位→阀 D 的中位→阀 E 的中位→阀 F（左位或右位）→起升液压马达进油腔。

回油路：起升液压马达回油腔→阀 F（左位或右位）→油箱。

4. 伸缩回路

伸缩回路的功能是通过液压缸来驱动吊臂的伸出与收缩。它由换向阀 D 控制，当 D 阀切换到右位时吊臂伸出。而在左位时压力油经阀进入液压缸的有杆腔，同时打开作平衡阀用的液控单向顺序阀，使无杆腔的油能返回油箱而吊臂缩回。这里平衡阀的作用与前述相同，也是防止吊臂由于重力作用而自行缩回。其油路的流动情况如下。

进油路：液压泵→多路换向阀 1 中的阀 A、阀 B 中位→多路换向阀 2 中的阀 C 中位→换向阀 D（左位或右位）→伸缩缸进油腔。

回油路：伸缩缸回油腔→多路换向阀 2 中的阀 D（左位或右位）→多路换向阀 2 中的 E、F 的中位→油箱。

当多路换向阀 2 中的阀 D 左位工作时，伸缩缸上腔进油，缸缩回；阀 D 右位工作时，伸缩缸下腔进油，缸伸出。

5. 变幅回路

所谓变幅是通过液压缸来改变吊臂的角度，以改变作业的高度。变幅有时是在有载荷的情况下进行的，要求动作平稳。变幅液压缸由换向阀 E 控制其伸缩。其油路的流动情况如下。

进油路：液压泵→多路换向阀 1 中的阀 A、阀 B 中位→多路换向阀 2 中的阀 C 中位→阀 D 中位→换向阀 E（左位或右位）→变幅缸进油腔。

回油路：变幅缸回油腔→换向阀 E（左位或右位）→阀 F 中位→油箱。

当多路换向阀 2 中的阀 E 左位工作时，变幅缸上腔进油，缸减幅；阀 E 右位工作时，变幅缸下腔进油，缸增幅。

9.6.3　汽车起重机液压系统的主要特点

1）系统中采用了平衡回路、锁紧回路和制动回路，能保证起重机工作可靠、操作安全。

2）采用三位四通手动换向阀，不仅可以灵活方便地控制换向动作，还可以通过手柄操作的速度来控制流量，以实现节流调速。在起升工作中，将此节流调速方法与控制发动机转速的方法结合使用，可以实现各工作部件的微速动作。

3）采用换向阀串联组合，使各机构的动作既可独立进行，又可在轻载作业时，实现起升和回转复合动作，以提高工作效率。

4）各换向阀处于中位时系统卸荷，可有效减少功率损失，适合起重机的工作特点。

项目小结

1. 液压传动系统的分析要从设备的功能要求入手，从子系统到基本回路再到具体元件，步步深入，这样才能正确分析、了解系统的组成、作用和其内部结构间的相互关系。

2. 分析液压系统时，重点要分析系统的动作循环、各液压元件在系统中的作用和组成系统的基本回路，分析系统的性能和特点，各工况下系统的油路流向等。

3. 写油液流动路线时，要分清主油路和控制油路。对于主油路，一般应从液压泵开始写，一直写到执行元件的某一腔，这就构成了进油路线；然后再从执行元件的另一腔开始写回油路线，一直写到油箱。注意执行元件的左右两腔分别属于进油路和回油路，不能连在一起写。

综合训练 9

9-1　怎样阅读和分析一个复杂的液压系统？

9-2　如图 9-3 所示的动力滑台液压系统由哪些基本回路所组成？是如何实现差动连接的？采用行程阀进行快、慢速度的转换，有哪些特点？外控顺序阀 5 起什么作用？

9-3　图 9-14 为某一组合机床液压传动系统原理图。试根据其动作循环图填写如表 9-6 所示的液压系统的电磁铁动作顺序表，并说明此系统由哪些基本回路组成。

表 9-6　电磁铁动作顺序表

动作＼电磁铁	1YA	2YA	3YA	4YA
快进				
一工进				
二工进				
快退				

注：用"＋"表示电磁铁通电；用"－"表示电磁铁断电。

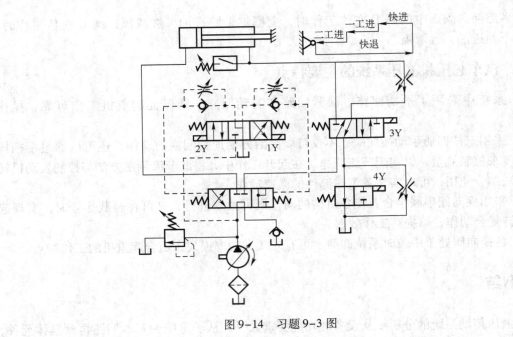

图 9-14 习题 9-3 图

9-4 图 9-15 为液压车床的液压系统及工作循环图，请填写表 9-7 的电磁铁动作顺序表。

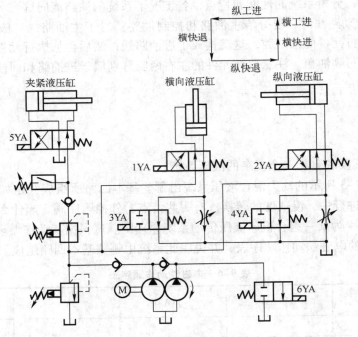

图 9-15 习题 9-4 图

注：① 夹紧缸活塞向左运动方向为夹紧方向。
② 夹紧缸夹紧动作所需流量较小。
③ 横向工进完成后纵向工进才开始。

表 9-7　电磁铁动作顺序表

动作顺序	电磁铁	1YA	2YA	3YA	4YA	5YA	6YA
1	工件夹紧						
2	横向快进						
3	横向工进						
4	纵向工进						
5	横向快退						
6	纵向快退						
7	卸下工件						

注：用"+"表示电磁铁通电；用"-"表示电磁铁断电。

9-5　如图 9-16 所示为专用铣床液压系统，要求机床工作台可安装两个工件，并能同时加工。工件的上料、卸料由手工完成，工件的夹紧及工作台进给运动由液压系统完成。机床的工作循环为：手工上料→工件自动夹紧→工作台快进→铣削进给→工作台快退→夹具松开→手工卸料。分析系统并回答下列问题。

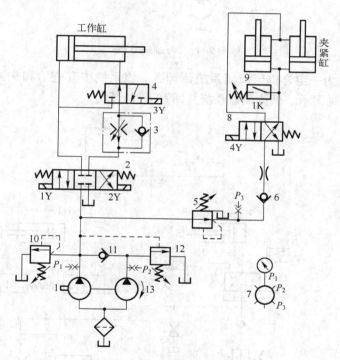

图 9-16　习题 9-5 图

（1）填写电磁铁的动作顺序表。
（2）指出系统由哪些基本回路组成。
（3）说明哪些工况由双泵供油，哪些工况由单泵供油。
（4）说明元件 5、6、9、12 在系统中的作用。

9-6　如图 9-17 所示的压力机液压系统能实现"快进→工进→保压→快退→停止"的动作循环。试读懂此液压系统图并回答下列问题。

（1）写出系统中各元件的名称和功用。

（2）绘制并填写电磁铁动作顺序表。

（3）写出各动作顺序时油液的流动情况。

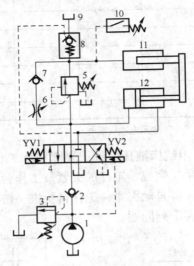

图 9-17　习题 9-6 图

9-7　图 9-18 为一组合机床液压系统原理图。该系统中有进给和夹紧两个液压缸，要求完成的动作循环见图示。试读懂该系统并回答下列问题。

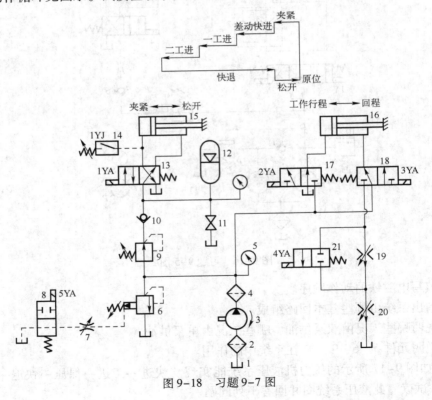

图 9-18　习题 9-7 图

（1）写出图中所标序号的液压元件的名称。
（2）根据动作循环绘制并填写电磁铁和压力继电器动作顺序表。
（3）指出序号为 10、12、14 的元件在系统中所起的作用。
（4）分析系统中包含哪些液压基本回路。

9-8　试根据如图 9-19 所示的液压系统图和动作顺序表中提示将动作循环表 9-8 填写完整，并讨论系统的特点。

表 9-8　电磁铁动作顺序表

动作名称	电气元件状态							备注
	1YA	2YA	3YA	4YA	5YA	6YA	KP	
定位夹紧								（1）Ⅰ、Ⅱ两个回路各自进行独立循环动作，互不干涉
快进								
工进（低压泵卸荷）								（2）4YA、6YA 中任何一个通电时，1YA 便通电；4YA、6YA 均断电时，1YA 才断电
快退								
拔销								
原位卸荷								

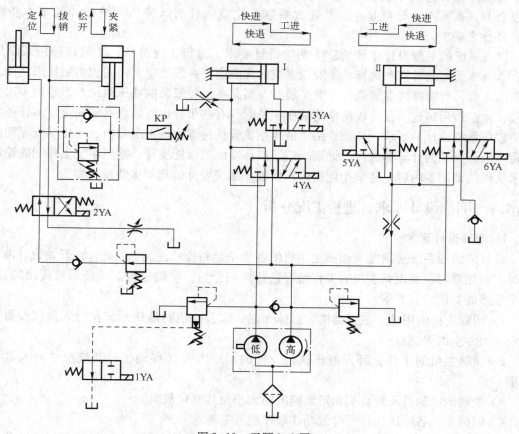

图 9-19　习题 9-8 图

项目 10　液压传动系统的设计

项目描述

液压传动系统的设计是整个液压设备设计的重要组成部分，它除了应符合主机动作循环和静、动态性能等方面的要求外，还应满足结构简单、工作安全可靠、效率高、寿命长、经济性好、使用维护方便等条件。

任务 10.1　液压系统的设计

液压系统计算机辅助设计（液压 CAD）技术将成为今后主要的现代液压系统设计方法，但它也是建立在传统经验设计法的基础上的，经验设计法设计步骤仅是最一般的过程，在实际设计过程中这些步骤并不是固定不变的，往往有些步骤可以省略，有些步骤可以合并，而整个设计就是在反复修改中逐步完成的。那么液压系统设计的基本步骤及内容是什么呢？

液压系统的一般设计步骤为：①明确设计要求、进行工况分析；②拟定液压系统原理图；③液压元件的计算和选择；④液压系统的性能验算；⑤绘制工作图和编制技术文件。各步骤的内容，有时需要穿插进行，交叉展开。对某些比较复杂的液压系统，需经过多次反复比较，才能最后确定。设计较简单的液压系统时，有些步骤也可以合并或简化。本任务主要介绍液压系统设计的要求，详细介绍了液压系统设计过程中的工况分析、液压系统原理图的拟定、液压元件的计算和选择，详细介绍了液压系统的性能验算、液压系统工作图的绘制及技术文件的编制等内容。使学生能正确掌握液压系统设计的基本步骤及内容。

10.1.1　明确设计要求、进行工况分析

1. 明确设计要求

设计的液压系统必须能全面满足主机的各项功能和技术性能。因此，在开始设计液压系统时，首先要对机械设备主机的工作情况进行详细分析，明确主机对液压系统提出的要求，这个步骤的具体内容如下。

1）明确主机的用途、主要结构、总体布局，以及主机对液压系统执行元件在位置布置和空间尺寸上的限制。

2）明确主机的工作循环，液压执行元件的运动方式（移动、转动或摆动）及其工作范围。

3）明确液压执行元件负载和运动速度的大小及其变化范围。

4）明确主机各液压执行元件的动作顺序或互锁要求。

5）明确对液压系统工作性能（如工作平稳性、转换精度等）、工作效率、自动化程度等方面的要求。

6）明确液压系统的工作环境和工作条件如周围介质、环境温度、湿度、尘埃情况、外界冲击振动等。

7）明确其他方面的要求，如液压装置在重量、外形尺寸、经济性等方面的规定或限制。

在液压系统设计的第一个步骤中，往往还包含着"主机采用液压传动是否合理或在多大程度上合理（即液压传动是否应和其他传动结合起来，共同发挥各自的优点以形成合理的传动组合）"这样一个潜在的检验内容在内。

2. 确定执行元件的类型

执行元件是液压系统的输出部分，必须满足机器设备的运动功能、性能要求及结构、安装上的限制。根据所要求的负载运动形态，选用不同的执行元件配置，如表 10-1 所示。

表 10-1　执行元件配置的选择

运 动 形 态	执 行 元 件
直线运动	液压缸
	液压马达 + 齿轮齿条机构
	液压马达 + 螺旋机构
旋转运动	液压马达
摆动	摆动液压马达
	液压缸 + 齿轮机构
	液压马达 + 连杆机构

3. 工况分析

液压系统的工况分析是指对液压执行元件的工作情况进行分析，即进行运动分析和负载分析。也就是分析每个液压执行元件在各自工作过程中的速度和负载的变化规律。通常是求出一个工作循环内各阶段的速度和负载值列表，必要时还应画出速度、负载随时间（或位移）变化的曲线图（称为速度图和负载图）。

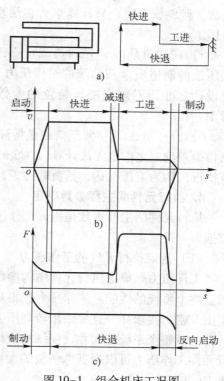

图 10-1　组合机床工况图

（1）运动分析

运动分析就是对执行元件在一个工作循环中各阶段的运动速度变化规律进行分析，按设备的工艺要求，把所研究的执行元件完成一个工作循环的运动规律用图表示出来，这个图就称为速度图。现以如图 10-1 所示的液压缸驱动的组合机床滑台为例来说明，图 10-1a 是机床的动作循环图，其动作循环为：快进→工进→快退；图 10-1b 是完成一个动作循环的速度 - 位移曲线，即速度图。

（2）负载分析

负载分析就是确定执行元件所受的负载大小和方向。图 10-1c 是该组合机床的负载图，这个图是按设备的工艺要求把执行元件在各阶段的负载用曲线表示出来，由此图可直观地看出在运动过程中何时受力最大、何时受力最小等各种情况，以此作为以后设计的依据。

在一般情况下，液压缸承受的负载由6个部分组成，即工作负载、摩擦阻力负载、惯性负载、重力负载、密封负载和背压负载。

1）工作负载 F_L：不同的机器有不同的工作负载。对于金属切削机床来说，沿液压缸轴线方向的切削力即为工作负载；对压力机来说，工件的压制抗力即为工作负载。工作负载与液压缸运动方向相反时为正值，方向相同时为负值（如顺铣加工的切削力）。工作负载既可以为恒值，也可以为变值，其大小要根据具体情况加以计算，有时还要由样机实测确定。

2）摩擦阻力负载 F_f：摩擦阻力是指运动部件与支承面间的摩擦力，它与支承面的形状、放置情况、润滑条件以及运动状态有关：

$$F_f = fF_N \tag{10-1}$$

式中　F_N——运动部件及外负载对支承面的正压力（N）；

　　　f——摩擦系数，分为静摩擦系数（$f_s \leqslant 0.2 \sim 0.3$）和动摩擦系数（$f_d \leqslant 0.05 \sim 0.1$）。

3）惯性负载 F_a：惯性负载是运动部件在启动加速或制动减速时的惯性力，可用牛顿第二定律计算：

$$F_a = ma \tag{10-2}$$

式中　m——运动部件的质量（kg）；

　　　a——运动部件的加速度（m/s²）。

4）重力负载 F_g：垂直或倾斜放置的运动部件，在没有平衡的情况下，其自重也是一种负载。倾斜放置时，只计算重力在运动方向上的分力。液压缸上行时重力取正值，反之取负值。

5）密封负载 F_s：密封负载是指密封装置的摩擦力，其值与密封装置的类型和尺寸、液压缸的制造质量和油液的工作压力有关，F_s 的计算公式详见有关手册。在未完成液压系统设计之前，不知道密封装置的参数，F_s 无法计算，一般用液压缸的机械效率 η_m 加以考虑。

6）背压负载 F_b：背压负载是指液压缸回油腔背压所造成的阻力。在系统方案及液压缸结构尚未确定之前也无法计算，在负载计算时可暂不考虑，待有确切数值以后再进行验算。若执行机构为液压马达，其负载力矩计算方法与液压缸相类似。

4. 执行元件的主要参数确定

执行元件的主要参数是指其工作压力和最大流量。这两个参数是计算和选择液压元件的依据。

（1）选定执行元件的工作压力

工作压力是确定执行元件结构参数的主要依据，它的大小影响执行元件的尺寸和成本，乃至整个系统的性能。工作压力选得高，执行元件和系统的结构就紧凑，但对元件的强度、刚度及密封要求高，且要采用较高压力的液压泵；反之，如果工作压力选得低，就会增大执行元件及整个系统的尺寸，使结构变得庞大。所以应根据实际情况选取适当的工作压力。执行元件工作压力可以根据总负载的大小或主机设备类型选取，具体选择时可参考表10-2和表10-3。

表 10-2　按负载选择执行元件的工作压力

负载 F/kN	<5	5~10	10~20	20~30	30~50	>50
工作压力 p/MPa	<0.8~1.0	1.5~2.0	2.5~3.0	3.0~4.0	4.0~5.0	>5.0~7.0

表 10-3　各类液压设备常用工作压力

设备类型	磨床	组合机床	车床铣床镗床	拉床	龙门刨床	注塑机 农业机械 小型工程机械	液压机 重型机械 起重运输机械
工作压力 p/MPa	0.8~2	3~5	2~4	8~10	2~8	10~16	20~32

（2）确定执行元件的几何参数

对于液压缸来说，它的几何参数就是有效工作面积 A，对液压马达来说就是排量 V。液压缸有效工作面积可由下式求得：

$$A = \frac{F}{\eta_{cm} p}\qquad(10-3)$$

式中　F——液压缸上的外负载（N）；

η_{cm}——液压缸的机械效率；

p——液压缸的工作压力（Pa）；

A——所求液压缸的有效工作面积（m^2）。

用上式计算出来的工作面积还必须按液压缸所要求的最低稳定速度 v_{min} 来验算，即：

$$A \geqslant \frac{q_{min}}{v_{min}}\qquad(10-4)$$

式中　q_{min}——流量阀的最小稳定流量（由产品样本查出）。

若执行元件为液压马达，则其排量的计算式为：

$$V = \frac{2\pi T}{p \eta_{Mm}}\qquad(10-5)$$

式中　T——液压马达的总负载转矩（N·m）；

η_{Mm}——液压马达的机械效率；

p——液压马达的工作压力（Pa）；

V——液压马达的排量（m^3/r）。

用上式所求的排量也必须满足液压马达最低稳定转速 n_{min} 的要求，即：

$$V \geqslant \frac{q_{min}}{n_{min}}\qquad(10-6)$$

式中　q_{min}——能输入液压马达的最低稳定流量。

排量确定后，可从产品样本中选择液压马达的型号。

（3）执行元件最大流量的确定

对于液压缸，它所需的最大流量 q_{max} 就等于液压缸有效工作面积 A 与液压缸最大移动速度 v_{max} 的乘积，即：

$$q_{max} = A v_{max}\qquad(10-7)$$

对于液压马达，它所需的最大流量 q_{max} 应为马达的排量 V 与其最大转速 n_{max} 的乘积，即：

$$q_{max} = Vn_{max} \qquad (10-8)$$

5. 绘制液压执行元件的工况图

液压执行元件的工况图指的是压力图、流量图和功率图。

（1）工况图的绘制

各执行元件的主要参数确定之后，不但可以计算执行元件在工作循环各阶段的工作压力，还可求出需要输入的流量和功率。这时就可作出系统中各执行元件在其工作过程中的工况图，即执行元件在一个工作循环中的压力、流量、功率与时间（或位移）的变化曲线图（图10-2为某机床进给液压缸的工况图）。将系统中各执行元件的工况图加以合并，便得到整个系统的工况图。系统的工况图可以显示整个工作循环中的系统压力、流量和功率的最大值及其分布情况，为后续设计步骤中选择液压元件、设计液压回路或修正设计提供依据。

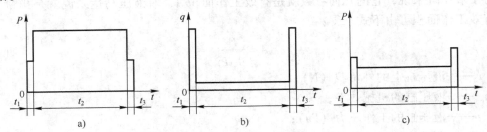

图10-2　组合机床执行元件工况图

a）压力图　b）流量图　c）功率图

t_1—快进时间　t_2—工进时间　t_3—快退时间

（2）工况图的作用

从工况图上可以直观、方便地找出最大工作压力、最大流量和最大功率。根据这些参数即可选择液压泵及其驱动电动机，同时对系统中液压元件的选择也具有指导意义。通过分析工况图，有助于设计者选择合理的基本回路，例如，在工况图上可观察到最大流量维持的时间，如这个时间较短，则不宜选用一个大流量的定量泵供油，可选用变量泵或者采用泵和蓄能器联合供油的方式。另一方面，利用工况图可以对各阶段的参数进行鉴定，分析其合理性，在必要时还可进行调整。例如，若在工况图中看出各阶段所需的功率相差较大，为了提高功率应用的合理性，使得功率分配比较均衡，可在工艺允许的条件下对其进行适当调整，使系统所需的最大功率值有所降低。

10.1.2　拟定液压系统原理图

系统原理图是表示系统的组成和工作原理的图。拟定系统原理图是设计液压系统的关键，它对系统的性能及设计方案的合理性、经济性具有决定性的影响。

拟定系统原理图包含两项内容：一是通过分析、对比选出合适的基本回路；二是把选出的基本回路进行有机组合，构成完整的液压系统原理图。

1. 选择液压基本回路

在拟定系统原理图时，应根据各类主机的工作特点和性能要求，首先确定对主机主要性能起决定性影响的主要回路。例如对于机床液压系统，调速和速度换接回路是主要回路；对于压力机液压系统，调压回路是主要回路。然后再考虑其他辅助回路，有垂直运动部件的系统要考虑平衡回路，有多个执行元件的系统要考虑顺序动作、同步或互不干扰回路等。

（1）制订调速控制方案

根据执行元件工况图上的压力、流量和功率的大小以及系统对温升、工作平稳性等方面的要求选择调速回路。

对于负载功率小、运动速度低的系统，采用节流调速回路。工作平稳性要求不高的执行元件，宜采用节流阀调速回路；负载变化较大、速度稳定性要求较高的场合，宜采用调速阀调速回路。

对于负载功率大的执行元件一般都采用容积调速回路，即由变量泵供油，避免过多的溢流、节流损失，提高系统的效率；如果对速度稳定性要求较高，也可采用容积节流调速。调速方式确定之后，回路的循环形式也随之而定。节流调速采用开式回路，容积调速大多采用闭式回路。

（2）制订压力控制方案

选择各种压力控制回路时，应仔细推敲各种回路在选用时需注意的问题、特点和适用场合。例如卸荷回路，选择时要考虑卸荷所造成的功率损失、温升、流量和压力的瞬时变化等。恒压系统如进口节流和出口节流调速回路等，一般采用溢流阀起稳压溢流作用，同时也限定了系统的最高压力。定压容积节流调速回路本身能够定压，不需压力控制阀。对非恒压系统，如旁路节流调速、容积调速和非定压容积节流调速，其系统的最高压力由安全阀限定。对系统中某一个支路要求比油源压力低的稳压输出时，可采用减压阀实现。

（3）制订顺序动作控制方案

主机各执行机构的顺序动作，根据设备类型的不同，有的按固定程序进行，有的则是随机的或人为的。对于工程机械，操纵机构多为手动，一般用手动多路换向阀控制；对于加工机械，各液压执行元件的顺序动作多数采用行程控制，行程控制普遍采用行程开关控制，因为电信号传输方便，而行程阀由于涉及油路的连接，只适用于管路安装较紧凑的场合。另外还有时间控制、压力控制和可编程序控制等。

选择回路时常有多种方案，这时除反复对比外，应多参考或吸收同类型液压系统中使用的并被实践证明是比较好的回路。

2. 液压系统原理图的拟定

整机的液压系统图主要由以上所确定的各回路组合而成，将挑选出来的各个基本回路合并整理，增加必要的元件或辅助回路，加以综合，构成一个完整的系统。在满足工作机构运动要求及生产率的前提下，力求使所设计的系统结构简单、工作安全可靠、动作平稳、效率高、调整和维护保养方便。此时应注意以下问题。

1）去掉重复多余的元件，力求使系统结构简单，同时要仔细斟酌，避免由于某个元件的去掉或并用而引起相互干扰。

2）增设安全装置，确保设备及操作者的人身安全。如压力机控制油路上设置的行程阀，只有安全门关闭时才能接通控制油路等。

3）工作介质的净化必须予以足够的重视。特别是比较精密、重要的设备，可以单设一套自循环的油液过滤系统。

4）对于大型的贵重设备，为确保生产的连续性，在液压系统的关键部位要加设必要的备用回路或备用元件。

5）为便于系统的安装、维修、检查、管理，在回路上要适当装设一些截止阀、测压点。

6）尽量选用标准元件和定型的液压装置。

10.1.3　液压元件的计算和选择

执行元件的尺寸规格及其工作压力与流量确定后，再结合所拟定的液压系统原理图，就可以对系统中的其他元件进行选择或设计。

首先根据设计要求和系统工况确定液压泵的类型，然后根据液压泵的最大供油量来选择液压泵的规格。

1. 液压泵的选择

（1）确定液压泵的最高工作压力 p_p

对于执行元件在行程终止时才需要最高压力的工况（此时执行元件本身只需要压力不需要流量，但液压泵仍需向系统提供一定的流量，以满足泄漏流量的需要），可取执行元件的最高压力作为泵的最大工作压力。对于执行元件在工作过程中需要最大工作压力的情况，可按下式确定：

$$p_p \geqslant p_1 + \sum \Delta p_1 \tag{10-9}$$

式中，$\sum \Delta p_1$ 为液压泵的出口与执行机构进口之间的总的压力损失，它包括沿程压力损失和局部压力损失两部分，要准确地估算必须等管路系统及其安装形式完全确定后才能做到，在此只能进行估算。估算时可参考下述经验数据，一般节流调速和管路简单的系统取 $\sum \Delta p_1 = 0.2 \sim 0.5$ MPa；有调速阀和管路较复杂的系统取 $\sum \Delta p_1 = 0.5 \sim 1.5$ MPa。

（2）确定液压泵的最大供油量 q_p

液压泵的最大供油流量按执行元件工况图上的最大工作流量及回路系统中的泄漏量来确定，即：

$$q_p \geqslant K \sum q_{\max} \tag{10-10}$$

式中　K——考虑系统中有泄漏等因素的修正系数，一般 $K = 1.1 \sim 1.3$，小流量取大值，大流量取小值；

$\sum q_{\max}$——同时动作的各缸所需流量之和的最大值。

若系统中采用了蓄能器供油，泵的流量按一个工作循环中的平均流量来选取，即：

$$q_p \geqslant \frac{K}{T} \sum_{i=1}^{n} q_i t_i \tag{10-11}$$

式中　T——工作循环的周期时间；

q_i——工作循环中第 i 个阶段所需的流量；

t_i——工作循环中第 i 个阶段所持续的时间；

n——循环中的阶段数。

（3）确定液压泵的规格型号

根据以上计算所得的液压泵的最大工作压力和最大输出流量以及系统中拟定的液压泵的形式，查阅有关手册或产品样本即可确定液压泵的规格型号。但要注意，选择的液压泵的额定流量要大于或等于前面计算所得的液压泵的最大输出流量，并且尽可能接近计算值；所选泵的额定压力应大于或等于计算所得的最大工作压力。有时尚需考虑一定的压力储备，使所选泵的额定压力高出计算所得的最大工作压力 $25\% \sim 60\%$。泵的额定流量则宜与 q_p 相当，不要超过太多，以免造成过大的功率损失。

（4）确定驱动液压泵的电机功率

驱动液压泵的电动机根据驱动功率和泵的转速来选择。

1）在整个工作循环中，液压泵的功率变化较小时，可按下式计算液压泵所需驱动功率，即：

$$P = \frac{p_p q_p}{\eta_p} \qquad (10\text{-}12)$$

式中　p_p——液压泵的最大工作压力（Pa）；

　　　q_p——液压泵的输出流量（m^3/s）；

　　　η_p——液压泵的总效率。

2）当在整个工作循环中，液压泵的功率变化较大，且在功率循环图中最高功率所持续的时间很短时，则可按式（10-12）分别计算出工作循环各阶段的功率 P_i，然后用下式计算其所需电动机的平均功率：

$$P = \sqrt{\frac{\sum_{i=1}^{n} p_i^2 t_i}{\sum_{i=1}^{n} t_i}} \qquad (10\text{-}13)$$

式中　t_i——一个工作循环中第 i 阶段持续的时间。

求出了平均功率后，还要验算每一个阶段电动机的超载量是否在允许的范围内，一般电动机允许的短期超载量为 25%。如果在允许超载范围内，即可根据平均功率 P 与泵的转速 n 从产品样本中选取电动机。

对于限压式变量系统来说，可按式（10-12）分别计算快速与慢速两种工况下所需驱动功率，计算后，取两者较大值作为选择电动机规格的依据。由于限压式变量泵在快速与慢速的转换过程中，必须经过泵流量特性曲线最大功率点 $P_{\max}$（拐点），为了使所选择的电动机在经过 $P_{\max}$ 点时不致停转，需进行验算，即：

$$P_{\max} = \frac{p_B q_B}{\eta_p} \leqslant 2P_n \qquad (10\text{-}14)$$

式中　p_B——限压式变量泵调定的拐点压力；

　　　q_B——压力为 P_B 时，泵的输出流量；

　　　P_n——所选电动机的额定功率；

　　　η_p——限压式变量叶片泵的效率。

在计算过程中要注意，对于限压式变量叶片泵在输出流量较小时，其效率 η_p 将急剧下降，一般当其输出流量为 $0.2 \sim 1 \, L/min$ 时，$\eta_p = 0.03 \sim 0.14$，流量大者取大值。

2. 阀类元件的选择

各种阀类元件的规格型号，按液压系统原理图和系统工况图中提供的情况从产品样本中选取。各种阀的额定压力和额定流量，一般应与其工作压力和最大通过流量相接近，必要时，可允许其最大通过流量超过额定流量20%。

在具体选择时，注意溢流阀应使其能通过液压泵的全部流量。另外对所有压力阀来说，都有一个合适的调压范围问题，不要使该阀的额定工作压力高出使用压力太多。流量阀要注意最小稳定流量应能够满足液压系统执行机构最低稳定速度的需要。在选用分流集流阀（同步阀）等控制阀时，不要使实际流量低于阀的额定流量太多，以免分流或集流误差过大。单出杆液压缸系统若无杆腔有效作用面积为有杆腔有效作用面积的 n 倍，当有杆腔进油时，则回油流量为进油流量的 n 倍，因此应以 n 倍的流量来选择通过的阀类元件。换向阀必要时可使实际流量最多高出其额定流量20%，主要是考虑换向阀的压力损失不要过大。此外，还要考虑阀的操纵方式、连接方式和换向阀的中位机能等。

3. 液压辅助元件的选择

油箱、过滤器、蓄能器、油管、管接头、冷却器等液压辅助元件可按项目5的有关原则选取。

4. 阀类元件配置形式的选择

对于固定式的液压设备，常将液压系统的动力源、阀类元件（包括某些辅助元件）集中安装在主机外的液压站上。这样能使安装与维修方便，并消除了动力源振动与油温变化对主机工作精度的影响。而阀类元件在液压站上的配置也有多种形式可供选择。配置形式不同，液压系统的压力损失和元件的连接安装结构也有所不同。阀类元件的配置形式目前广泛采用集成化配置，具体有下列三种：板式配置、集成块式集成配置和叠加阀式集成配置。

（1）板式配置

将标准元件与其底板用螺钉固定在竖立着的平板上，底板上的油路用油管接通。这种配置方式的优点在于可按需要连接成各种形式的系统，安装维修方便；缺点是当液压系统的管路较多、较为复杂时，油管的连接不方便。图10-3为板式配置示意图。

（2）集成块式集成配置

根据典型液压系统的各种基本回路做成通用化的集成块，用它们来拼搭出各种液压系统。集成块的上下两面为块与块之间的连接面，块内由钻孔形成油路，四周除一面安装管接头通向执行元件外，其余都供固定标准元件安装用。一般一块就是一个常用的典型基本回路。一个系统所需集成块的数目视其复杂程度而定，一般常需数块组成。总进油口与回油口开在底板上，通过集成块的公共孔道直接通顶盖。这种配置形式的优点是结构紧凑、油管少、可标准化、便于设计与制造、更改设计方便、油路压力损失小，如图10-4所示。

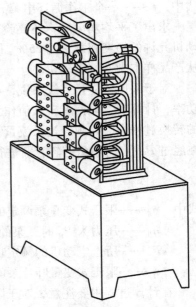

图10-3 液压元件的板式配置

（3）叠加阀式集成配置

叠加阀式与一般管式、板式标准元件相比，其工作原理没有多大差别，但具体结构却不相同。它是采用标准化的液压元件或零件，通过螺钉将阀体叠加在一起，组成一个系统。每个叠加阀既起控制阀作用，又起通道体的作用。这种配置形式的优点是结构紧凑、油管少、体积小、重量轻、不需设计专用的连接块、油路的压力损失很小，但叠加阀需自成系列，如图10-5所示。

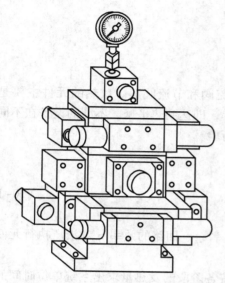

图10-4　液压元件的集成块式集成配置

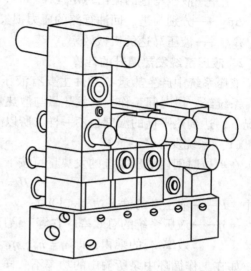

图10-5　液压元件的叠加阀式集成配置

10.1.4　液压系统的性能验算

当回路的形式、元件及连接管路等完全确定后，可针对实际情况对所设计的系统进行各项性能分析和主要性能验算，以便评判其设计质量，并改进和完善系统。对一般的系统，主要是进一步确切地计算系统的压力损失、容积损失、效率、压力冲击及发热温升等。根据分析计算发现问题，对某些不合理的设计进行调整，或采取其他的必要措施。下面说明系统压力损失及发热温升的验算方法。

1. 液压系统压力损失的计算

（1）当执行元件为液压缸时

$$p_p \geqslant \frac{F}{A_1 \eta_{cm}} + \frac{A_2}{A_1} \Delta p_2 + \Delta p_1 \qquad (10-15)$$

式中　F——作用在液压缸上的外负载（N）；

A_1、A_2——分别为液压缸进、回油腔的有效面积（m²）；

Δp_1、Δp_2——分别为进、回油管路的总的压力损失（Pa）；

η_{cm}——液压缸的机械效率。

计算时要注意，快速运动时液压缸上的外负载小，管路中流量大，压力损失也大；慢速运动时，外负载大，流量小，压力损失也小，所以应分别进行计算。

计算出的系统压力 p_p 值应小于泵额定压力的75%，使泵有一定的压力储备，否则就应另选额定压力较高的液压泵，或者采用其他方法降低系统的压力，如增大液压缸直径等方法。

（2）当液压执行元件为液压马达时

$$p_p \geq \frac{2\pi T}{V\eta_{Mm}} + \Delta p_1 + \Delta p_2 \qquad (10-16)$$

式中　V——液压马达的排量（m^3/r）；

　　　　T——液压马达的输出转矩（$N \cdot m$）；

Δp_1、Δp_2——分别为进、回油管路的压力损失（Pa）；

　　　　η_{Mm}——液压马达的机械效率。

2. 液压系统发热温升的计算

液压系统中产生热量的元件主要有液压泵、溢流阀和节流阀等。散热的元件主要是油箱，系统经一段时间工作后，发热量与散热量会相等，即达到热平衡，不同的设备在不同的情况下，达到热平衡的温度也不一样，所以必须进行验算。

（1）系统发热量的计算

在单位时间内液压系统的发热量可按下式计算：

$$H = P(1 - \eta) \qquad (10-17)$$

式中　P——液压泵的输入功率（kW）；

　　　　η——液压系统的总效率，它等于液压泵的效率 η_p、回路的效率 η_c 和液压执行元件的效率 η_M 的乘积，即 $\eta = \eta_p \eta_c \eta_M$。

如在工作循环中泵所输出的功率不一样，则可按各阶段的发热量求出系统单位时间的平均发热量：

$$H = \frac{1}{T} \sum_{i=1}^{n} P_i (1 - \eta_i) t_i \qquad (10-18)$$

式中　T——工作循环周期时间（s）；

　　　　t_i——第 i 个工作阶段所持续的时间（s）；

　　　　P_i——第 i 个工作阶段泵的输入功率（kW）；

　　　　η_i——第 i 个工作阶段液压系统的总效率。

（2）系统散热量的计算

在单位时间内油箱的散热量可用下式计算：

$$H_0 = hA\Delta t \qquad (10-19)$$

式中　A——油箱的散热面积（m^2）；

　　　　Δt——系统的温升（℃）（$\Delta t = t_1 - t_2$，t_1 为系统达到热平衡时的温度，t_2 为环境温度）；

　　　　h——传热系数（$kW/(m^2 \cdot ℃)$）；当周围通风较差时，$h = (8 \sim 9) \times 10^{-3}\ kW/(m^2 \cdot ℃)$；当自然通风良好时，$h = 15 \times 10^{-3}\ kW/(m^2 \cdot ℃)$，当用风扇冷却时，$h = 23 \times 10^{-3}\ kW/(m^2 \cdot ℃)$；当用循环水冷却时，$h = (110 \sim 170) \times 10^{-3}\ kW/(m^2 \cdot ℃)$。

（3）系统热平衡温度的验算

当液压系统达到热平衡时有：$H = H_0$，即：

$$\Delta t = \frac{H}{hA} \qquad (10-20)$$

当油箱的三个边长之比在 $1:1:1 \sim 1:2:3$ 范围内，且油位是油箱高度的 0.8 倍时，其散热面积可按下式近似计算：

$$A = 0.065 \sqrt[3]{V^2} \tag{10-21}$$

式中　V——油箱有效容积（L）；

　　　A——散热面积（m²）。

经式（10-20）计算出来的 Δt 再加上环境温度应不超过油液的最高允许油温；否则必须采取进一步的散热措施。

10.1.5　绘制工作图和编制技术文件

经过对液压系统性能的验算和修改，并确认液压系统设计较为合理时，便可绘制正式的工作图和编制技术文件。

1. 绘制工作图

正式工作图包括按国家标准绘制的正规系统原理图、系统装配图、阀块等非标准元件、辅件的装配图及零件图。系统原理图中应附有元件明细表，表中标明各元件的规格、型号和压力、流量调整值。一般还应绘出各执行元件的工作循环图和电磁铁动作顺序表。系统装配图是系统布置全貌的总体布置图和管路施工图（管路布置图），对液压系统应包括油箱装配图、液压泵站装配图、集成油路块装配图和管路安装图等。在管路安装图中应画出各管路的走向、固定装置结构、各种管接头的形式和规格等。标准元件、辅件和连接件的清单，通常以表格形式给出。同时给出工作介质的品牌、数量及系统对其他配置（如厂房、电源、电线布置、基础施工条件等）的要求。

2. 编制技术文件

必须明确设计任务书，据此检查、考核液压系统是否达到设计要求。

技术文件一般包括系统设计计算说明书；系统使用及维护技术说明书；零部件明细表及标准件、通用件、外购件明细表等；与系统有关的其他注意事项。

任务 10.2　液压系统设计举例

本任务以一台上料机的液压传动系统的设计为例，完整地介绍了液压系统设计与计算的整个过程。

上料机要求驱动它的液压传动系统完成快速上升→慢速上升→停留→快速下降的工作循环，其结构示意图如图 10-6 所示。其垂直上升工件 1 的重量为 5000 N，滑台 2 的重量为 1000 N，快速上升行程为 350 mm，速度要求 ≥45 mm/s，慢速上升行程为 100 mm，其最小速度为 8 mm/s，快速下降行程为 450 mm，速度要求 ≥55 mm/s，滑台采用 V 形导轨，其导轨面的夹角为 90°，滑台与导轨的最大间隙为 2 mm，启动加速和减速时间均为 0.5 s，液压缸的机械效率（考虑密封阻力）为 0.91。

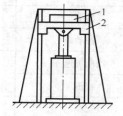

图 10-6　上料机结构示意图

1—工件　2—滑台

10.2.1 负载分析

1）工作负载：

$$F_L = F_G = (5000 + 1000) \text{ N} = 6000 \text{ N}$$

2）摩擦负载：

$$F_f = \frac{fF_N}{\sin\left(\dfrac{\alpha}{2}\right)}$$

由于工件为垂直起升，所以垂直作用于导轨的载荷可由其间隙和结构尺寸求得。$F_N = 120$ N，取 $f_s = 0.2$，$f_d = 0.1$，则有：

静摩擦负载： $\quad F_{fs} = (0.2 \times 120 / \sin 45°) \text{ N} = 33.94 \text{ N}$

动摩擦负载： $\quad F_{fd} = (0.1 \times 120 / \sin 45°) \text{ N} = 16.97 \text{ N}$

3）惯性负载

加速： $\quad F_{a1} = \dfrac{G}{g}\dfrac{\Delta v}{\Delta t} = \dfrac{6000}{9.81} \times \dfrac{0.045}{0.5} \text{ N} = 55.05 \text{ N}$

减速： $\quad F_{a2} = \dfrac{G}{g}\dfrac{\Delta v}{\Delta t} = \dfrac{6000}{9.81} \times \dfrac{0.045 - 0.008}{0.5} \text{ N} = 45.26 \text{ N}$

制动： $\quad F_{a3} = \dfrac{G}{g}\dfrac{\Delta v}{\Delta t} = \dfrac{6000}{9.81} \times \dfrac{0.008}{0.5} \text{ N} = 9.79 \text{ N}$

反向加速： $\quad F_{a4} = \dfrac{G}{g}\dfrac{\Delta v}{\Delta t} = \dfrac{6000}{9.81} \times \dfrac{0.055}{0.5} \text{ N} = 67.28 \text{ N}$

反向制动： $\quad F_{a5} = F_{a4} = 67.28 \text{ N}$

液压缸各阶段中的负载如表 10-4 所示（$\eta_m = 0.91$）。在表 10-4 中考虑到液压缸垂直安放，其重量较大，为防止因自重而自行下滑，系统中须设置平衡回路。因此在对快速向下运动的负载分析时，不考虑滑台 2 的重量。

表 10-4　液压缸各阶段中的负载

工　况	计 算 公 式	总负载 F/N	缸推力 F/N
启动	$F = F_{fs} + F_L$	6033.94	6630.70
加速	$F = F_L + F_{fd} + F_{a1}$	6072.02	6672.55
快上	$F = F_L + F_{fd}$	6016.97	6612.05
减速	$F = F_L + F_{fd} - F_{a2}$	5971.71	6562.32
慢上	$F = F_L + F_{fd}$	6016.97	6612.05
制动	$F = F_L + F_{fd} - F_{a3}$	6007.18	6601.30
反向加速	$F = F_{fd} + F_{a4}$	84.25	92.58
快下	$F = F_{fd}$	16.97	18.65
反向制动	$F = F_{fd} - F_{a5}$	−50.31	−55.29

10.2.2 负载图和速度图的绘制

负载图及速度图如图 10-7 所示。

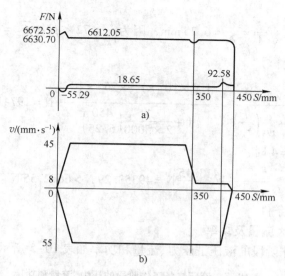

图 10-7　液压缸的负载图和速度图

10.2.3　液压缸主要参数的确定

1. 初选液压缸的工作压力

根据图 10-7 中的负载情况查表 10-2，初选液压缸的工作压力为 2 MPa。

2. 计算液压缸的尺寸

$$A = \frac{F}{P} = 6672.55 \times \frac{1}{2 \times 10^6} \text{ m}^2 = 33.36 \times 10^{-4} \text{ m}^2$$

$$D = \sqrt{\frac{4A}{\pi}} = \sqrt{\frac{4 \times 33.36 \times 10^{-4}}{3.14159}} \text{ m} = 6.52 \times 10^{-2} \text{ m}$$

按标准取：$D = 63$ mm。

根据快上和快下的速度比值来确定活塞杆的直径：

$$\frac{D^2}{D^2 - d^2} = \frac{55}{45}$$

$$d = 26.86 \text{ mm}$$

按标准取：　　　　　　　$d = 25$ mm

因此，液压缸的有效作用面积为：

无杆腔面积：　　　　$A_1 = \frac{1}{4}\pi D^2 = \frac{\pi}{4} \times 6.3^2 \text{ cm}^2 = 31.17 \text{ cm}^2$

有杆腔面积：　$A_2 = \frac{1}{4}\pi(D^2 - d^2) = \frac{\pi}{4} \times (6.3^2 - 2.5^2) \text{ cm}^2 = 26.26 \text{ cm}^2$

3. 活塞杆稳定性校核

因为活塞杆总行程为 450 mm，而活塞杆直径为 25 mm，$L/d = 450/25 = 18 > 10$，所以需进行稳定性校核，该液压缸为一端支承一端铰接，由材料力学中的有关公式，取末端系数 $\psi_2 = 2$，活塞杆材料采用普通碳钢。则：材料强度试验值 $f = 4.9 \times 10^8$ Pa，系数 $\alpha = 1/5000$，

柔性系数 $\psi_1 = 85$；$r_K = \sqrt{\dfrac{J}{A}} = \dfrac{d}{4} = 6.25 \text{ mm}$，因为 $\dfrac{l}{r_K} = 72 < \psi_1 \sqrt{\psi_2} = 85\sqrt{2} = 120$，所以有临界载荷 F_K：

$$F_K = \frac{fA}{1 + \dfrac{\alpha}{\psi_2}\left(\dfrac{l}{r_K}\right)^2} = \frac{4.9 \times 10^8 \times \dfrac{\pi}{4} \times 25^2 \times 10^{-6}}{1 + \dfrac{1}{2 \times 5000}\left(\dfrac{450}{6.25}\right)^2} \text{ N} = 197413.15 \text{ N}$$

当取安全系数 $n_K = 4$ 时

$$\frac{F_K}{n_K} = \frac{197413.15}{4} \text{ N} = 49353.29 \text{ N} > 6672.55 \text{ N}$$

所以，满足稳定性条件。

4. 求液压缸的最大流量及功率

工作循环中各工作阶段的液压缸压力、流量和功率如表 10-5 所示。

表 10-5　液压缸各工作阶段的压力、流量和功率

工　　况	压力 p/MPa	流量 q/(L/min)	功率 P/W
快上	1.93	8.42	270.84
慢上	1.93	1.50	48.25
快下	0.0065	8.67	0.94

5. 绘制工况图

由表 10-5 可绘制出液压缸的工况图，如图 10-8 所示。

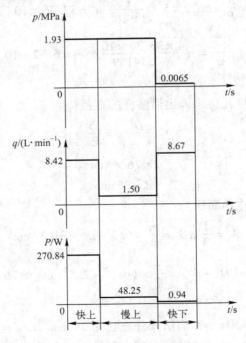

图 10-8　液压缸的工况图

190

10.2.4　液压系统图的拟定

液压系统图的拟定，主要考虑以下几个方面的问题。

1）供油方式　从工况图分析可知，该系统在快上和快下时所需流量较大，且比较接近，在慢上时所需的流量较小，因此宜选用双联式定量叶片泵作为动力源。

2）调速回路　由工况图可知，该系统在慢速时速度需要调节，考虑到系统功率小，滑台运动速度低，工作负载变化小，所以采用调速阀的回油节流调速回路。

3）速度换接回路　由于快上和慢上之间速度需要换接，但对换接的位置要求不高，所以采用由行程开关发信号控制二位二通电磁阀来实现速度的换接。

4）平衡及锁紧　为防止在上端停留时重物下落和在停留期间内保持重物的位置，特在液压缸的下腔（无杆腔）进油路上设置了液控单向阀；另一方面，为了克服滑台自重在快下过程中的影响，设置一单向顺序阀。

本液压系统的换向采用三位四通 Y 型中位机能的电磁换向阀，图 10-9 为拟定的液压系统原理图；图 10-10 为采用叠加式液压阀组成的该液压系统原理图。

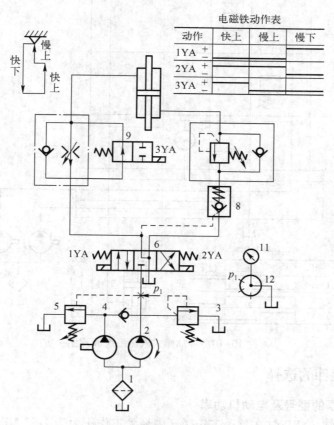

电磁铁动作表

动作	快上	慢上	慢下
1YA			
2YA			
3YA			

图 10-9　液压系统原理图

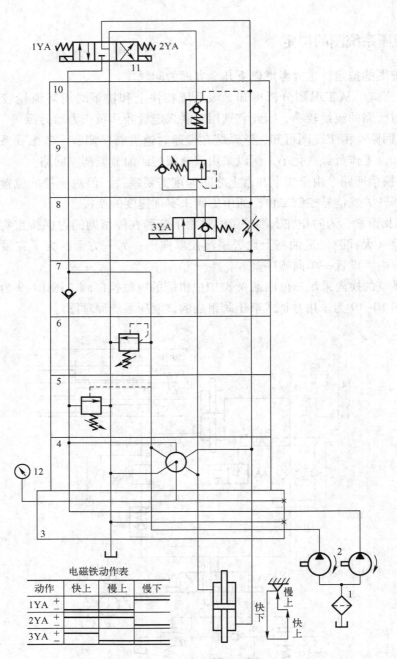

图 10-10 叠加阀式液压系统原理图

10.2.5 液压元件的选择

1. 确定液压泵的型号及电动机功率

由表 10-5 可知，液压缸在整个工作循环中最大工作压力为 1.93 MPa。由于该系统比较简单，所以取其压力损失 $\sum \Delta p = 0.4$ MPa，液压泵的工作压力为：

$$p_p = p_1 + \sum \Delta p = (1.93 + 0.4)\text{MPa} = 2.33\text{ MPa}$$

两个液压泵同时向系统供油时，若回路中的泄漏按 10% 计算，即取 $K = 1.1$，则两个泵的总流量应为：

$$q_p = 1.1 \times 8.67 \text{ L/min} = 9.537 \text{ L/min}$$

由于溢流阀最小稳定流量为 3 L/min，而工进时液压缸所需流量为 1.5 L/min，所以，高压泵的输出流量不得少于 4.5 L/min。

根据以上压力和流量的数值查产品目录，选用 YB1 – 6.3/6.3 型的双联叶片泵，其额定压力为 6.3 MPa，容积效率 $\eta_{pv} = 0.85$，总效率 $\eta_p = 0.75$。

输出流量（当电动机转速为 910 r/min）为：

$$q_p = 2 \times 6.3 \times 910 \times 0.85 \times 10^{-3} \text{ L/min} = 9.75 \text{ L/min}$$

则驱动该泵的电动机的功率为：

$$P'_p = \frac{p_p q_p}{\eta_p} = \frac{2.33 \times 10^6 \times 9.75 \times 10^{-3}}{60 \times 0.75} \text{ W} = 504.83 \text{ W}$$

查电动机产品目录，拟选用电动机的型号为 Y90S – 6，功率为 750 W，额定转速为 910 r/min。

2. 选择阀类元件及辅助元件

根据系统的工作压力和通过各个阀类元件和辅助元件的流量，可选出这些元件的型号及规格如表 10-6 和表 10-7 所示。

表 10-6　液压元件型号及规格（GE 系列）

序　号	名　称	通过流量 $q_{max}/(\text{L} \cdot \text{min}^{-1})$	型号及规格
1	过滤器	11.47	XLX – 06 – 80
2	双联叶片泵	9.75	YB$_1$ – 6.3/6.3
3	单向阀	4.875	AF3 – Ea10B
4	外控顺序阀	4.875	XF3 – 10B
5	溢流阀	3.375	YF3 – 10B
6	三位四通电磁换向阀	9.75	34EF3Y – E10B
7	单向顺序阀	11.57	AXF3 – 10B
8	液控单向阀	11.57	YAF3 – Ea10B
9	二位二通电磁换向阀	8.21	22EF3 – E10B
10	单向调速阀	9.75	AQF3 – E10B
11	压力表		Y – 100T
12	压力表开关		KF3 – E3B
13	电动机		Y90S – 6

表 10-7　液压元件型号及规格（叠加阀系列）

序　号	名　称	通过流量 $q_{max}/(\text{L} \cdot \text{min}^{-1})$	型号及规格
1	过滤器	11.47	XLX – 06 – 80
2	双联叶片泵	9.75	YB$_1$ – 6.3/6.3
3	底板块	9.75	EDKA – 10
4	压力表开关		4K – F10D – 1
5	外控顺序阀	4.875	XY – F10D – P/O（P$_1$）– 1

序　号	名　　称	通过流量 $q_{max}/(\text{L} \cdot \text{min}^{-1})$	型号及规格
6	溢流阀	3.375	$Y_1 - F10D - P_1/O - 1$
7	单向阀	4.875	$A - F10D - P/PP_1$
8	电动单向调速阀	9.75	$QAE - F6/10D - AU$
9	单向顺序阀	11.57	$XA - Fa10D - B$
10	液控单向阀	11.57	$AY - F10D - B（A）$
11	三位四通电磁换向阀	9.75	$34EY - H10BT$
12	压力表		$Y - 100T$
13	电动机		$Y90S - 6$

注：根据江苏省海门液压件厂产品样本选择。

油管：油管内径一般可参照所选元件油口尺寸确定，也可按管路允许流速进行计算，本系统油管选用内径为 8 mm、外径为 10 mm 的无缝钢管。

油箱：油箱容积根据液压泵的流量计算，取其体积 $V = (5 \sim 7)q_p$，即 $V = 70$ L。

10.2.6　液压系统的性能验算

由于本液压系统比较简单，压力损失验算可以忽略。又由于系统采用双泵供油方式，在液压缸工进阶段，大流量泵卸荷，功率使用合理；同时油箱容量可以取较大值，系统发热温升不大，故不必进行系统温升的验算。

项目小结

液压系统的设计从总体上看基本步骤及内容为：
1. 明确设计要求，进行工况分析；
2. 拟定液压系统原理图；
3. 液压元件的计算和选择；
4. 液压系统的性能验算；
5. 绘制工作图和编制技术文件。

综合训练 10

10-1　设计一个液压系统一般应有哪些步骤？要明确哪些要求？

10-2　设计液压系统要进行哪些方面的计算？

10-3　试设计一个有顺序动作要求的一泵双缸液压系统，即夹紧、进给液压系统。

要求：两执行元件均选用单出杆液压缸；夹紧油路需要稳定的低压油；进给缸在任意位置能停车；工作循环为："夹紧→快进→工进→快退→松开→原位停止"。

设计内容为：绘制液压系统原理图；编制电磁铁、压力继电器动作顺序表。

10-4　试设计一个液压系统，要求执行元件为单出杆液压缸，并能在任意位置停车，快进、快退速度相等，采用进油调速方式；其工作循环为："快进→工进→死挡铁停留→快退→原位停止"。

设计内容：

（1）画出执行元件动作循环图；

（2）画出液压系统原理图；

（3）画出电磁铁、压力继电器动作顺序表。

10-5　设计一个卧式单面多轴钻孔组合机床动力滑台的液压系统，动力滑台的工作循环是："快进→工进→快退→停止"。液压系统的主要参数与性能要求如下：轴向切削力为 21 000 N，移动部件总重力为 10 000 N，快进行程为 100 mm，快进与快退速度均为 4.2 m/min，工进行程为 20 mm，工进速度为 0.06 m/min，加速、减速时间为 0.2 s，采用平导轨，静摩擦系数为 0.2，动摩擦系数为 0.1，动力滑台可以随时在中途停止运动，试设计该组台机床的液压传动系统。

10-6　设计一台专用铣床，若工作台、工件和夹具的总重力为 5500 N，轴向切削力为 30 kN，工作台总行程为 400 mm，工作行程为 150 mm，快进、快退速度为 4.5 m/min，工进速度为 60 ~ 1000 mm/min，加速、减速时间均为 0.05 s。工作台采用平导轨，静摩擦系数为 0.2，动摩擦系数为 0.1，试设计该机床的液压传动系统。

项目 11　液压系统的安装、使用和维护

项目描述

任何一个设计合理的液压系统，都需经过正确安装与调试之后，方能投入使用，如果安装调试不正确或使用维护不当，就会出现各种故障，不能长期发挥和保持其良好的工作性能。本项目主要介绍液压系统安装、调试的方法和步骤，使用时的注意事项和维护等方面的知识，并阐述液压系统常见故障产生的原因及排除方法。

任务 11.1　液压系统的安装与调试

液压系统是由各种液压元件和附件组成并按一定顺序布置在设备各部位。液压系统安装是否合理、整齐和安全可靠，对液压系统的工作性能有很大的影响。安装好后还须对其按有关标准进行调试，使液压系统的性能达到设计或现场使用要求。那么安装前要做哪些准备工作，安装的内容和步骤又是哪些？调试又要做怎样的准备？该如何调试、调试哪些内容呢？

为了完成液压系统的正确安装以及调试，本任务首先介绍安装所需的准备工作及安装过程中的主要内容，其次介绍调试所要做的准备工作和调试方法，使学生能掌握正确安装与调试液压系统的基本技能。

11.1.1　安装前的准备工作

首先应熟悉有关技术资料，如液压系统图、系统管道连接图、电气原理图及液压元件使用说明书等。按图样准备好所需要的液压元件、辅件，并应认真检查其质量和规格是否符合图样要求，有缺陷应及时更换。

其次还要准备好合适的通用工具和专用工具。在安装前，对装入主机的液压元件和辅件必须经过严格清洗，去除有害于工作液的防锈剂和一切污物。清洗液压元件应在封闭、单独隔离的装配间中进行。允许用煤油、汽油以及与液压系统同牌号的液压油清洗。清洗后的零件不能用易脱落纤维的棉、麻、化纤织品擦拭，也不能用"皮老虎"鼓风，必要时允许用清洁、干燥的压缩空气吹干零件。对清洗好暂不装配的零件应放入除锈剂中保存。装配时不得漏装、错装，严禁硬装、硬拧，必要时可以使用木槌、铜锤或橡皮锤敲打。已装配好的液压件的进、出油口要用塑料塞堵住，以防脏物侵入。液压元件和管道各油口所有的堵头、塑料塞子、管道等在安装过程中逐步拆除，不要先行卸掉，防止污物从油口进入元件内部。

11.1.2　液压元件和管路安装

安装时一般按先下后上、先内后外、先难后易、先精密后一般的原则顺序进行。

1. 液压元件的安装

液压元件的安装应遵守 GB/T 3766—2001《液压系统通用技术条件》和 GB/Z 19848—2005《液压元件从制造到安装达到和控制清洁度的指南》等有关规定。

（1）液压泵和液压马达的安装

液压泵、液压马达与电动机、工作机构间的同轴度偏差应在 0.1 mm 以内，轴线间倾角不大于 1°。同时泵与马达的旋转方向及进、出油口方向不得接反。

（2）液压缸的安装

液压缸的安装应牢固可靠。安装时，先要检查活塞杆是否弯曲，要保证活塞杆的轴线与运动部件导轨面的平行度要求。

（3）各种阀类元件的安装（以板式阀为例）

方向阀一般应保持轴线水平安装；各油口的位置不能接反和接错，各油口处的密封圈在安装后应有一定的预压缩量以防泄漏；固定螺钉应对角逐次均匀拧紧，最后使元件的安装平面与底板或集成块安装平面全部接触。

（4）其他辅件的安装

辅助元件安装的好坏也会严重影响液压系统的正常工作，不容许有丝毫的疏忽。应严格按设计要求的位置安装，并注意整齐、美观，在符合设计要求的情况下，尽量考虑使用、维护和调整的方便。例如，蓄能器应安装在容易用气瓶充气的地方，过滤器应尽量安装在易于拆卸、检查的位置等。

2. 管路的安装

管路安装一般在所连接的设备及元件安装完毕后进行。全部管路应分为两次安装，安装顺序为：预安装→耐压试验→拆散→酸洗→正式安装→循环冲洗→组成系统。

要先准确下料和弯制进行配管试装。合适后将油管拆下，用温度为 50℃ 左右 10% ~ 20% 的稀盐酸溶液清洗 30 ~ 40 min，取出后再用 40℃ 左右的苏打水中和，最后用温水清洗，干燥，涂油，转入正式安装。要注意，油管布置要平直整齐，长度适宜，管道尽可能短，避免急拐弯，拐弯的位置越少越好。平行及交叉的管道间距应至少在 10 mm 以上；吸油管宜短、宜粗些，回油管尽量远离吸油管并应插入油箱液面之下，可防止回油飞溅而产生气泡并很快被吸进泵内。回油管管口应切成 45° 斜面并朝箱壁以扩大通流面积，改善回油状态以及防止空气反灌进入系统内。

系统安装好后，在试车前还要进行全面整体清洗。可在油箱中加入 60% ~70% 的工作油，并在主回油路上安装临时的过滤器（过滤精度视系统清洁要求而定）。然后将执行元件的进、出油管断开，并用临时管道接通，启动系统连续或间歇工作，靠流动的工作油冲刷内部油道。清洗时间一般为几小时至十几小时，使内部各处的灰尘、铁屑、橡胶末等微粒被冲刷出来，要一直清洗到过滤器上无新增污染物为止。也可以不断开执行元件，在正常连接状态下空载运行，使执行机构连续动作，完成上述清洗工作。清洗后的工作油要尽量排干净，防止混入新液压油中，影响新液压油的使用寿命。

11.1.3 调试前的准备工作

1. 做好技术准备

在调试前，必须熟悉主机液压系统的工作原理与所用液压元件和附件的结构、功能和作用。应仔细阅读设备使用说明书，全面了解被调试设备的用途、技术性能、结构、使用要求、操作使用方法和试车注意事项等。看懂液压系统图，弄清液压系统的工作原理和性能要求；必须明确机械、液压和电气三者的功能和彼此的联系，熟悉液压系统各元件在设备上的实际位置、作用、性能、结构原理及调整方法。还要分析液压系统整个动作循环的步骤，对可能发生的错误有应变措施。在上述考虑的基础上确定调试内容、步骤及调试方法。

2. 调试前的检查

调试前还应做好必要的检查。检查管路连接和电气线路是否正确、牢固、可靠；泵和电动机的转速、转向是否正确；油箱中油液牌号及液面高度是否符合要求；检查各控制手柄是否在关闭或卸荷位置，各行程挡块是否紧固在合适位置；旋松溢流阀手柄，使溢流阀调至最低工作压力，适当拧紧安全阀手柄，流量阀调至规定值。待各处按试车要求调整好后，方可上电进行试车。

11.1.4　液压系统的调试

1. 空载试车

空载试车主要是在空载运转条件下全面检查液压系统各回路、各液压元件及辅助装置的工作是否正常，工作循环或各种动作的自动转换是否符合要求。

1）起动液压泵　先向液压系统输油，然后点动电动机，使泵旋转一两转，观察泵的转向是否正确，运转情况是否正常，有无异常噪声等。一般运转开始要点动三五次，每次点动时间可逐渐延长，直到使液压泵在额定转速下运转。

2）液压缸排气　按压相应的按钮，使液压缸来回运动，若液压缸不动作，可逐渐旋紧溢流阀，使系统压力增加至液压缸能实现全行程往复运动，往返数次将系统中的空气排掉。对低速性能要求比较高的应注意排气操作，因为在缸内混有空气后，会影响其运动平稳性，出现工作台在低速运动时的爬行现象，同时会影响换向精度。

3）控制阀的调整　各压力阀应按其实际所处位置，从溢流阀起依次调整，将溢流阀逐渐调到规定的压力值，使泵在工作状态下运转，检查溢流阀在调节过程中有无异常声响，压力是否稳定，并须检查系统各管道接头、元件结合面处有无漏油。其他压力阀可根据工作需要进行调整。压力调定后，应将压力阀的调整螺杆锁紧。

为使执行元件在空载条件下按设计要求动作，操作相应的控制阀，使执行元件在空载下按预定的顺序动作，应检查它们的动作是否正确，启动、换向、速度及速度变换是否平稳，有无爬行、冲击等现象。

在各项调试完毕后，应在空载条件下运行3h左右，再检查液压系统工作是否正常，一切正常后，方可进入负载试车。

2. 负载试车

负载试车时一般应在低于最大负载和速度的条件下按速度先慢后快，负载先小后大的顺序进行试车，以进一步检查系统的运行质量和存在问题。若试车一切正常，才可逐渐将压力阀和流量阀调到规定值，进行最大负载试车。检查功率、发热、噪声振动、高速冲击、低速爬行等方面的情况；检查各部分的漏油情况，若系统工作正常，便可正式投入使用。

任务 11.2　液压系统的使用与维护

　　液压系统能否处于良好的工作状态，在很大程度上取决于正确的使用方法和及时进行日常检查和维护。那么在使用过程中应注意些什么呢？应如何维护？

　　为了避免不合理的使用和未及时进行维护所引起的液压系统故障，本任务首先介绍使用过程中应注意的内容，然后介绍液压系统的维护方法，使学生能掌握正确使用与维护液压系统的基本技能。

11.2.1　使用时应注意的事项

　　1）使用前必须熟悉液压设备的操作要领，对各液压元件所控制的相应执行元件以及调节旋钮的转动方向与压力、流量大小变化的关系等要熟悉，防止调节错误造成事故。

　　2）要注意温度变化。低温下，油温应达到 20℃以上才允许正常工作；油温高于 60℃时应注意系统工作情况，异常升温时，应停车检查。

　　3）停机 4 h 以上的设备应先使液压泵空载运行 5 min，然后再启动执行机构工作。

　　4）经常保持液压油清洁。加油时要过滤，液压油要定期检查和更换。过滤器的滤芯应定期清洗或更换。

　　5）各种液压元件未经主管部门同意不要私自拆换或调节。液压系统出现故障时，不准乱动，应通过有关部门分析原因并排除故障。

11.2.2　液压系统的维护

　　液压系统的维护主要分为日常维护、定期维护和综合维护三种方式。

　　1）日常维护　日常维护是指液压设备的操作人员每天在设备使用前、使用中及使用后对设备的例行检查。主要检查油箱内的油量、油温、油质、噪声振动、漏油及调节压力等情况。常用的方法有目视、耳听及手触等。一旦出现异常现象应检查原因并及时排除，避免一些重大事故的发生。日常维护是减少故障的最主要方式。

　　2）定期维护　定期维护的内容包括：按日常检查的内容详细检查，对各种液压元件的检查，对过滤器的拆开清洗，对液压系统的性能检查以及对规定必须定期维修的部件加以保养。定期检查一般为 3 个月一次或半年一次，并及时做好记录，作为设备出现故障时查找原因的依据。

　　3）综合维护　综合维护大约 1~2 年进行一次，检查的内容和范围力求广泛，尽量作彻底的全面检查，应对所有液压元件进行解体，根据解体后发现的情况和问题，进行修理或更换，并做好记录，作为设备大修的依据。

任务 11.3　液压系统的故障分析及排除

　　液压系统在长时间使用后，可能会出现各种各样的故障，其产生的原因也是多种多样的。有的是由系统中某一元件或多个元件综合作用引起的，有的是由液压油污染、变质等其他原因引起的。即使是同一故障，其产生的原因也可能不同，特别是液压与机械、电气等相结合的设备。一旦发生故障，必须对引起故障的因素逐一分析，注意其内在联系，找出主要矛盾，方能解决问题，决不能毫无根据地乱拆，更不能将系统中的元件全部拆卸下来检查。当液压系统出现故障时，因不能直接从外部观察到，测量方面又不如电气系统方便，所以查找故障原因需花费时间，故障的排除也比较困难。对设备可能出现的故障要进行早期诊断，采取必要的措施以消除各种隐患。那么液压系统常见的故障有哪些？产生的原因又是什么？该如何排除呢？

为了能及时了解故障产生的原因并准确找到有效的解决办法，本任务首先介绍常见故障的现象，进一步分析可能产生的原因，然后给出一些排除故障的方法，供学生参考，使学生初步具备排除常见液压系统故障的基本技能。

11.3.1 液压系统故障诊断的一般步骤和方法

液压系统某回路的某项液压功能出现失灵、失效、失控、失调或功能不完全的情况统称为液压故障。如液压机构不能动作、力输出不稳定、运动速度不符合要求、运动不稳定、运动方向不正确、产生爬行或液压冲击等，这些故障一般都可以从液压系统的压力、流量、液流方向去查找原因，并采取相应对策予以排除。诊断液压系统故障的一般步骤如下。

1）认真查阅使用说明书及与设备使用有关的档案资料，结合液压传动的基本知识及处理液压故障的初步经验，全面了解故障状态。

2）进行现场观察，仔细观察故障现象及各参数状态的变化，并与操作者提供的情况相联系、比较、分析。分析判断时，一定要综合机械、电气、液压多方面的联系，首先应注意外界因素（如设备在运输或安装中引起的损坏、使用环境恶劣、电压异常或调试、操作与维护不当等）对系统的影响，在排除不是外界原因引起故障的情况后，再集中查找系统内部原因（如设计参数不合适、系统结构设计不合理、选用元件质量不符合要求、系统安装没有到达规定标准、零件加工质量不合格及有关零件的正常磨损等）。

3）列出可能的故障原因表，对照本故障现象查阅设备技术档案是否有相似的历史记载（利于准确判断），将所获得的资料进行综合、比较、归纳、分析，从而确定故障的准确部位或元件。

4）结合实际，本着先外后内、先调后拆、先洗后修、先易后难的原则，制定修理工作的具体措施。

5）排除故障并认真地进行定性、定量总结分析，从而提高处理故障的能力，找出防止故障发生的改进措施，总结经验，记载归档。

液压系统故障的诊断方法一般有感官检测法、对比替换法、专用仪器检测法、逻辑分析法和状态检测法等。

1）感官检测法。

感官检测法是一种最为简单且方便易行的简易诊断方法，它根据"四觉诊断法"分析故障产生的部位和原因，从而决定排除故障的措施。它既可在液压系统工作状态下进行，又可在其不工作状态下进行。

"四觉诊断法"即指检修人员运用触觉、视觉、听觉和嗅觉来分析判断液压系统的故障。

① 触觉，用手触摸允许摸的部件。根据触觉来判断油温的高低和振动的位置，若接触2秒感觉烫手，就应检查温升过高的原因，有高频振动就应检查产生的原因。

② 视觉，用眼看。观察执行部件运动是否平稳，系统中各压力监测点的压力值大小与变化情况，系统中是否存在泄漏和油位是否在规定范围内、油液黏度是否合适及油液变色的现象。

③ 听觉，用耳听。根据液压泵和液压马达的异常响声、液压缸及换向阀换向时的冲击声、溢流阀及顺序阀等压力阀的尖叫声和油管的振动声等来判断噪声和振动的大小。

④ 嗅觉，用鼻嗅。通过嗅觉判断油液变质、橡胶件因过热发出的特殊气味和液压泵发热烧结等故障。

应该指出，由于每个人的感觉、判断能力和实践经验的差异，判断结果肯定有差异，但是故障原因是特定的，只要经过反复实践，故障最终会被确定并予以排除的。

2）对比替换法。

常用于在缺乏测试仪器的场合检查液压系统故障。

3）专用仪器检测法。

有些重要的液压设备必须进行定量专项检测，即精密诊断，检测故障发生的根源性参数，为故障的判断提供可靠依据。

4）逻辑分析法。

对于较复杂的液压系统故障，一般采用综合诊断，即根据故障产生的现象，采取逻辑分析与推理的方法，减少怀疑对象，逐渐逼近，提高故障诊断的效率及准确性。

5）状态检测法。

很多液压设备本身配有重要参数的检测仪表，或系统中预留了测量接口，不用拆下元件就能观察或从接口检测出元件的性能参数，为初步诊断提供定量依据。

11.3.2　油液污染造成的故障分析及排除方法

液压设备出现的故障很大程度上与油液的污染有关，据统计液压系统发生的故障约85%是由于油液污染所造成的。防止油液受到污染，是避免设备出现某些故障的重要措施。

1）油液中侵入空气　油液中如果侵入空气，在油箱中就会产生气泡。而气泡是导致系统压力波动、产生噪声和振动，运动部件产生爬行、换向冲击等故障的重要原因之一。当气泡迅速受到压缩时，会产生局部高温，使油液蒸发、氧化，致使油液变质，油液受到污染。空气的侵入主要是因为管接头和液压元件的密封不良及油液质量较差等因素造成的。所以要经常检查管接头及液压元件连接处的密封情况并及时更换不良密封件。

2）油液中混入水分　油液中混入一定量的水分后，油液会变成乳白色，同时这些水分会使液压元件生锈、磨损以致出现故障。

导致混入水分的原因主要有：水分从油箱盖上进入油箱内；水冷却器或热交换器的渗漏及温度高的空气侵入油箱等。

防止油液混入水分的主要方法是，严防水分从油箱盖进入油箱，及时更换破损的水冷却器、热交换器等。若水分太多，应采取有效措施将水分去除或更换新油。

3）油液中混入各种杂质　若油液中混入杂质，能引起泵、阀等元件中活动件的卡死及小孔、缝隙的堵塞，导致故障的发生。油液中混入杂质还会加快元件的磨损，引起内泄漏的增加，磨损严重时，使阀控制失效，造成液压设备不能工作，降低液压元件的寿命。

为了延长液压元件的使用寿命，保证液压系统可靠工作，防止油液污染是必要的手段。液压系统组装前后要严格清洗，油箱通大气处要加空气过滤器，维修拆卸元件时最好在无尘区进行。要定时清洗系统中的过滤器，控制油液的温度在 60℃ 以下，并定期检查和更换液压油。

11.3.3 液压系统常见故障的分析及排除方法

液压系统常见故障产生的原因及排除方法如表 11-1 所示。

表 11-1 液压系统常见故障产生的原因及排除方法

故障现象	产生原因	排除方法
系统无压力或压力不足	1. 溢流阀开启，由于阀芯被卡住，不能关闭，阻尼孔堵塞，阀芯与阀座配合不好或弹簧失效 2. 其他控制阀阀芯由于故障卡住，引起卸荷 3. 液压元件磨损严重，或密封件损坏，造成内、外泄漏 4. 液位过低，吸油管堵塞或油温过高 5. 泵转向错误，转速过低或动力不足	1. 修研阀芯与壳体，清洗阻尼孔，更换弹簧 2. 找出故障部位，清洗或修研，使阀芯在阀体内运动灵活 3. 检查泵、阀及管路各连接处的密封性，修理或更换零件和密封 4. 添加油液，清洗吸油管或冷却系统 5. 检查动力源
流量不足	1. 油箱液位过低，油液黏度大，过滤器堵塞引起吸油阻力过大 2. 液压泵转向错误，转速过低或空转，磨损严重，性能下降 3. 回油管在液位以上，空气进入 4. 蓄能器漏气，压力及流量供应不足 5. 其他液压元件及密封件损坏引起泄漏 6. 控制阀动作不灵活	1. 检查液位，补油，更换黏度适宜的液压油，保证吸油管直径 2. 检查电动机、液压泵及液压泵变量机构，必要时换泵 3. 检查管路连接及密封是否正确可靠 4. 检查蓄能器性能与压力 5. 修理或更换相应的液压元件 6. 修理或更换控制阀
泄漏	1. 管接头松动，密封件损坏 2. 板式连接或法兰连接接合面螺钉预紧力不够或密封件损坏 3. 系统压力长时间大于液压元件或辅件的额定工作压力 4. 油箱内安装的水冷式冷却器泄漏	1. 拧紧接头，更换密封件 2. 预紧力应大于液压力，更换密封件 3. 元件壳体内压力不应大于油封许用压力，更换密封件 4. 拆修水冷式冷却器
过热	1. 冷却器冷却能力小或出现故障 2. 液位过低或黏度不适合 3. 油箱容量小或散热性差 4. 压力调整不当，长期在高压下工作 5. 油管过细过长，弯曲太多造成压力损失增大，引起发热 6. 系统中由于泄漏、机械摩擦造成压力损失过大 7. 环境温度高	1. 排除故障或更换冷却器 2. 补油或更换黏度合适的油液 3. 增大油箱容量，增设冷却装置 4. 调整溢流阀压力至规定值，必要时改进回路 5. 改变油管规格及油路 6. 检查泄漏，改善密封，提高运动部件加工精度、装配精度及润滑条件 7. 尽量减少环境温度对系统的影响

故障现象	产生原因	排除方法
振动	1. 液压泵：吸入空气，安装位置过高，吸油阻力大，齿轮齿形精度不够，叶片卡死断裂，柱塞卡死移动不灵活，零件磨损使间隙过大 2. 液压油：油箱液位太低，吸油管插入液面深度不够，油液黏度太大，过滤器堵塞 3. 溢流阀：阻尼孔堵塞，阀芯与阀座配合间隙过大，弹簧失效 4. 其他阀芯移动不灵活 5. 管道：管道细长，没有固定装置，互相碰击，吸油管与回油管太近 6. 电磁铁：电磁铁焊接不良，弹簧过硬或损坏，阀芯在阀体内卡住 7. 机械：液压泵与电动机联轴器不同轴或松动，运动部件停止时有冲击，换向缺少阻尼，电动机振动	1. 更换进油口密封，吸油管口至泵吸油口高度要小于规定值，保证吸油管直径，修复或更换损坏的零件 2. 补油，吸油管加长浸到规定深度，更换合适黏度液压油，清洗过滤器 3. 清洗阻尼孔，修配阀芯与阀座间隙，更换弹簧 4. 清洗，去飞边 5. 增设固定装置，扩大管道间距离及吸油管和回油管间距离 6. 重新焊接，更换弹簧，清洗及研配阀芯和阀体 7. 保持泵与电动机轴同轴度不大于 0.1 mm，采用弹性联轴器，紧固螺钉，设阻尼或缓冲装置，电动机作平衡处理
冲击	1. 蓄能器充气压力不够 2. 工作压力过高 3. 先导阀、换向阀制动不灵活及节流缓冲慢 4. 液压缸端部没有缓冲装置 5. 溢流阀故障使压力突然升高 6. 系统中有大量空气	1. 给蓄能器充气 2. 调整压力至规定值 3. 减少制动锥斜角或增加制动锥长度，修复节流缓冲装置 4. 增设缓冲装置或背压阀 5. 修理或更换溢流阀 6. 排出空气

各液压元件可能产生的故障及其检修方法不再单独列出，必要时可参考"机修手册"等有关资料。

项目小结

1. 液压系统的安装包括液压元件的安装和管道的安装。液压系统安装前应熟悉有关技术资料，同时还要准备好合适的通用工具和专用工具。对装入主机的液压元件和辅件必须经过严格清洗，去除有害于工作油液的防锈剂和一切污物。

2. 液压系统的调试包括空载试车和负载试车。空载试车主要是全面检查液压系统各回路、各液压元件及辅助装置的工作是否正常，工作循环或各种动作的自动转换是否符合要求。空载试车正常后方可进入负载试车。

3. 液压系统的维护包括日常维护、定期维护和综合维护。

4. 在液压设备使用过程中可能出现多种故障。一旦发生故障应首先从故障现象入手分析故障原因，最后确定排除故障的方法。

综合训练 11

11-1 安装液压系统时，应注意什么问题？

11-2 调试液压系统的一般步骤和方法是什么？

11-3 如何正确使用和维护液压系统？

11-4 如何防止液压油的污染？

项目 12　气压传动元件认知

项目描述

一个气动系统往往包括气压传动系统和气动控制系统两部分组成。它们都是由最基本的气动元件按照一定的规律所构成。气动元件按照其在系统中所起的作用不同分为气源装置或气源设备、气动执行元件、气动控制元件、传感元件、转换元件以及气动辅件等。

任务 12.1　气源装置的应用

产生、处理和储存压缩空气的设备称为气源设备，由气源设备组成的系统称为气源装置，它是气动系统动力的提供者。那么气源装置的组成有哪些？其各组成部分的种类、结构、工作原理以及功能如何？本任务结合图 12-1 所示的系统对气源装置进行剖析。

气源装置的组成依气动系统的复杂程度不同，其配置也需要作相应的调整，但其在气动系统中的作用基本不变。本任务首先介绍气源装置的组成和各组成部分的结构，使学生理解其工作原理。通过本任务的学习，学生应能够正确选用、使用和维护气源装置。

气源装置的作用是为气动设备提供符合需要的压缩空气。典型的气源装置如图 12-1 所示。

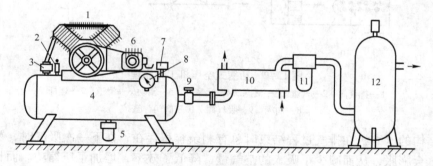

图 12-1　气源装置的组成

1—空气压缩机　2—安全阀　3—单向阀　4—小气罐　5—自动排水器　6—电动机
7—压力开关　8—压力表　9—截止阀　10—后冷却器　11—油水分离器　12—气罐

图 12-1 中空气压缩机 1 一般由电动机 6 驱动，产生的压缩空气经单向阀 3 进入小气罐 4，进气口装有简易空气过滤器，过滤掉空气中的一些灰尘等杂质。小气罐内的压缩空气经冷却后，会有部分水和油凝结出来，由自动排水器 5 排出。当小气罐内压力低于压力开关 7 的设定值下限时，开关闭合，控制电动机 6 驱动压缩机工作，向小气罐内送入压缩空气；当小气罐内压力升高到超过压力开关 7 的设定值上限时，开关断开，电动机停止工作。如果由于其他原因使小气罐 4 内空气压力上升到超过安全阀 2 的设定值时，安全阀 2 开启把超过安全阀设定值的压缩空气排入大气，以确保罐内压力在安全压力范围内，小气罐内压缩空气的

压力由压力表 8 显示。小气罐内的压缩空气经截止阀 9 进入后冷却器 10 冷却，冷却后的压缩空气通过油水分离器 11 分离冷却凝结出的油和水液滴后，进入气罐 12 即可供一般要求的气压传动系统使用。

12.1.1　空气压缩机

空气压缩机（简称空压机）是气动系统的动力源，它是把电动机等输出的机械能转换成压缩空气压力能的能量转换装置。

1. 空气压缩机的工作原理

按空压机结构的不同可分为活塞式空压机、滑片式空压机和螺杆式空压机三类。气压传动系统中最常用的空压机为活塞式空压机，单级活塞式空压机的工作原理如图 12-2 所示。当活塞向右移动时，气缸内活塞左腔的压力低于大气压力，在压力差的作用下外界空气推开吸气阀，进入气缸内，这个过程称为"吸气过程"。当活塞向左移动时，吸气阀在气体压力的作用下关闭，缸内气体被压缩，压力升高，这个过程称为"压缩过程"。当缸内压力高于输出管道内压力后，排气阀被打开，压缩空气输送至管道内，这个过程称为"排气过程"。活塞的往复运动是由电动机带动曲柄转动，通过连杆带动滑块在滑道内移动，这样活塞杆便带动活塞作直线往复运动。曲柄旋转一周，活塞往复移动一次，即完成一个"吸气→压缩→排气"工作循环。

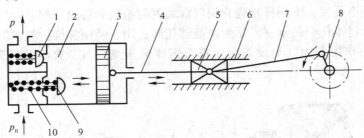

图 12-2　活塞式空压机工作原理

1—排气阀　2—气缸　3—活塞　4—活塞杆　5—滑块 6—滑道　7—连杆
8—曲柄　9—吸气阀　10—阀门弹簧

这种结构的压缩机在排气过程结束时总有剩余容积存在，在下一次吸气时，剩余容积内的压缩空气会膨胀，从而减少了吸入的空气量，降低了效率，增加了压缩功。而且当压缩比增大时，温度急剧升高。所以当输出压力较高时，应采用分级压缩。分级压缩可降低排气温度，节省压缩功，提高容积效率，增加压缩气体的排气量。如图 12-3 所示为两级活塞式压缩机，它通过两级气缸将吸入的空气压缩到最终的压力。如果最终压力为 0.7 MPa，第一级气缸通常将吸入的自由空气压缩到 0.3 MPa，然后被冷却，再输送到第二级气缸中压缩到 0.7 MPa，最后输出的温度大约在 120℃。由于压缩空气通过中间冷却器后温度大大降低，再进入第二级气缸，因

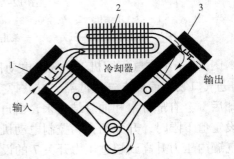

图 12-3　两级活塞式压缩机

1—第一级气缸　2—中间冷却器　3—第二级气缸

此相对于单级压缩机提高了效率。大多数空压机是多缸多活塞的组合。

2. 空气压缩机的选用

空压机按输出压力的大小可分为：低压型（0.2～1.0 MPa）、中压型（1.0～10 MPa）和高压型（10～100 MPa）；按输出流量（排量）可分为：微型（<1 m³/min）、小型（1～10 m³/min）、中型（10～100 m³/min）和大型（>100 m³/min）。

多数气动系统装置是断续工作的，负载波动较大，因此选用空压机的依据主要是系统所需的工作压力和流量两个参数。首先按空压机的特性要求，选择空压机类型，再根据气动系统所需的工作压力和流量两个参数，确定空压机的输出压力和吸入流量，最终选取空压机的型号。选用计算公式如下：

空压机的输出压力：
$$p = p_{max} + \sum \Delta p \tag{12-1}$$

空压机的吸入流量：
$$q_c = K q_b \tag{12-2}$$

不设气罐时，空压机向系统提供的流量：$q_b = q_{max}$

设气罐时，空压机向系统提供的流量：$q_b = q_{sa}$

空压机的功率为（单位 kW）：

$$P = \frac{(n+1)k}{k-1} \times \frac{p_1 q_c}{0.06} \left[\left(\frac{p_c}{p_1} \right)^{\frac{k-1}{(n+1)k}} - 1 \right] \quad \text{kW} \tag{12-3}$$

式中　p——空压机的输出压力，MPa；

p_{max}——气动执行元件的最高使用压力，MPa；

$\sum \Delta p$——气动系统的总压力损失，一般情况下，令 $\sum \Delta p = (0.15～0.2)$ MPa；

q_c——空压机的吸入流量，m³/min；

q_b——向气动系统提供的流量，m³/min；

K——修正系数，主要考虑气动元件、管接头等各处的漏损、多台气动设备不一定同时使用的利用率以及增添新的气动设备的可能性等因素。一般可令 $K = 1.3～1.5$；

q_{max}——气动系统的最大耗气量，m³/min；

q_{sa}——气动系统的平均耗气量，m³/min；

n——中间冷却器个数。

k——等熵指数，$k = 1.4$；

p_c——输出空气的绝对压力，MPa；

p_1——吸入空气的绝对压力，MPa。

一般气压传动系统的工作压力为 0.5～0.6 MPa，选用额定输出压力为 0.7～0.8 MPa 的低压空气压缩机。特殊需要时可选用中压、高压或超高压的空气压缩机，空压机标牌上的排气量是标准大气压下的排气量。

12.1.2　气动辅助元件

1. 后冷却器

空压机输出的压缩空气温度可达 140℃～170℃，在此温度下，空气中的水份、油份完全呈气态，成为易燃易爆的气源，且它们的腐蚀作用很强，会损坏气动装置而影响系统正常工作。后冷却器的作用就是将空压机出口的高温空气冷却至 40℃ ~ 50℃，将大量水蒸气和油雾冷凝成液态水滴和油滴，以便将它们清除掉。

后冷却器按冷却介质不同可分为风冷式和水冷式。通常风冷式后冷却器适用于入口空气温度低于100℃的场合，冷却后出口压缩空气的温度比室温约高15℃；图 12-4 为水冷式后冷却器的结构示意图，热的压缩空气由管内流过，冷却水在管外的水套中流动进行冷却，为了提高降温效果，在安装使用时要特别注意冷却水与压缩空气的流动方向（图中箭头所示方向）。水冷式后冷却器适用于进口压缩空气的最高温度为 180℃ ~ 200℃ 的场合，冷却后出口压缩空气的温度比冷却水温度最多高出约10℃。后冷却器最低处需设置自动或手动排水器，以排除冷凝水和油滴等杂质。

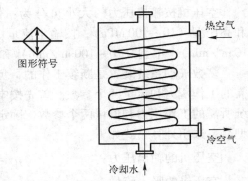

图 12-4　水冷式后冷却器结构示意图及图形符号

2. 气罐

气罐的作用是消除活塞式空压机排出气流的压力脉动，保证输出气流的连续性和平稳性；储存一定量的压缩空气，以解决空压机的输出量和气动设备的耗气量之间的不平衡，尽可能减少压缩机经常发生的"满载"与"空载"现象；可以进一步冷却压缩空气的温度，分离压缩空气中所含的油分和水分；当空压机发生故障意外停机、出现突然停电等情况时，气罐中储存的压缩空气可作为应急能源使用。

气罐与冷却器、油水分离器等，都属于受压容器，在每台气罐上必须配套以下装置：

① 气罐上应安装安全阀，一般其调整压力比正常工作压力高约 10%；

② 气罐空气进出口应装有闸阀；

③ 气罐上应有指示罐内空气压力的压力表；

④ 气罐结构上应有检查用手孔；

⑤ 气罐底端应有排放油、水的接管和阀门。

气罐一般采用圆筒状焊接结构，如图 12-5 所示，有立式和卧式两种安装方式。气罐应布置在室外、人流较少和阴凉处。

选择气罐容积时，可参考下列经验公式：

$q < 0.1 \, \text{m}^3/\text{s}$ 时：　　　　　$V_c = 0.2q$

$q = 0.1 \sim 0.5 \, \text{m}^3/\text{s}$ 时：　　$V_c = 0.15q$

$q > 0.5 \, \text{m}^3/\text{s}$ 时：　　　　$V_c = 0.1q$

式中　q——压缩机的额定排气量（m^3/s）；

　　　　V_c——气罐容积（m^3）。

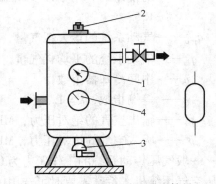

图 12-5　气罐外形及图形符号
1—压力表　2—安全阀　3—排水阀　4—检查孔

3. 过滤器

过滤器的作用是滤除压缩空气中的杂质，达到系统所要求的净化程度。常用的有一次过滤器、二次过滤器和高效过滤器。

1）一次过滤器（也称为简易空气过滤器）由壳体和滤芯所组成，按滤芯所采用的材料不同可分为纸质、织物（麻布、绒布、毛毡）、陶瓷、泡沫塑料和金属（金属网、金属屑）等过滤器。空气中所含的杂质和灰尘，若进入系统中，将加剧相对滑动件的磨损，加速润滑油的老化，降低密封性能，使排气温度升高，功率损耗增加，从而使压缩空气的质量大为降低。所以在空气进入空压机之前，必须经过简易空气过滤器，以滤去其中所含的一部分灰尘和杂质。空气压缩机中普遍采用纸质过滤器和金属过滤器。

2）二次过滤器。在空气压缩机的输出端使用的为二次过滤器。图12-6a所示为二次过滤器的结构图。其工作原理是：压缩空气从输入口进入后，被引入旋风叶片1，旋风叶片上有许多成一定角度的缺口，迫使空气沿切线方向产生强烈旋转。这样夹杂在空气中的较大水滴、油滴和灰尘等便获得较大的离心力，从空气中分离出来沉到存水杯底部。然后，气体通过中间的滤芯2，部分杂质、灰尘又被滤掉，洁净的空气便从输出口输出。为防止气体旋转的旋涡将存水杯3中积存的污水卷起，在滤芯下部设有挡水板4。为保证二次过滤器正常工作，必须及时将存水杯中的污水通过排水阀5排放。在某些人工排水不方便的场合，可选择自动排水式空气过滤器。存水杯由透明材料制成，便于观察其工作情况、污水高度和滤芯污染程度。图12-6为带手动排水阀的过滤器图形符号。

3）高效过滤器的过滤效率更高，适用于要求较高的气动装置和射流元件等场合使用。

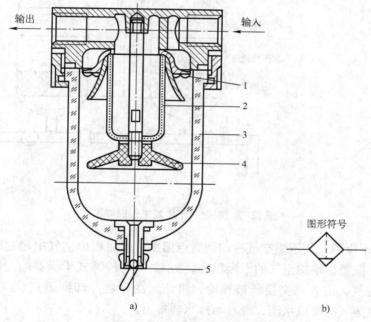

图 12-6　过滤器结构图及图形符号

1—旋风叶片　2—滤芯　3—存水杯　4—挡水板　5—手动排水阀

4. 干燥器

压缩空气经后冷却器、油水分离器、气罐、主管路过滤器得到初步净化后，仍含有一定的水蒸气。其含量的多少取决于空气的温度、压力和相对湿度的大小。对于某些要求提供更高质量压缩空气的气动系统来说，还必须在气源系统中设置压缩空气的干燥装置。在工业上，压缩空气常用的干燥方法有：吸附法、冷冻法和膜析出法。

1）吸附式干燥器　利用具有吸附性的吸附剂（如硅胶、铝胶和分子胶）来吸附压缩空气中的水分，达到使压缩空气干燥的目的。图 12-7 所示的吸附式干燥器，其吸附剂对水分具有高压吸附低压脱附的特性。干燥器有两个充填了吸附剂的相同的吸附筒Ⅰ、Ⅱ。除去油雾的压缩空气通过下面的二位五通阀，从吸附筒Ⅰ的下部流入，通过吸附层流到上部，空气中的水分在加压条件下被吸附层吸收，干燥的空气大部分通过上部的单向阀从输出口输出，供气动系统使用；约占 10% ~ 15% 的干燥空气，经固定节流孔从吸附筒Ⅱ的顶部进入，因吸附筒Ⅱ通过二位五通阀与大气相通，故这部分干燥的压缩空气迅速减压，流过Ⅱ中原来吸收水分以达饱和状态的吸附剂层，吸附剂中的水分在低压下脱附，脱附出来的水分随空气排至大气，达到了不用加热源而使吸附剂再生的目的。由定时器周期性切换二位五通电磁阀（每 5 ~ 10 min 切换一次），吸附筒Ⅰ、Ⅱ得以交换工作，使吸附剂轮流吸附和再生，保证连续输出干燥的压缩空气。

在干燥压缩空气的出口处，装有湿度显示器，可以定性地显示压缩空气的露点温度。

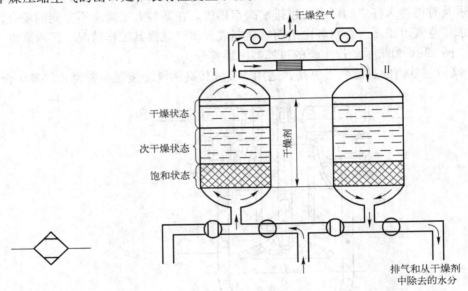

图 12-7　吸附式干燥器工作原理图

2）冷冻式干燥器　使压缩空气冷却到露点温度，然后析出空气中超过饱和气压部分的水分，降低其含湿量，增加空气的干燥程度。图 12-8 为冷冻式干燥器的工作原理图。图中潮湿的热压缩空气，进入热交换器被预冷，再流入冷凝器冷却到露点温度（2℃ ~ 10℃），在此过程中，水蒸气冷凝成水滴，经自动排水器排出。

5. 消声器

气压传动系统一般不设排气管道，用后的压缩空气直接排入大气，较高的压差使气体体积急剧膨胀，产生涡流，引起气体的振动，发出强烈的声响，一般可达 100 ~ 120 dB，这会危害环境和人身健康。消声器是一种允许气流通过而能使声能衰减的装置，能够降低气流通道上的空气动力性噪声。消声器的种类很多，但根据消声原理不同，有阻性消声器、抗性消声器和阻抗消声器。

1）阻性消声器　利用在气流通道内表面上的多孔吸声材料来吸收声能。其结构简单，能在较宽的频率范围内消声，特别是对刺耳的高频声波有突出的消声作用，但对低频噪声的

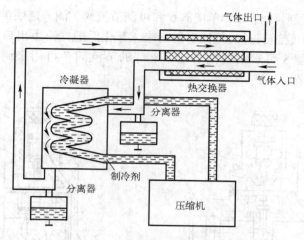

图 12-8　冷冻式干燥器的工作原理

消声效果较差。

2）抗性消声器　利用管道的声学特性，在管道的突变界面或旁通共振腔，使声波不能沿管道传播透过，从而达到消声目的。它能较好地消除低频噪声，可在高温、高速脉冲气流下工作，适用于汽车、拖拉机等排气管道的消声。抗性消声器有扩张室消声器、共振消声器和干涉消声器等几种。

3）阻抗复合式消声器　由阻性消声器和抗性消声器组合而成。常用的有扩散室－阻抗复合消声器，共振腔－阻性复合消声器和扩散室－共振腔－阻性复合消声器等。

4）微穿孔板消声器　用金属板制成，本身为一种阻抗复合消声器，能在宽阔的频率范围内具有良好的消声效果。金属板上的小孔孔径小于 1 mm，穿孔率为 1% ~ 3%。微穿孔板具有阻抗小、耐高温、不怕油雾和水蒸气的特点。

5）多孔扩散消声器　常安装在气动方向控制阀的排气口上，用于消除高速喷气射流噪声，在多个气阀排气消声时，也可用集中排气消声的方法。如图 12-9 所示为多孔扩散消声器的结构示意图，消声材料用铜颗粒烧结而成，也有用塑料颗粒烧结的。消声器的有效流出面积大于排气管道的有效面积，这种消声器在气动系统中应用较多。

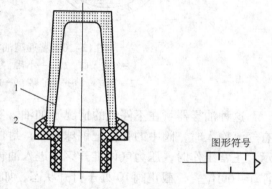

图 12-9　多孔扩散式消声器及图形符号
1—消声罩　2—连接螺钉

6. 油雾器

油雾器是一种特殊的注油装置。其作用是使润滑油雾化后，随压缩空气一起进入到需要润滑的气动部件，以达到润滑的目的。这种注油方法具有润滑均匀、稳定，耗油量少和不需要大的储油设备等优点。

图 12-10 所示为油雾器的结构原理图。压缩空气从气流入口 1 进入，大部分气体从主气道流出，一小部分气体由小孔 2 通过截止阀 10 进入储油杯 5 的上腔 A，使杯中油面受压，

211

迫使储油杯中的油液经吸油管 11、单向阀 6 和可调节流阀 7 滴入透明的视油器 8 内，而后再滴入喷嘴小孔 3，被主管道通过的气流引射出来，雾化后随气流由出口 4 输出，送入到气动系统中。透明的视油器 8 可观察滴油情况，上部的节流阀 7 可用来调节滴油量，可在 0 ~ 200 滴/min 范围内调节。

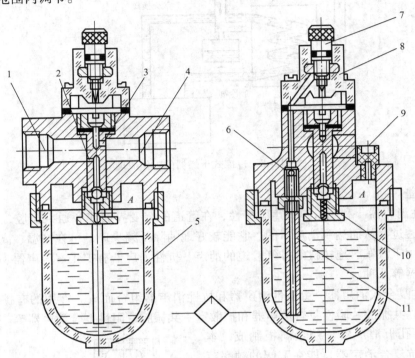

图 12-10　普通型油雾器的结构及图形符号
1—气流入口　2、3—小孔　4—出口　5—储油杯　6—单向阀
7—节流阀　8—视油器　9—旋塞　10—截止阀　11—吸油管

这种油雾器可在不停气的情况下加油，实现不停气加油的关键部件是截止阀 10。当没有气流输入时，阀中的弹簧把钢球顶起，封住加压通道，阀处于截止状态，如图 12-11a 所示；正常工作时，压力气体推开钢球进入油杯，油杯内气体的压力加上弹簧的弹力使钢球悬浮于中间位置，截止阀 10 处于打开状态，如图 12-11b 所示；当进行不停气加油时，拧松加

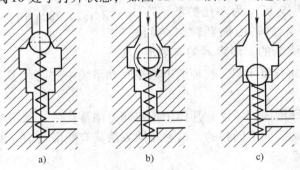

a)　　　　　　　b)　　　　　　　c)

图 12-11　截止阀（特殊单向阀）
a）不工作时　b）工作时（进气）　c）不停气加油时

油孔的旋塞9，储油杯中的气压立刻降至大气压，输入的气体压力把钢球压至下端位置，使截止阀10处于反向关闭状态，如图12-11c所示，这样便封住了油杯的进气道，不致于使油杯中的油液因高压气体流入而从加油孔中喷出。此处，由于单向阀6的作用，压缩空气也不能从吸油管倒流入油杯。所以可在不停气情况下，从油塞口往杯中注油，当注油完毕拧紧旋塞后，由于截止阀有少许的漏气，因此A腔内压力逐渐上升，直至把钢球推至中间位置，油雾器重新正常工作。

安装油雾器时要注意进、出口不能接错，必须垂直设置；保持油面在正常高度范围内。供油量根据使用条件不同而不同，一般以 10 m³ 自由空气（标准状态下）供给 1 mL 的油量为准。

任务 12.2　气动执行元件的应用

在气动系统中，将压缩空气的压力能转化为机械能的一种能量转换装置，称为气动执行元件，主要有气缸和气动马达。它能驱动机构实现直线往复、摆动、旋转或夹持。本任务介绍执行元件的种类、结构和工作原理等知识，使学生掌握正确选用气动元件的基本技能。

12.2.1　气动执行元件的特点

1）与液压执行元件相比，气动执行元件的运动速度快，工作压力低，适用于低输出力的场合；正常工作环境温度范围宽，一般可在-35℃ ~ +80℃（有的甚至可达+200℃）的环境下正常工作。

2）相对机械传动来说，气动执行元件的结构简单，制造成本低，维修方便，便于调节输出力和速度的大小。另外，其安装方式、运动方向和执行元件的数量可根据机械装置的要求由设计者自由地选择。特别是随着制造技术的发展，气动执行元件已向模块化、标准化的方向发展。

3）由于气体的可压缩性，使气动执行元件在速度控制、抗负载影响等方面的性能劣于液压执行元件。当需要较精确地控制运动速度、减少负载变化对运动的影响时，常需要借助气动 - 液压联合装置等来实现。

12.2.2　气缸

气缸的分类方法有许多种。按压缩空气对活塞的施力方式可分为单作用气缸和双作用气缸；按气缸的结构特征可分为活塞式、柱塞式和薄膜式等；按气缸的功能可分为普通气缸、薄膜气缸、冲击气缸、气液阻尼气缸、气液增压缸、数字气缸、伺服气缸、缓冲气缸、摆动气缸、耐热气缸、耐腐蚀气缸、低摩擦气缸、高速气缸、直线驱动单元气缸、模块化驱动装置气缸和气动机械手气缸等数十种。本节仅介绍几种常见的气缸。

1. 普通气缸

气缸一般由缸筒、前后缸盖、活塞、活塞杆、密封件和紧固件等组成。单出杆气缸被活塞分成有杆腔和无杆腔。

（1）单作用气缸

压缩空气从进气口进入气缸，推动活塞或柱塞向一个方向运动，而活塞的返回是靠弹簧、膜片张力、重力等其他外力，这类气缸称为单作用气缸。如图 12-12 所示为单作用气缸的结构图。

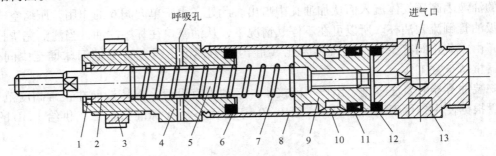

图 12-12　普通型单活塞杆单作用气缸

1—卡环　2—导向套　3—螺母　4—前缸盖　5—活塞杆　6—弹性垫　7—弹簧　8—缸筒
9—活塞　10—导向环　11—密封圈　12—弹性垫　13—后缸盖

（2）双作用气缸

气缸活塞的往复运动均由压缩空气的作用来完成，这类气缸称为双作用气缸，是应用最为广泛的一种普通气缸。如图 12-13 所示为其结构原理图，它主要由缸筒、端盖、活塞、活塞杆和密封件、紧固件等组成。缸筒前后用端盖及密封垫圈等固定连接。有活塞杆侧的缸盖为前缸盖，无活塞杆侧的缸盖为后缸盖，一般在缸盖上设有进排气通口，如活塞运动速度较高时（一般为 1 m/s 左右），可在行程的末端装设缓冲装置。前缸盖上设有密封圈、防尘圈和导向套，以此提高气缸的导向精度。活塞杆和活塞紧固相接，活塞上有防止左、右两腔互通窜气的密封圈，以及耐磨环；带磁性开关的气缸，活塞上装有永久性磁环，它可触发安装在气缸上的磁性开关来检测气缸活塞的运动位置。活塞两侧一般装有缓冲垫，如为气缓冲，则活塞两侧沿轴线方向设有缓冲柱塞，前、后两缸盖上有缓冲节流阀和缓冲套。当气缸运动到端头时，缓冲柱进入到缓冲套内，气缸排气需经缓冲节流阀，排气阻力增加，产生排气背压，形成缓冲气垫，起到缓冲作用。

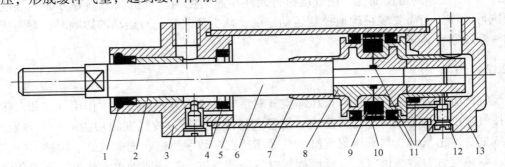

图 12-13　普通型单活塞杆双作用气缸

1—防尘组合密封圈　2—导向套　3—前缸盖　4—缓冲密封圈　5—缸筒　6—活塞杆　7—缓冲柱塞
8—活塞　9—磁性环　10—导向环　11—密封圈　12—缓冲节流阀　13—后缸盖

2. 膜片式气缸

膜片式气缸分为单作用式和双作用式两种。单作用式膜片气缸结构如图 12-14a 所示，其工作原理是：当压缩空气进入上腔时，膜片 2 在气压的作用下产生变形使活塞杆 4 伸出，其回程则靠弹簧的作用使膜片复位。双作用式膜片气缸结构如图12-14b所示。膜片气缸结构简单，重量轻，无泄漏，寿命长，制造成本低，但行程较短，一般不超过40 mm，广泛应用于夹紧和自锁机构。

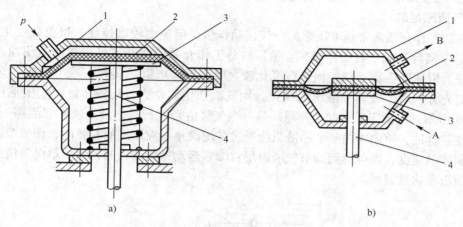

图 12-14　膜片式气缸
1—缸体　2—膜片　3—膜盘　4—活塞杆

3. 冲击气缸

冲击气缸是一种体积小、结构简单、易于制造、耗气功率小但能产生相当大的冲击力的一种特殊气缸。与普通气缸相比，冲击气缸的结构特点是增加了具有一定容积的蓄能腔和喷嘴，其工作原理如图12-15所示。

冲击气缸的整个工作过程可简单地分为三个阶段。第一阶段（见图12-15a），压缩空气由孔A输入冲击缸的下腔，储气缸经孔B排气，活塞上升并用密封垫封住喷嘴，中盖和活塞间的环形空间经排气孔与大气相通。第二阶段（见图12-15b），压缩空气改由孔B进气，输入储气缸中，冲击缸下腔经孔A排气。由于活塞上端气压作用在面积较小的喷嘴上，而活塞下端受力面积较大，一般设计成喷嘴面积的9倍，缸下腔的压力虽因排气而下降，但此时活塞下端向上的作用力仍然大于活塞上端向下的作用力。第三阶段（见图12-15c），储气缸的压力继续增大，冲击缸下腔的压力继续降低，当储气缸内压力高于活塞下腔压力9倍时，活塞开始向下移动，活塞一旦离开喷嘴，储气缸内的高压气体迅速充入到活塞与中盖间的空间，使活塞上端受力面积突然增加9倍，于是活塞将以极大的加速度向下运动，气体的

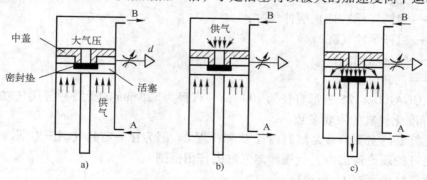

图 12-15　冲击气缸工作原理图

压力能转换成活塞的动能。在冲程达到一定时，获得最大冲击速度和能量，利用这个能量对工件进行冲击做功，产生很大的冲击力。

冲击气缸的缺点是噪声大，能量消耗大，冲击效率低。

4. 气液阻尼缸

气缸的工作介质通常是可压缩的空气，动作快，但速度较难控制，当负载变化较大时，容易产生"爬行"或"自走"现象。液压缸的工作介质通常是不可压缩的液压油，动作不如气缸快，但速度容易控制，当负载变化较大时，不易产生"爬行"或"自走"现象。气液阻尼缸充分利用了气动和液压的优点，用气缸产生驱动力，用液压缸产生阻尼作用，如图 12-16 所示。气液阻尼缸的工作原理是：当气缸活塞左行时，带动液压缸活塞一起运动，液压缸左腔排油，单向阀关闭，油液只能通过节流阀排入液压缸的右腔内，调节节流阀的开度，控制排油速度，即可达到调节气液阻尼缸活塞运动速度的目的，液压单向节流阀可以实现慢速前进和快速退回。

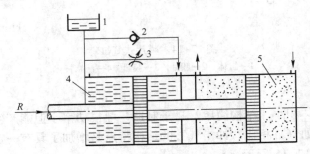

图 12-16 气液阻尼缸的工作原理
1—补油箱 2—单向阀 3—节流阀 4—油液 5—空气

5. 标准化气缸

（1）标准化气缸的标记和系列

标准化气缸用符号"QG"表示气缸，用符号"A、B、C、D、H"表示 5 种系列，具体标记方法是：

| QG | A（或 B、C、D、H） | 缸径 | × | 行程 |

五种标准化气缸系列为：

QGA——无缓冲普通气缸；

QGB——细杆（标准杆）缓冲气缸；

QGC——粗杆缓冲气缸；

QGD——气液阻尼缸；

QGH——回转气缸。

例如：QGA100×125 表示直径为 100 mm、行程为 125 mm 的无缓冲普通气缸。

（2）标准化气缸的主要参数

标准化气缸的主要参数是缸筒内径 D 和行程 L。因为在一定的气源压力下，缸筒内径标志气缸活塞杆的理论输出力，行程标志气缸的作用范围。

标准化气缸系列有 11 种规格。

缸径 D（mm）：40、50、63、80、100、125、160、200、250、320、400。

行程 L（mm）：对无缓冲气缸：$L = (0.5 \sim 2)D$；对有缓冲气缸：$L = (1 \sim 10)D$。

6. 气缸的选择

在气动装置设计以及设备更新改造时，首先应选择标准气缸，其次才考虑自行设计。标准气缸的选择应考虑的因素很多，主要有以下方面：

① 类型的选择。根据工作要求和条件选择类型，例如高温环境下，应选择耐热气缸；

② 安装形式的选择。根据安装位置和使用目的选择安装形式，一般选用固定式气缸；

③ 作用力大小选择。根据负载力的大小来确定气缸的输出推力和拉力；

④ 活塞行程选择。根据使用的场合和机构的行程确定，一般不选用满行程，防止活塞和缸盖相碰；

⑤ 活塞运动速度的选择。主要取决于气缸输入压缩空气的流量、气缸进排气口大小及导管内径的大小，要求高速运动的应取大值。

12.2.3　气动马达

气动马达是把压缩空气的压力能转换成机械能的能量转换装置，输出的是力矩和转速，用来驱动机构实现旋转运动。气动马达按工作原理分为容积式和涡轮式两大类。气动装置中最常使用的容积式气动马达有叶片式、活塞式和齿轮式。在气压传动中使用最广泛的是叶片式和活塞式气动马达。

如图 12-17 所示，叶片式气动马达主要由定子、转子、叶片和机体等组成。转子与定子偏心安装，偏心距为 e，叶片安装在转子的槽中，这样由转子的外表面、定子的内表面、叶片及两端密封盖就形成了若干个密封工作空间。其工作原理与叶片式液压马达相似。当压缩空气由 A 孔进入气室后作用于叶片 1 和叶片 4 的外伸部分，通过叶片带动转子 2 作逆时针转动，输出转矩和转速，做完功的气体从排气口 B 排出（二次排气）；若进、排气口互换，则转子反转，输出相反方向

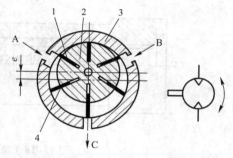

图 12-17　叶片式气动马达工作原理及图形符号
1、4—叶片　2—转子　3—定子

的转矩和转速。转子转动的离心力和叶片底部的气压力、弹簧力（图中未画出）使得叶片紧密地与定子 3 的内壁相接触，以保证密封可靠，提高容积效率。

气动马达的优点是可以无级调速，过载自动停转，不易引起火灾，工作安全，可实现瞬时换向，具有较高的起动转矩，功率及转速范围较宽，长时间满载连续运转温升较小，操作维修简便等；缺点是输出功率小，耗气量大，效率低，噪声大和易产生振动等。

叶片式气动马达适用于无级调速、小转矩的场合，如风动工具中的风钻、风动扳手、风动砂轮等。

任务 12.3　气动控制元件的应用

在气动控制系统中，用于信号传感与转换、参量调节和逻辑控制等的各类元件统称为气动控制元件。它们在气动控制系统中起着信号转换、逻辑程序控制、压缩空气的压力、流量

和方向的控制作用，以保证气动执行元件按照气动控制系统规定的顺序正确而可靠地动作。本任务主要介绍常用气动控制阀的结构、工作原理及其应用。

气动控制阀按其作用可分为方向控制阀、流量控制阀和压力控制阀三类。

12.3.1　方向控制阀

改变压缩空气流动方向和气流通断状态，使气动元件（包括执行元件和控制元件）的动作或状态发生变化的控制称为方向控制。实现该类控制的气动元件称为方向控制阀（简称方向阀）。方向控制阀分为单向型控制阀和换向型控制阀。

1. 单向型控制阀

单向型控制阀的一般控制方式为气压控制，连接方式为管式连接，密封方式为间隙密封或弹性密封。

（1）单向阀

如图 12-18 所示，其工作原理与液压单向阀相同。

在气动系统中，单向阀除单独使用外，还经常与流量阀、换向阀和压力阀组合成单向节流阀、延时阀和单向压力阀，广泛用于调速控制、延时控制和顺序控制系统中。其主要的性能参数为最低动作压力（阀前后压差）、阀关闭压力以及流量特性等。

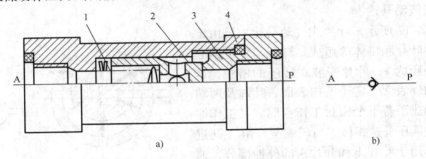

图 12-18　单向阀的结构及图形符号

a）结构原理图　b）图形符号

1—弹簧　2—阀芯　3—阀座　4—阀体

（2）或门型梭阀

如图 12-19 所示，或门型梭阀是两个单向阀反向串联的组合阀，有两个输入口和一个输出口。当 P_1 口进气时，将阀芯推向右边，P_2 口被关闭，于是气流从 A 口流出，如图 12-19a 所示；当气流从 P_2 口进入时，则 P_1 口关闭，气流从 A 口流出，如图 12-19b 所示；当 P_1、P_2 同时进气时，哪端压力高，A 就与哪端相通，另一端就自动关闭。图 12-19c 为该阀的图形符号。

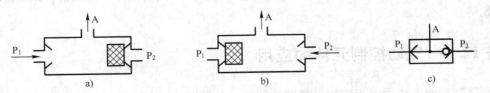

图 12-19　或门型梭阀的结构及图形符号

或门型梭阀在气动系统中多用于控制回路，特别是逻辑回路中，起逻辑"或"的作用，故又称为或门阀，有时也用在执行回路中。如图 12-20 所示为或门型梭阀在手动 - 自动回路中的应用。通过或门型梭阀的作用，使得电磁阀和手动阀均可单独操作气缸的动作。

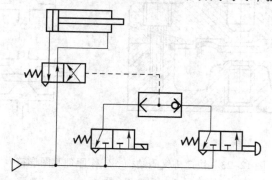

图 12-20　或门型梭阀在手动 - 自动回路中的应用

（3）与门型梭阀

如图 12-21 所示，与门型梭阀有两个输入口和一个输出口，只有 P_1、P_2 口同时有输入时，A 口才有输出。它实际上是一个二输入自控关断式二位三通阀。

在气动系统中，主要用于控制回路，对两个控制信号进行互锁，起逻辑"与"的作用，故又称为与门阀。如图 12-22 所示为与门型梭阀在互锁回路中的应用。只有工件的定位信号 1 和夹紧信号 2 同时存在时，即阀 1 和阀 2 同时被压下时双压阀 3 才有输出，使换向阀 4 换向，从而使气缸 5 向右运动。

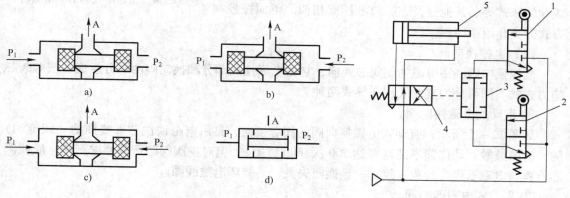

图 12-21　与门型梭阀　　　　　　　图 12-22　与门型梭阀应用回路

（4）快速排气阀

通常气缸排气时，气体是从气缸经过管路，由换向阀的排气口排出的。如果从气缸到换向阀的距离较长，而换向阀的排气口又较小时，排气时间就较长，气缸运动速度较慢。此时，若采用快速排气阀，则气缸内的气体就能直接由快速排气阀排向大气，从而可加快气缸的运动速度。快速排气阀的结构和工作原理如图 12-23 所示，当 P 口进气后，膜片关闭排气口 O，P、A 导通，A 口有输出（如图 12-23b 所示）。当 P 口无气时，输出管路中的压缩空气经 A 口使膜片将 P 口封住，A、O 接通，A 腔气体快速排向大气中（如图 12-23c 所示）。图 12-23d 为快速排气阀图形符号。

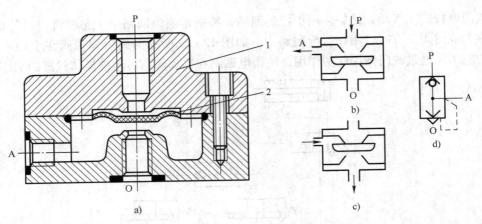

图 12-23 快速排气阀结构、工作原理及图形符号

1—阀体 2—膜片

在气动系统中，常将该阀安装在气缸和换向阀之间，并尽量靠近气缸排气口，或直接拧在气缸排气口上。使气缸快速排气，以提高气缸工作效率。如图 12-24 所示为应用快速排气阀使得气缸往复运动的回路，气缸往复运动排气都直接通过快速排气阀排向大气，而不通过换向阀。

2. 换向阀

换向阀按阀芯结构不同可分为截止式、滑柱式、滑块式和旋塞式等，其他分类方法与液压阀相似。下面按控制方式分类介绍换向阀。

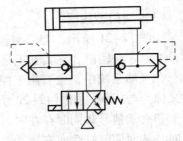

图 12-24 快速排气阀的应用回路

（1）电控换向阀

电控换向阀利用电磁力使阀芯换向，它由电磁控制部分和换向阀两部分组成。按对阀芯施力方式不同可分为直动式和先导式两种。

① 直动式电磁换向阀。

如图 12-25 所示，直动式电磁换向阀的阀芯换向，是由电磁铁铁芯直接推动（或拖动）的。换向灵敏，动作频率高（可达 500 次/min 以上）。但对主阀阀芯行程要求严格，应使阀芯行程与电磁铁吸合行程一致。一旦换向失灵，易烧坏电磁线圈。

② 先导式电磁换向阀。

直动式电磁阀是由电磁铁直接推动阀芯移动的，当阀通径较大时，用直动式结构所需的电磁铁体积和电力消耗都必然加大，为克服此弱点可采用先导式结构。

先导式电磁阀是由电磁铁首先控制气路，产生先导压力，再由先导压力推动主阀阀芯，使其换向。

图 12-26 为先导式双电控换向阀的工作原理图。当电磁先导阀 1 的线圈通电，而先导阀 2 断电时（如图 12-26a 所示），由于主阀 3 的 K_1 腔进气，K_2 腔排气，使主阀阀芯向右移动。此时 P 与 A、B 与 O_2 相通，A 口进气、B 口排气。当电磁先导阀 2 通电，而先导阀 1 断电时（如图 12-26b 所示），主阀的 K_2 腔进气，K_1 腔排气，使主阀阀芯向左移动。此时 P 与 B、A 与 O_1 相通，B 口进气、A 口排气。

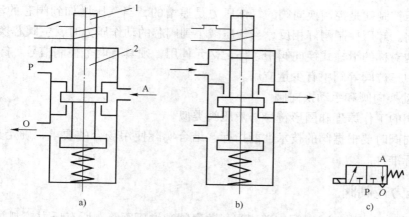

图 12-25　直动式二位三通电磁换向阀工作原理及图形符号

a）电磁铁断电　b）电磁铁通电　c）图形符号

1—电磁铁　2—阀芯

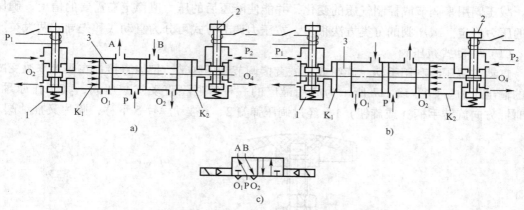

图 12-26　双电控先导式电磁换向阀工作原理及图形符号

a）先导阀 1 通电、2 断电时状态　b）先导阀 2 通电、1 断电时状态　c）图形符号

先导式双电控电磁阀具有记忆功能，即通电换向，断电保持原状态。为保证主阀正常工作，两个电磁阀不能同时通电，电路要考虑互锁。

为了能从外部辨别电磁阀是否通电，可在每个电磁线圈上安装指示灯，通电则灯亮。交流电多用氖灯，直流电多使用发光二极管。

电磁线圈使用直流电源时有以下特点：控制可靠，过载能力大，换向冲击小，启动力小，在潮湿环境下工作被击穿的可能性小，常用控制电压为 12 V、24 V。电磁线圈使用交流电时换向时间短，启动力大，但在用于直动式时，如遇到铁心控制失灵，易烧坏线圈，并且换向冲击大，常用电压为 220 V、110 V。

先导式电磁换向阀便于实现电、气联合控制，但较直动式电磁阀动作频率低（一般不超过 300 次/min），应用广泛。

（2）气动换向阀

利用气体压力控制阀芯换向，从而改变气流方向。它比电磁阀寿命长，可与先导电磁阀组成电－气换向阀。按气体作用原理可分为加压控制和卸压控制两种。

221

所谓加压控制就是控制换向阀的气体压力是递增的，当气压增加到阀芯的动作压力时，主阀芯便换向。卸压控制刚好相反，当气压减小到阀芯的动作压力时，主阀芯换向。加压控制多用于结构对称的滑柱式换向阀中，作记忆元件用，须具有两个控制信号。卸压控制在二位阀、气对中三位阀等阀中有少量应用。

（3）机动换向阀和手动换向阀

这两类阀的工作原理和图形符号与液压阀类似。

选用换向阀时要根据阀的技术性能指标，结合实际使用场合的要求，确定其具体型号，应尽量选用标准件。

12.3.2 压力控制阀

压力控制阀可分为：减压阀、溢流阀、顺序阀和增压阀等。所有压力控制阀都是利用空气压力和弹簧力相平衡的原理来工作的。

1. 减压阀

减压阀用来调节或控制气压的变化，并能使降压后的压力值稳定在需要的值上，确保系统的压力稳定。减压阀的分类方法很多，按压力调节方式可分为直动式和先导式两大类。

（1）直动式减压阀

直动式减压阀利用手柄、旋钮或机械直接调节调压弹簧，把力直接加在阀上来改变减压阀的输出压力。如图 12-27 所示为应用最广的一种普通型直动式减压阀，其工作原理是：顺时针方向旋转手柄（或旋钮）1，经过调压弹簧 2、3 推动膜片 5 下移，膜片又推动阀芯 8

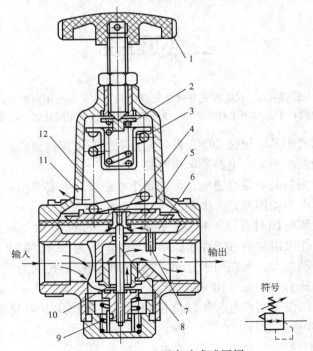

图 12-27　QTY 型直动式减压阀

1—旋转手柄　2、3—调压弹簧　4—阀座　5—膜片　6—膜片气室　7—阻尼管
8—阀芯　9—复位弹簧　10—进气阀口　11—排气孔　12—溢流口

222

下移，进气阀口 10 被打开，气流通过阀口的节流减压作用后压力降低。与此同时，有一部分输出气流经阻尼管 7 进入膜片气室，在膜片 5 上产生向上的推力，这个力总是企图把进气口关小，使出口压力下降。当作用在膜片上的反馈力与弹簧力相平衡时，阀口开度恒定，减压阀便有稳定的压力输出。

当减压阀输出负载发生变化，如流量增大时，则流过阻尼管处的流速增加，压力降低，进气口被进一步打开，使出口压力恢复到接近原来的稳定值。阻尼管的另一作用是当负载突然变化或变化不定时，对输出的压力波动有阻尼作用，因此称为阻尼管。

当减压阀的进口压力发生变化时，出口压力由阻尼管进入膜片气室，使原有的力平衡状态破坏，改变膜片、阀芯组件的位移和进气阀的开度，经溢流孔 12 的溢流作用达到新的平衡，保持其出口压力不变。

逆时针旋转手柄 1 时，调压弹簧 2、3 放松，气压作用在膜片 5 上的反馈力大于弹簧力，膜片向上弯曲，此时阀芯 8 顶端与溢流阀座 4 脱开，气流经溢流孔 12 从排气口 11 排出，在复位弹簧 9 的作用下，阀芯 8 上移，减小进气阀的开度直至关闭，从而使出口压力逐渐降低直至回到零位状态。

由上所述可知，溢流式减压阀的工作原理是在靠近气阀芯处通过节流作用减压，靠膜片上力的平衡作用和溢流孔的溢流作用稳定输出压力。调节手柄可使得输出压力在规定的范围内任意调节。

（2）先导式减压阀

先导式减压阀是用调整加压腔内压缩空气的压力来代替直动式调节弹簧进行调压的，加压腔内压缩空气的调节一般采用一个小型直动式减压阀进行。先导式减压阀一般由先导阀和主阀两部分组成。其工作原理与直动式减压阀基本相同。如把小型直动式减压阀装在主阀的内部，则构成内部先导式减压阀；如装在主阀的外部，则称为外部先导式减压阀，如图 12-28 所示为外部先导式减压阀主阀的结构图。

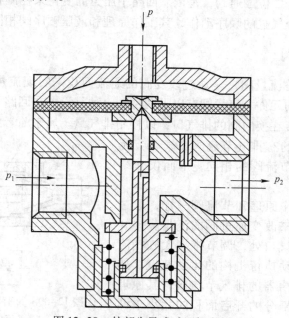

图 12-28　外部先导式减压阀主阀

在气动系统中，减压阀一般安装在空气过滤器之后、油雾器之前。实际生产中，常把这三个元件组合在一起使用，称为气源处理装置，如图 12-29 所示。

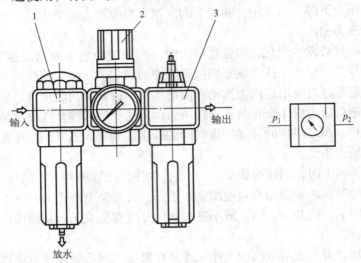

图 12-29　气源处理装置

1—过滤器　2—减压阀　3—油雾器

2. 溢流阀

溢流阀的作用是当压力上升到超过设定值时，把超过设定值的压缩空气排入大气，以保持溢流阀进口压力为设定值。因此，溢流阀也称为安全阀。溢流阀除安装在气罐上起安全保护作用外，也可装在气缸操作回路中起溢流作用。其工作原理与液压溢流阀相同。

3. 顺序阀

顺序阀本身是一个二位二通阀，是依靠回路中压力的变化来控制各种顺序动作的压力控制阀，常用来控制两个气缸的顺序动作，其工作原理和液压顺序阀相同。

12.3.3　流量控制阀

流量控制阀（简称流量阀）是通过改变阀的通流面积来实现流量控制，达到控制气缸等执行元件运动速度的元件。流量阀有以下两种：一种是设置在回路中，以控制所通过的空气流量；另一种是连接在换向阀的排气口，以控制排气量。属于前者的有单向节流阀、行程节流阀等，属于后者的有排气节流阀。气动节流阀的工作原理和液压节流阀的相同，下面仅介绍排气节流阀。

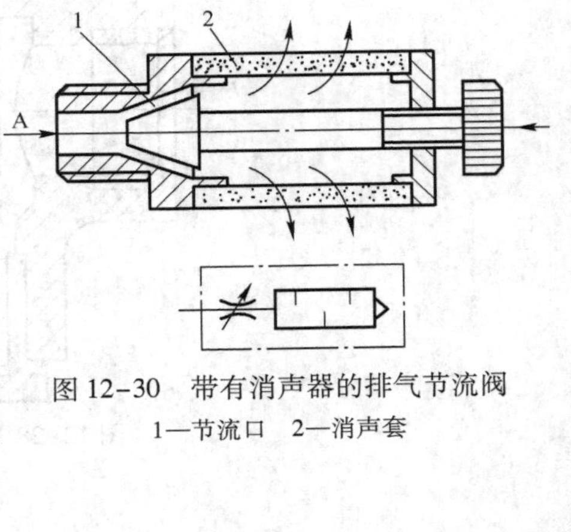

排气节流阀的工作原理和节流阀一样，通过调节通流截面的面积来改变通过阀的流量。排气节流阀只能安装在排气口处，调节排入大气气流的流量，从而改变气动执行机构的运动速度。如图 12-30 所示为带消声器的排气节流阀，其原理是靠调节三角形沟槽部分的开启面积的大小来调节排气流量，从而调节执行元件的运动速度，同

图 12-30　带有消声器的排气节流阀

1—节流口　2—消声套

时还能起到降低排气噪声的作用。

拓展知识

1. 气动逻辑元件

气动逻辑元件是一种控制元件。与方向控制阀相比，从结构上看，两者没有本质上的区别，所不同的是气动控制阀的输出功率大、尺寸大而已。气动逻辑元件是在控制气压信号作用下，通过元件内部的可动部分（如膜片、阀芯等）来改变气流运动的方向，从而实现各种逻辑功能。气动逻辑元件也称为开关元件，它具有气流通道孔径较大、抗污染能力强、结构简单、成本低、工作寿命长、响应速度慢等特点。气动逻辑元件按工作压力可分为高压元件（0.2～0.8 MPa）、低压元件（0.02～0.2 MPa）及微压元件（0.02 MPa 以下）。

气动逻辑元件按逻辑功能分为与门元件、或门元件、非门元件、或非元件、与非元件、双稳元件和延时元件等。常见的结构形式有滑阀式、截止式和膜片式等。它们的不同组合可完成不同的逻辑功能。

2. 是门和与门元件

如图 12-31a 所示，A 为信号输入孔，S 为信号输出孔，中间孔接气源孔 P 时为是门元件。在 A 输入孔无信号时，阀芯 2 在弹簧及气源压力作用下处于图示位置，封住 P、S 之间的通道，S 无输出。在 A 有输入信号时，膜片在输入信号作用下将阀芯推动下移，封住输出孔 S 与排气孔间的通道，P、S 之间相通，S 有输出。也就是说，无输入信号时无输出；有输入信号时就有输出。元件的输入和输出信号始终保持相同状态。

若将中间孔不接气源而换接另一输入信号 B，则成为与门元件。即当 A 有输入信号时，B 无输入信号，或 B 有输入信号，A 无输入信号时，输出端 S 均无输出。只有当 A 与 B 同时有输入信号时，S 才有输出。

3. 或门元件

图 12-32 所示为或门元件结构示意图。图中 A、B 为信号输入孔，S 为信号输出孔。当 A 有输入信号时，阀芯 a 因输入信号作用，下移封住 B 信号孔，气流经 S 输出。当 B 有输入信号时，阀芯 a 在 B 信号作用下向上移，封住 A 信号孔，S 也会有输出。当 A、B 均有输入信号时，阀芯 a 在两个信号的作用下或上移，或下移，或保持在中位，但无论阀芯处在任一状态，S 均会有输出。也就是说，在 A 或 B 两个输入端中，只要一个有信号，S 就有输出信号。因此 S 与 A、B 呈现逻辑"或"的关系。

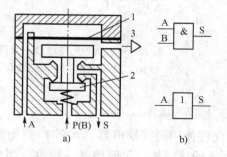

图 12-31　是门和与门元件结构
a）结构原理图　b）图形符号
1—膜片　2—阀芯

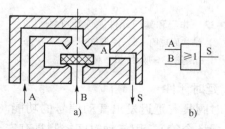

图 12-32　或门元件结构
a）结构原理图　b）图形符号

4. 非门和禁门元件

图 12-33 所示为非门和禁门元件结构示意图。图中 A 为信号输入孔，S 为信号输出孔，中间孔接气源 P 时为非门元件。当 A 无信号输入时，阀片在气源压力的作用下上移，封住输出孔 S 与排气孔间的通道，S 有输出。当 A 有输入信号时，膜片在输入信号的作用下，推动活塞下移，阀片下移封住气源 P，S 无输出。即一旦 A 有输入信号出现时，输出孔没有输出。

若把中间孔不作气源孔 P，而改作另一信号输入孔 B，此元件即为禁门元件。由图可看出，在 A、B 均输入信号时，活塞及阀片在 A 输入的信号作用下封住 B 孔，S 无输出；在 A 无输入信号，B 有输入信号时，S 就有输出。也就是说，A 输入信号对 B 输入信号起"禁止"作用。

5. 或非元件

或非元件是一种多功能的逻辑元件，应用这种元件可以组成或门、与门和双稳等各种单元。图 12-34 所示为三输入或非元件的结构示意图。这种或非元件是在非门元件的基础上另外增加了两个信号输入端，即 A、B、C 为 3 个信号输入端，P 为气源，S 为输出端。3 个信号膜片不是刚性连接在一起，而是处于"自由状态"，即彼此之间可以相互分开。当所有的输入端 A、B、C 都无输入信号时，输出端 S 就有输出。若在 3 个输入端的任一个或某两个或 3 个有输入信号，相应的膜片在输入信号压力的作用下，通过阀柱依次将力传递到阀芯上，同样能切断气源，S 无输出。也就是说，3 个输入端（所有输入端）的作用是等同的。这 3 个输入端，只要有一个输入信号出现，输出端就没有输出信号，即完成了或非逻辑关系。

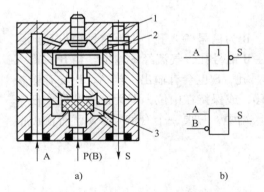

图 12-33　非门和禁门元件原理及符号
a）结构原理图　b）图形符号
1—活塞　2—膜片　3—阀芯

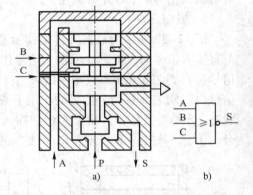

图 12-34　或非元件原理图及符号
a）结构原理图　b）图形符号

6. 延时元件

延时阀具有延迟发出气动信号的功能。在不允许使用时间继电器（电控）的场合（如易燃易爆场合等），用气动时间控制具有安全、可靠的优越性。延时阀是一种组合阀，一般由二位三通换向阀、单向可调节流阀和气室组成。延时阀有常开式和常闭式两种，时间调节范围为 0～30s。其工作原理是通过调节节流阀开度，将气室内的压缩空气缓慢释放来控制时间（参见项目 13 气动常用回路及气动系统实例中的延时回路）。

项目小结

1. 空气压缩机是气动系统的动力源，它是把电动机输出的机械能转换成压缩空气压力能的能量转换装置。

2. 气动辅助元件包括：后冷却器、气罐、过滤器、干燥器、消声器和油雾器等元件。

3. 气缸可分为：普通气缸、摆动气缸、膜片气缸、冲击气缸、气液阻尼缸等。在气动装置设计以及设备更新改造时，首先应选择标准气缸，其次才考虑自行设计。

4. 气动马达按工作原理分为容积式和涡轮式两大类。在气压传动中使用最广泛的是容积式气动马达中的叶片式和活塞式气动马达。

5. 气动控制阀按其作用可分为方向控制阀、流量控制阀和压力控制阀三大类。

6. 在气动系统中，常将快速排气阀安装在气缸和换向阀之间，并尽量靠近气缸排气口，或直接拧在气缸排气口上，使气缸快速排气，以提高气缸的工作效率。

7. 在气动系统中，减压阀一般安装在空气过滤器之后，油雾器之前。实际应用中，常把这三个元件组合在一起使用，称为气源处理装置。

8. 气动逻辑元件是一种控制元件，按逻辑功能分为与门元件、或门元件、非门元件、或非元件、与非元件、双稳元件和延时元件等。

综合训练 12

12-1　叙述气源装置的组成、各部分的工作原理及其作用。

12-2　在气动系统中，为什么既有除油器，又需要油雾器？

12-3　气源处理装置指的是那些元件？安装顺序如何？

12-4　气罐的作用是什么？

12-5　气缸有哪些类型？

12-6　快速排气阀为什么能快速排气？在使用和安装快速排气阀时应注意什么问题？

12-7　画出下列阀的图形符号：或门型梭阀、快速排气阀、排气节流阀、与门型梭阀。

项目 13　气动常用回路及气动系统实例

项目描述

无论多么复杂的气动系统都是由一些基本的控制回路组成的。本项目主要介绍方向控制回路、压力控制回路、速度控制回路、顺序控制回路、延时回路、安全保护回路、气液联动回路等气动常用回路。在熟悉了基本回路的基础上，通过对气动夹紧装置、连续输送机气动系统、拉门自动开闭系统、气动计量系统等典型的气动系统的分析，使学生加深对气动基本回路的理解，从而对气动系统的工作原理、特点和应用有较全面和深刻的认识。

任务 13.1　气动常用回路分析

与液压基本回路一样，气动基本回路也是构成气动系统的组成部分，任何复杂的气动系统，都是由一些简单的气动基本回路构成的，因此，掌握气动基本回路的组成、工作性质和回路功能，对于分析和设计气动系统，具有十分重要的意义。

通过学习和训练，学生应掌握典型气动基本回路的类型、组成和功能，掌握其工作原理和使用特点。

13.1.1　方向控制回路

1. 单作用气缸的换向回路

单作用气缸通常采用二位三通换向阀来实现方向控制，如图 13-1a 所示。

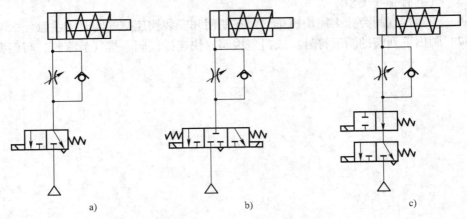

a)　　　　　　　　　b)　　　　　　　　　c)

图 13-1　单作用气缸的换向回路

当电磁铁通电时，气压使活塞杆伸出；当电磁铁断电时，靠弹簧作用力使活塞杆退回。如图 13-1b 所示为三位三通电磁换向阀控制的单作用气缸，可实现气缸的进、退和中途停止。如图 13-1c 所示为用一个二位二通电磁换向阀和一个二位三通电磁换向阀代替图 13-1b 中的三位三通电磁换向阀的换向回路。

2. 双作用式气缸的换向回路

如图 13-2 所示为双作用式气缸的换向回路。

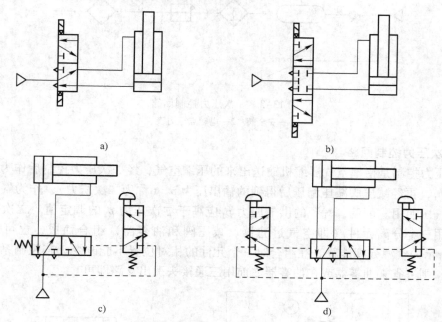

图 13-2 双作用式气缸的换向回路

如图 13-2a 所示为二位五通电磁阀控制的换向回路；如图 13-2b 所示为三位五通电磁阀控制气缸换向并有中位停止的回路，要求元件密封性好，可用于定位要求不高的场合；图 13-2c 为小通径的手动阀控制二位五通主阀操作气缸换向的回路；图 13-2d 所示为两个小通径的手动阀与二位五通主阀控制气缸换向的回路。

13.1.2 压力控制回路

对系统压力进行调节和控制的回路称为压力控制回路。压力控制回路是使气动系统中有关回路的压力保持在一定的范围内，或者根据需要使回路得到高、低不同的空气压力的基本回路。

1. 一次压力控制回路

一次压力控制，是指把空气压缩机的输出压力控制在一定值以下。当空气压缩机的容量选定以后，在正常向系统供气时，气罐中压缩空气的压力由压力表显示出来，其值一般低于安全阀的调定值，因此安全阀通常处于关闭状态。当系统用气量明显减少，气罐中的压缩空气过量而使压力升高到超过安全阀的调定值时，安全阀自动开启溢流，使罐中压力迅速下降，当罐中压力降至安全阀的调定值以下时，安全阀自动关闭，使罐中压力保持在规定范围内。安全阀压力的调定值，一般可根据气动系统的工作压力范围，调整在 0.7 MPa 左右。如图 13-3 所示，一次压力常采用外控式溢流阀 1 来控制，也可用带电触点的压力表 2 代替溢流阀 1 来控制空压机电动机的起停。此回路结构简单，工作可靠。

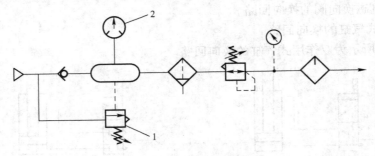

图 13-3　一次压力控制回路

1—安全阀　2—电触点压力表

2. 二次压力控制回路

二次压力控制是指把空气压缩机输送出来的压缩空气，经一次压力控制后作为减压阀的输入压力 p_1，再经减压阀减压稳压后得到的输出压力 p_2（称为二次压力），作为气动控制系统的工作气压使用。可见，气源的供气压力 p_1 应高于二次压力 p_2 的调定值。二次压力控制回路可以用三个分离元件（即空气过滤器、减压阀和油雾器）组合而成，也可以采用如图 13-4 所示的气源处理装置。在组合时三个元件的相对位置不能改变。若控制系统不需要加油雾器，则可省去油雾器或在油雾器之前用三通接头引出支路即可。

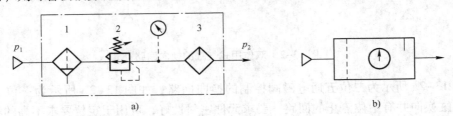

图 13-4　二次压力控制回路

a）气源处理装置　b）简化符号

1—空气过滤器　2—减压阀　3—油雾器

3. 高低压选择回路

如图 13-5 所示为利用减压阀控制的高低压力输出的回路。在实际应用中，某些气动控制系统需要有高、低压力的选择。例如，加工塑料门窗的三点焊机的气动控制系统中，用于控制工作台移动的回路的工作压力为 0.25～0.3 MPa，而用于控制其他执行元件的回路的工作压力为 0.5～0.6 MPa。对于这种情况若采用调节减压阀的办法来解决，会感到十分麻烦。因此可采用如图 13-5 所示的高、低压选择回路，该回路只要分别调节两个减压阀，就能得到所需的高压和低压的输出，该回路适用于负载差别较大的场合。

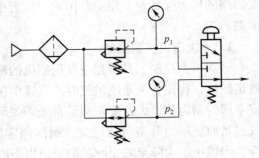

图 13-5　高低压选择回路

13.1.3 速度控制回路

速度控制回路主要用于调节气缸的运动速度或实现气缸的缓冲等。对于气动系统来说，一般其承受的负载较小，故调速方式主要采用节流调速。下面介绍几种常用的速度控制回路。

1. 单作用式气缸的速度控制回路

如图13-6a所示为采用两个单向节流阀的速度控制回路，活塞两个方向的运动速度分别由两个单向节流阀来调节；在如图13-6b所示的回路中，气缸活塞杆伸出时的速度可调，缩回时则通过快速排气阀排气，使气缸快速返回。

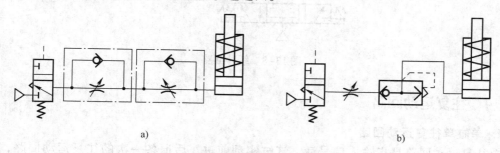

图13-6 单作用式气缸的速度控制回路

2. 双作用式气缸的速度控制回路

图13-7a、b为单向调速回路，图13-7c、d为双向调速回路。其中图13-7a、c为进口节流调速回路，该回路承载能力大，但不能承受负负载，运动平稳性较差，它适用于对速度稳定性要求不高的场合；图13-7b、d为出口节流调速回路，该回路可承受一定的负负载，运动平稳性较好。

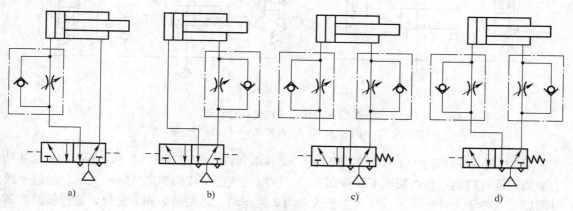

图13-7 双作用式气缸的速度控制回路

3. 缓冲回路

对于气缸行程较长、运动速度较快的应用场合，除考虑气缸的终端缓冲外，还可以通过回路来实现缓冲。如图13-8所示为用单向节流阀与二位二通行程阀配合使用的缓冲回路，当换向阀处于左位时，气缸无杆腔进气，活塞杆快速伸出，此时，有杆腔的空气经二位二通行程阀、换向阀排气口排出。当活塞杆伸出至活塞杆上的行程挡铁压下二位二通行程阀时，二位二通行程阀的快速排气通道被切断，此时，有杆腔的空气只能经节流阀和换向阀的排气口排出，使活塞的运动速度由快速转为慢速，从而达到缓冲的目的。

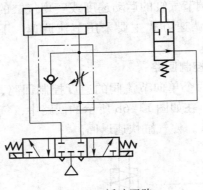

图 13-8　缓冲回路

13.1.4　往复运动回路

1. 单缸单往复运动回路

单往复运动回路是指输入信号后，气缸实现前进、后退各一次的往复运动回路，如图 13-9 所示。图 13-9a 为由行程阀控制的单往复运动回路，其工作原理为：按下启动阀 1 的手动按钮后，主控换向阀 2 的左位工作，活塞杆伸出；当挡块压下行程阀 3 后，行程阀 3 上位工作，主控换向阀 2 复位，则活塞杆缩回至原位停止，一次往复运动循环完成。

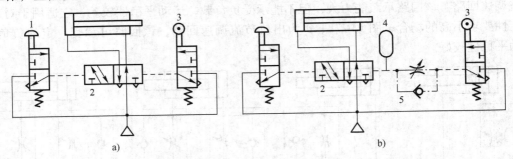

图 13-9　单缸单往复运动回路
1—启动阀　2—主控换向阀　3—行程阀　4—气室　5—单向节流阀

图 13-9b 所示回路的工作原理与图 13-9a 基本相同，它是在图 13-9a 所示回路的基础上增加了延时功能。当挡块压下行程阀 3 后，压缩空气经节流阀 5 向气室 4 充气，经过一段时间后，气体压力升高到足以推动主控换向阀 2 换向时，才使换向阀 2 复位，这样就使活塞杆伸出至行程终点后，要延迟一段时间才能返回。

2. 双缸单往复运动回路

如图 13-10 所示为双缸单往复运动回路，图中 A、B 两缸实现的动作顺序是：A 进→B 进→B 退→A 退（即 $A_1 \rightarrow B_1 \rightarrow B_0 \rightarrow A_0$）。其原理如下：在图示位置，两缸均处于左端。当按下左上角的二位三通手动阀 7 使其处于上位时，控制空气压使二位五通双气控换向阀 5 处于左位，使压缩空气进入 A 缸的左腔，A 缸活塞向前运动，完成动作 A_1；当 A 缸向右运动并松开二位三通行程阀 1 后，行程阀 1 在弹簧力的作用下复位，换向阀 5 左侧的控制空气排到大气中，但该换向阀仍处于左位（阀 5 具有双稳功能），缸 A 继续向前运动，直至缸 A 活塞杆压下右侧的二位五通行程阀 3 后，使下面的二位五通单气控换向阀 6 切换至左位，这时缸 B 左腔进入压缩空气，其活塞向右运动，实现动作 B_1（此时缸 B 松开下面的二位三通行程阀 2，使其在弹簧力的作用下复位）；当缸 B 向右运动到压下右下角的二位五通行程阀 4 时，使二位五通单气控换向阀 6 复位到右位，这时压缩空气进入到 B 缸右腔，使缸 B 活塞向左退回，实现动作顺序 B_0；当缸 B 退回到原位并再次压下二位三通行程阀 2 时，使二位五通双气控换向阀 5 处于右位，此时缸 A 右腔也开始进入压缩空气，使其活塞向左退回实现动作顺序 A_0。上述这些动作顺序均为按预定要求设计的，这种回路能在速度较快的情况下正常工作，主要用于气动机械手、气动钻床等自动设备上。

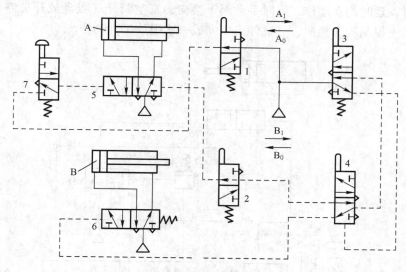

图 13-10　双缸单往复运动回路

3. 单缸连续往复运动回路

　　这种回路的功能，是在一次输入信号后，气缸即可实现连续往复运动循环，如图 13-11 所示。其工作原理为：按下启动阀 1 的手动按钮，主控换向阀 2 左位工作，活塞杆伸出至行程终点，压下行程阀 4 后，使主控换向阀右位工作，活塞杆缩回至原位，压下行程阀 3，使主控换向阀 2 再次换位，则活塞杆再次伸出，从而就形成了连续的往复运动。若要结束循环，则提起阀 1 按钮即可。

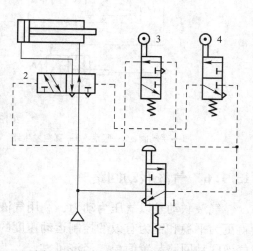

13.1.5　真空回路

　　在低于大气压力下工作的元件称为真空元件，由真空元件所组成的系统称为真空系统（或称为负压系统）。真空系统作为实现自动化的一种手段已广泛用于轻工、食品、印刷、医疗和塑

图 13-11　单缸连续往复运动回路

料制品等行业具体如：玻璃的搬运、装箱；机械手抓取工件；印刷机械中的纸张检测、运输；包装机械中包装纸的吸附、送标、贴标、包装袋的开启；精密零件的输送；塑料制品的真空成型；电子产品的加工、运输、装配等各种工序作业。

真空系统的真空是依靠真空发生装置产生的。真空发生装置有真空泵和真空发生器两种。真空泵是一种吸入口形成负压、排气口直接通大气的抽除气体的机械。它主要用于连续大流量，集中使用，且不宜频繁启、停的场合。真空发生器是利用压缩空气的流动而形成一定真空度的气动元件，适合从事流量不大的间歇工作和表面光滑的工件。

图 13-12 所示为一个真空吸附回路。启动手动阀 1 向真空发生器 3 提供压缩空气即产生真空，对吸盘 2 进行抽吸，当吸盘内的真空度达到调定值时，真空顺序阀 4 打开，推动二位三通阀换向，使控制阀 5 切换，气缸 A 活塞杆缩回（吸盘吸着工件移动）。当活塞杆缩回压下行程阀 7 时，延时阀 6 动作，同时手动阀 1 换向，真空断开（吸盘放开工件），经过设定时间延时后，主控制阀 5 换向，气缸伸出，完成一次吸放工件动作。

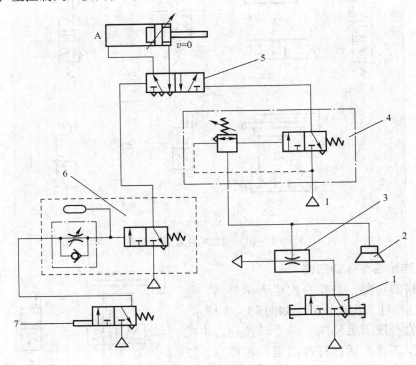

图 13-12　真空回路

1—手动阀　2—吸盘　3—真空发生器　4—真空顺序阀　5—控制阀　6—延时阀　7—行程阀

13.1.6　气液联动回路

气液联动是以气压为动力，利用气液转换器把气压转变为液压，或采用气液阻尼缸来获得更为平稳和更为有效的控制运动速度的气压传动，或使用气液增压器来使传动力增大等。气液联动回路装置简单，经济可靠。

1. 气-液转换速度控制回路

如图 13-13 所示为气液转换速度控制回路，它利用气-液转换器 1、2 将气压变成液压，利用液压油驱动液压缸 3，从而得到平稳易控制的活塞运动速度，调节节流阀的开度，就可改变活塞的运动速度。这种回路，充分发挥了气动供气方便和液压速度容易控制的优点。

2. 气液增压器的增力回路

如图 13-14 所示为利用气液增压器 1 把较低的气压力变为较高的液压力，以提高气液缸 2 输出力的增力回路。

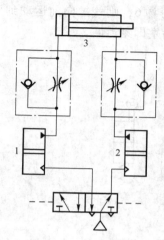

图13-13　气液转换速度控制回路
1、2—气液转换器　3—液压缸

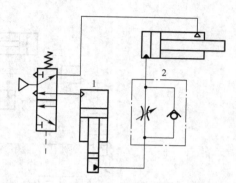

图 13-14　气液增压器的增力回路
1—气液增压器　2—气液缸

13.1.7　延时回路

1. 延时接通回路

如图 13-15 所示为延时接通回路。当有信号 K 输入时，阀 A 换向，此时气源经节流阀缓慢向气容 C 充气，经一段时间 t 延时后，气容内压力升高到预定值，使主阀 B 换向，气缸开始右行；当信号 K 消失后，气容 C 中的气体可经单向阀迅速排出，主阀 B 立即复位，气缸返回。

2. 延时断开回路

如将图 13-15 中的单向节流阀反接，就改为延时断开回路，如图 13-16 所示，其作用正好与延时接通回路相反，延时时间由节流阀调节。

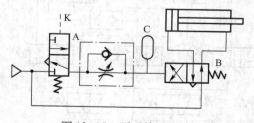

图 13-15　延时接通回路

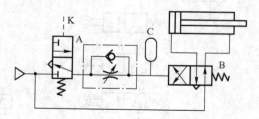

图 13-16　延时断开回路

13.1.8　安全保护回路

由于气动机构的过载、气压的突然降低以及气动执行机构的快速动作等原因都可能危及操作人员或设备的安全，因此在气动回路中，常常要应用到安全保护回路。

1. 过载保护回路

当活塞杆在伸出途中，若遇到偶然障碍或其他原因使气缸过载时，活塞就立即缩回，实现过载保护。如图 13-17 所示的过载保护回路的工作原理是：在活塞伸出过程中，若遇到障碍物 6，无杆腔压力升高，打开顺序阀 3，使阀 2 换向而处上位，阀 4 左端的控制空气经阀 2 排入大气，阀 4 随即复位，活塞立即退回。若无障碍物 6，则气缸向前运动到压下阀 5 后，阀 4 左端的控制空气经阀 5 排入大气，阀 4 复位，活塞即刻返回。

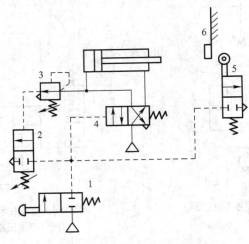

图 13-17　过载保护回路

2. 互锁回路

如图 13-18a 所示为单缸互锁回路，在该回路中，二位四通换向阀的换向受三个串联的机动二位三通阀控制，只有三个机动二位三通阀都接通，主控阀才能换向，活塞杆才能向前伸出。

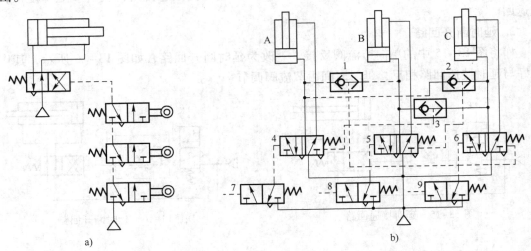

a)　　　　　　　　　　　　　　　　b)

图 13-18　互锁回路

如图 13-18b 所示为多缸动作互锁回路，此回路能保证工作中各缸不能同时动作，只能有一个气缸运动。回路利用梭阀 1、2、3 及双气控换向阀 4、5、6 进行互锁。例如，换向阀 7 被切换时，则阀 4 也换向，使 A 缸活塞杆伸出。同时，A 缸进气管路的气体使梭阀 1、2 动作，锁住阀 5、6，即使阀 8、9 有信号，B、C 缸也不会动作。如要使其他缸动作，必须在前缸的气控阀复位后才能进行，从而达到互锁的目的。

3. 双手操作安全回路

所谓双手操作安全回路就是使用两个启动用的手动阀，只有同时按下两个阀，执行元件才能动作的回路。这种回路在锻造、冲压机械上用来避免误动作，以保护操作者的安全。

如图 13-19a 所示，手动阀 1 和手动阀 2 之间是 "与" 的逻辑关系，当只按下其中一个手动阀时，主控换向阀 3 不能换向，只有两手同时按下阀 1 和阀 2，主控换向阀 3 才能换向，气缸上腔才会进入压缩空气，使活塞下落，完成冲压。在如图 13-19a 所示的回路中，如果阀 1 或阀 2 的弹簧折断而不能复位时，则单独按下另一个手动阀也会使气缸活塞下落，可能造成事故。因此这种回路实际使用过程中也不十分安全。

如图 13-19b 所示的双手操作回路，克服了如图 13-19a 所示回路的缺点，增强了操作的安全性。在图示位置，系统向气容 6 充气。工作时，按下手动阀 1 或手动阀 2，都会使气容与大气接通而排气，使主控换向阀 3 无法切换。只有双手同时按下手动阀 1 和手动阀 2，气容 6 中的压缩空气才能经节流阀延时一定时间后，切换主控换向阀 3，压缩空气才可进入气缸上腔，使活塞向下运动。

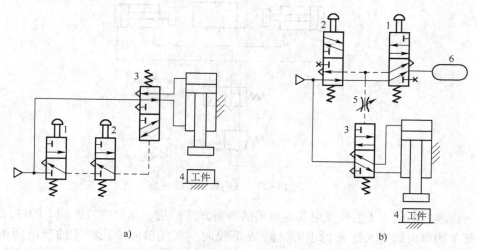

图 13-19　双手操作安全回路
1、2—手动阀　3—主控阀　4—工件　5—节流阀（气阻）6—气容

任务 13.2　气动系统实例分析

气压传动技术是实现工业生产自动化和半自动化的方式之一，由于气压传动的介质是空气，所以使用安全、可靠、能在高温、振动、易燃、易爆、多尘埃、强磁、强辐射等恶劣环境下工作，具有特殊的优势，因此在机械、电子、橡胶、纺织、化工、食品、包装、印刷和

烟草等工业领域得到了广泛的应用。

气动系统和液压系统一样，也是由各种不同功能的气动基本回路组成，来实现气动设备执行机构的动作要求。本任务通过介绍气动夹紧系统、拉门自动开闭系统、连续输送机气动系统、气动计量系统4个典型气压传动系统，来介绍气动系统的构成和气动控制元件的应用，以及阅读和分析气压传动系统的基本方法和步骤。通过学习和技能训练，应掌握阅读和分析气压传动系统的步骤和方法，具备分析较复杂的气动系统的能力。

13.2.1 气动夹紧系统

图13-20是机械加工自动线、组合机床中常用于夹紧工件的气压传动系统图，其动作循环是：工件输送到指定位置后，垂直缸A的活塞杆下降将工件定位锁紧，B和C的活塞杆再同时伸出，从两侧面压紧工件，实现夹紧，然后进行机械加工，最后各夹紧缸退回，松开工件。其工作原理如下。

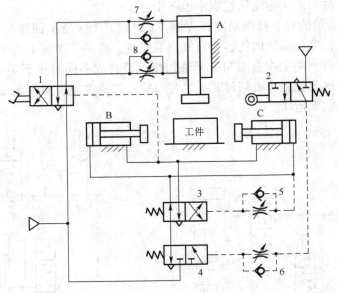

图13-20 气动夹紧系统

踏下脚踏换向阀1（也可采用其他形式的换向方式）后，压缩空气经阀1的左位再经单向节流阀7的单向阀进入缸A的上腔，缸A下腔的空气经单向节流阀8的节流阀再经阀1的左位排入大气，使缸A的夹紧头下降，当下降至将工件锁紧的位置后，行程挡铁将机动行程阀2压下，使其换向而处于左位，压缩空气经阀2的左位、单向节流阀6进入二位三通单气控换向阀4的右端（调节节流阀开度可以控制阀4的延时接通时间），使阀4换向。压缩空气经阀4右位和主控阀3的左位进入到两侧气缸B和C的无杆腔，使两气缸的活塞杆同时伸出而夹紧工件后，机械加工开始进行。与此同时，流过主阀3的一部分压缩空气经过单向节流阀5的节流阀进入主阀3的右端，经过一段时间（由节流阀控制，此时机械加工已完成）后主阀3右位接通，两侧气缸B和C后退到原来的位置。同时，一部分压缩空气作为控制信号进入脚踏阀1的右端，使阀1右位接通，压缩空气进入缸A的下腔，使夹紧头退回原位。缸A的夹紧头上升的同时，由于机动阀2复位，使二位三通单气控换向阀4也复位

（此时主阀 3 右位接通），由于气缸 B、C 的无杆腔通过阀 3、阀 4 排气，主阀 3 自动复位到左位进入工作状态，完成一个工作循环。此回路只有再踏下阀 1 才能开始下一个工作循环。

13.2.2　拉门自动开闭系统

图 13-21 为拉门自动开闭系统图，该装置是通过连杆机构将气缸活塞杆的直线运动转换成门的开闭运动。利用超低压气动阀来检测行人的踏板动作。在拉门内、外装踏板 6 和 11，踏板下面装有完全封闭的橡胶管，管的一端与超低压气动阀 7 和 12 的控制口连接。当人站在踏板上时，橡胶管被挤压，管内压力上升，超低压气动阀动作。拉门自动开闭的工作原理如下。

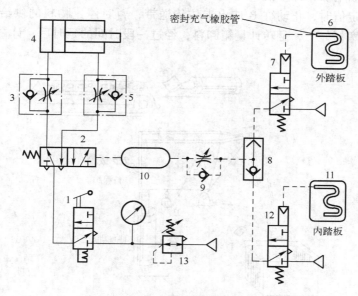

图 13-21　拉门自动开闭系统

首先扳动手动阀 1 使其上位接入工作状态，压缩空气通过气动换向阀 2 左位、单向节流阀 3（单向阀）进入气缸的无杆腔，将活塞杆推出（通过连杆机构将门关闭）。如果有行人从门外踏上踏板 6 后，气动控制阀 7 动作（处于上位），压缩空气通过阀 7、梭阀 8、单向节流阀 9（单向阀）和气罐 10 使气动换向阀 2 换向（处于右位），压缩空气进入气缸 4 的有杆腔使活塞杆退回（门打开）；当行人离开踏板 6 后，阀 7 复位（处于下位），气罐 10 中的空气经单向节流阀 9（节流阀）、梭阀 8 和阀 7 排气，经过延时（由节流阀控制）后阀 2 复位，气缸 4 的无杆腔进气，活塞杆伸出，关闭拉门。

如果有人从门内踏上踏板 11，则气动换向阀 12 动作（处于上位），使梭阀 8 上面的通口关闭，下面的通口接通，同踏上踏板 6 一样，使拉门打开，人离开踏板 11 后，拉门延时一定时间后关闭。

该回路利用逻辑"或"的功能，回路简单，工作可靠，行人从门的哪一边进出均可。减压阀 13 可使关门的力自由调节，十分便利。如果将手动阀 1 复位（处于下位），则可变为手动门。

13. 2. 3　气动计量系统

在工业生产中，经常会遇到要对传送带上连续供给的颗粒状物料进行计量，并按一定的重量进行分装的工作。图 13-22 为可在输送物料过程中进行计量的气动计量装置示意图。要求当计量箱中的物料重量达到设定值时，暂停传送带上的物料供给，然后把计量好的物料卸到包装容器中，计量箱卸完料后返回到图示位置，物料再次落入计量箱中，开始下一次计量动作循环。

该计量装置的动作过程是：首先让计量箱回到图示位置，随着物料不断落入计量箱中，计量箱的重量不断增加，计量缸 A 下腔内封闭的气体被慢慢压缩，活塞杆慢慢下降，当计量的重量达到设定值时，止动缸 B 伸出卡住传送带，暂时停止物料的供给。然后计量缸换接高压气源使活塞杆伸出，翻转计量箱卸料，经过一段时间的延时后，计量缸缩回，为下一次计量做好准备。

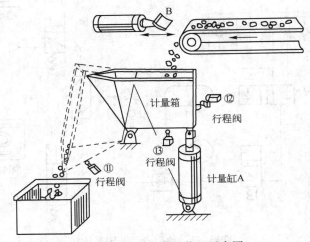

图 13-22　气动计量装置示意图

1. 气动系统的工作原理

图 13-23 为气动计量系统回路图，其工作原理如下。

从图 13-22 所示的状态开始，随着来自传送带的被计量颗粒物落入计量箱中，计量箱的重量逐渐增加，此时气缸 A 的主控阀 4 处于中间位置，缸 A 内气体被封闭住而呈现等温压缩过程，即气缸 A 活塞杆慢慢缩回。当重量达到设定值时，压下行程阀 13（使之处于上位）。控制空气经阀 2、行程阀 13 的上位至阀 5 的右端和阀 6 的左端，切换气控换向阀 6（使之处于左位），使止动缸 B 向外伸出，止动块卡住输送带，暂停被计量物的供给。同时切换气控换向阀 5 至图示位置（处于右位）。止动缸 B 外伸到行程终点时无杆腔内压力升高，顺序阀 7 被打开，进入 B 缸左腔的一路压缩空气经顺序阀 7、阀 5 的右位至阀 3 和阀 4 的左端，使气缸 A 的主控阀 4 和高低压切换阀 3 被切换（阀 4 处于左位，阀 3 处于左位），由阀 1 调定的 0. 6 MPa 的高压空气使计量缸 A 的活塞杆向外伸出。当 A 缸行至终点时，压下行程阀 11，控制空气经阀 2、阀 11 的上位再经过由单向节流阀 10 和气容 C 组成的延时回路延时后，切换换向阀 5（使之处于左位），进到 B 缸左腔的压缩空气经顺序阀 7 和阀 5 的左位使阀 4 和阀 3 换向（使阀 3、阀 4 均处于右位），由阀 2 调定的 0. 3 MPa 的低压压缩空气进入气缸 A 的有杆腔，A 缸的活塞杆以单向节流阀 8 中的节流阀所调节的速度缩回，当计量箱随气缸 A 的活塞杆回缩而翻转到其侧面的挡块压下行程阀 12 时，阀 12 换位（处于上位），控制空气经阀 2、阀 12 的上位至阀 6 的右端，切换气控阀 6（使之处于右位），使止动缸 B 缩回，来自传送带上的物料再次落入计量箱中，开始下一个计量循环。

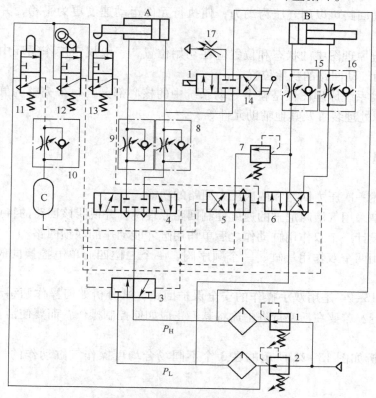

图 13-23　气动计量系统回路图

　　如果启动时，计量箱不在开始位置，则先切换手动换向阀 14 至左位，由减压阀 1 调节的高压气体使计量缸 A 外伸，当计量箱上的凸块通过设置于行程中间的行程阀 12 的位置后，手动阀切换到右位，计量缸 A 以排气阀 17 所调节的速度下降，当计量箱侧面的凸块切换行程阀 12 后，行程阀 12 发出的信号使阀 6 切换至图示位置，使止动缸 B 缩回，然后把手动阀换至中位，计量准备工作结束，即可从如图 13-22 所示的状态下开始计量循环。

2. 回路特点

1）由于止动缸安装行程阀有困难，所以采用了顺序阀控制的顺序动作回路。

2）在整个动作过程中，计量和倾倒物料都是由计量缸 A 来完成的，所以回路采用了高低压切换回路，计量时用低压，计量结束倾倒物料时用高压。计量重量的大小可以通过调节低压减压阀 2 的调定压力或调节行程阀 13 的位置来进行调节。

3）回路中采用了由单向节流阀 10 和气容 C 组成的延时回路。

项目小结

1. 任何复杂的气动控制系统，都可以通过能完成特定功能的基本回路组成，气动基本回路主要有方向控制回路、压力控制回路、速度控制回路、顺序动作回路和安全保护回路等。

2. 由于气体的压缩性较大，当负载惯性较大时，其执行元件的定位精度是较低的。

3. 在速度控制回路中，由于进气节流调速系统气缸排气腔的压力很快降至大气压，使气缸容易产生"爬行"现象，因而在实际应用中，大多采用排气节流调速控制。

4. 气液联动回路可以用气压为动力，使执行元件运动速度更为平稳，并能更为有效地进行控制。

5. 气动系统原理图中的状态和位置应在初始位置，一般规定工作循环中的最后程序终止时的状态作为气动回路的初始位置。

6. 一般气动系统原理图仅是整个气动系统中的核心部分，一个完整的气动系统还应有气源装置、气源处理装置及其他辅助元件等。

综合训练 13

13-1　简述一次压力回路和两次压力回路的功能。

13-2　绘制采用气液阻尼缸的速度控制回路原理图，并说明该回路的特点。

13-3　试设计一个双作用缸动作之后单作用缸才能动作的联锁回路。

13-4　利用两个双作用气缸、一个顺序阀、一个二位四通单电控换向阀设计一个顺序动作回路。

13-5　图 13-24 是用双手操作的安全保护回路。试分析如何操作两手动按钮阀 1 和 2 使气缸活塞下行？若要在活塞行进中途将其停止应如何控制操作？而要使活塞向上退回，又应如何操作？

13-6　分析如图 13-25 所示的在 3 个不同场合均可操作气缸动作的气动回路的工作情况。

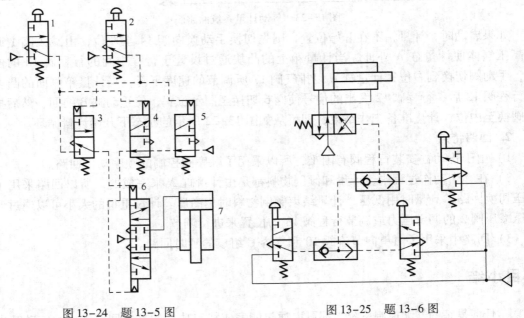

图 13-24　题 13-5 图　　　　图 13-25　题 13-6 图

242

13-7 写出如图13-26所示回路中各元件的名称,并分析该回路的工作原理。

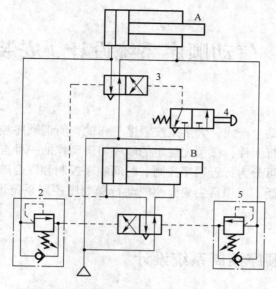

图 13-26 题 13-7 图

项目 14　气动顺序系统设计、安装与维护

项目描述

各种自动机械或自动生产线，大多是按顺序工作的，所谓顺序控制，就是根据生产过程的要求，使被控制的执行元件，按预先规定的顺序协调动作的一种自动控制方式。根据控制方式的不同，顺序控制可分为行程顺序控制、时间顺序控制和混合顺序控制三种，其中行程顺序控制系统应用最广泛。本项目主要介绍气动行程顺序控制系统设计和气动系统的安装、维护等方面的知识。

任务 14.1　行程顺序控制系统设计

气动设备绝大部分都是半自动或全自动控制的，按预先设置的动作顺序完成规定的工作循环。其中行程程序控制是实现自动控制的一种应用最广泛的控制方式。那么行程程序控制是如何实现的？需要哪些控制元件？

行程顺序控制一般是闭环顺序控制系统，它是前一个执行元件动作完成并发出信号后，才允许下一个动作进行的一种自动控制方式。行程程序控制系统包括行程发信装置、执行元件、顺序控制回路和动力源等部分。本任务主要介绍行程顺序控制设计的一般步骤和方法。学生通过本任务的学习，应掌握气动行程顺序控制系统设计的基本方法；能按照要求设计绘制简单的行程顺序控制系统位移图和气动系统原理图。

14.1.1　气动系统设计过程

一般气动系统的设计可按以下步骤进行。

1. 明确系统的工作任务和设计要求

1）运动状态的要求　直线运动的速度、行程，旋转运动的转速、转角及动作顺序等。

2）输出力或力矩的要求　输出力或力矩的大小。

3）工作环境的要求　工作场地的温度、湿度、振动、冲击、粉尘及防燃、防爆等要求。

4）配合要求　与机械、电气及液压系统配合关系的要求。

5）控制方式的要求　如自动、手动控制或遥控。

6）其他要求　如价格、外形尺寸以及总体布局等要求。

2. 确定控制方案，设计气动控制回路

1）根据工作要求和循环动作过程画出工作程序图，包括执行元件的数目、动作顺序、执行元件的形式等。

2）根据工作程序图画出信号 - 动作状态图，也可直接写出逻辑函数表达式。

3）判断故障信号并排除。

4）绘制逻辑原理图。

5）绘制气动回路的原理图。

3. 选择和计算执行元件

1）确定执行元件的类型和数目。一般情况下直线往复运动选用气缸，回转运动选用气马达，往复摆动选用摆动马达。

2）计算并选择结构参数。根据系统对各执行元件操作力、运动速度和运动方向等要求，确定气缸的内径，活塞杆直径、行程、密封形式和安装方式。设计中要优先选用标准气缸参数。

3）计算耗气量。

4. 选择控制元件

1）确定控制元件类型。可参考表14-1。

表 14-1 几种气控元件选用比较表

比较项目	控制方式	电磁气阀控制	气控气阀控制	气控逻辑元件控制	气控射流元件控制
安全可靠性		较好（交流电磁阀的线圈易烧）	较好	较好	一般
恶劣环境适应性（易燃、易爆、潮湿等）		较差	较好	较好	好（抗冲击、抗振动）
气源净化要求		一般	一般	一般	高
远距离控制性、速度传递		好，快	一般	一般	较好
控制元件体积		中等	大	较小	小
元件无功耗气量		很小	很小	小	大
元件带负载能力		高	高	较高	一般
价格		稍贵	一般	便宜	便宜

2）确定控制元件的通径。一般控制阀的通径可按阀的工作压力与最大流量确定。查表14-2可初步确定阀的通径，但应使所选的阀通径尽量一致，以便于配管。逻辑元件和射流元件的类型选定后，它们的通径也就选定了（通常逻辑元件为$\phi3$，个别为$\phi1$；射流元件为$\phi0.5 \sim \phi1$）。对于减压阀或定值器的选择，还必须考虑压力调整范围，确定其不同的规格。

表 14-2 标准控制阀各通径对应的额定流量（流速在 15~25 m/s 范围内）

公称通径/mm		$\phi3$	$\phi6$	$\phi8$	$\phi10$	$\phi15$	$\phi20$	$\phi25$	$\phi32$	$\phi40$	$\phi50$
流量	m^3/h	0.7	2.5	5	7	10	20	30	50	70	100
	L/min	11.66	41.67	83.34	116.67	166.68	213.36	500	833.4	1166.7	1666.8

5. 选择气动辅助元件

1）选择过滤器、油雾器、气罐、干燥器、消声器等元件的形式及容量。

2）确定管径、管长及管接头的形式。

3）验算各种压力损失。

6. 根据执行元件的耗气量，确定压缩机的容量及台数

14.1.2 设计时应考虑的安全问题

1. 突然停电或突然发生故障时的安全要求

在控制系统突然发生故障或者设备突然断电时，必须保证不会影响操作人员的安全。配有多个气缸的气动设备必须有一个紧急按钮开关作为保护措施。同时，可根据设备设计和操作的特点，决定是否采取下列紧急停止措施。

1）切断气源，使设备处于无压状态。

2）使所有气缸回到其初始状态。

3）使所有气缸安全地停在现有的位置上。

2. 气动夹紧装置的安全要求

当气动设备中有夹紧装置时，应在夹紧装置完全夹紧工件后，才能允许加工装置工作，这可以通过采用压力传感器或压力顺序阀来检测夹紧状态而实现。

工件夹紧后，在工作过程中，不能因为供气系统的故障而造成夹紧装置松开。解决的方法可以用气罐来保持夹紧缸中的压力，或用锁紧机构将夹紧装置锁住在夹紧位置。

在设计和安装气缸夹紧装置的控制系统时必须考虑因操作失误，造成夹紧装置误动作。这可以通过在手动开关上加保护盖及控制线路内部互锁来实现。

3. 对环境影响的要求

油雾是由通过压缩机或气源处理装置引进的润滑油所产生的，系统向外排气时，油雾随压缩空气排入大气中。蒸汽状的油雾常常可以在室内停留很长一段时间，人体吸入是有害的。对于有大排量的气动马达和设备上装有大口径气缸的系统来说，环境污染表现得尤为突出，应当采取有效措施，尽量减少排入大气中的油雾含量。

4. 对排气噪声的控制要求

必须采取措施控制过大的排气噪声。降低排气噪声可以采用安装排气消声器或节流消声器的方法。采用节流消声器时，可通过调节流体阻力，来控制气缸的运动速度。减少噪声的另外一种方法是将气动阀的排气口，用管络接到一个大的公共消声器排放。

14.1.3 单缸基本回路设计

1. 气缸的直接控制

对单作用或双作用气缸的简单控制一般采用直接控制。直接控制用于驱动气缸所需气流相对较小，控制阀的尺寸及所需操作力也较小的场合。如果阀门太大，如直接手动操作，所需的操作力也很大。

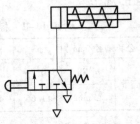

图14-1 单作用气缸的
直接控制回路

【例14-1】如图14-1所示是一个单作用气缸的直接控制回答。当按下按钮时，单作用气缸就夹紧工件。只要按钮一直保持按下状态，气缸就始终处于夹紧状态。如果按钮被释放，则夹紧装置松开。

2. 气缸的间接控制

对高速或大口径的控制气缸来说，气流的大小决定了应采用的控制阀的尺寸大小。如果要求驱动阀的操作力较大，采用间接控制就比较合适。间接控制一般都用压缩空气来克服大口径阀的操作阻力。间接控制的连接管道可以短些，因为控制阀可以靠近气缸安装。另一个优点是信号元件（即按钮式二位三通阀）的尺寸可以小些，因为它仅提供一个操作控制阀的信号，无须直接驱动气缸。

图 14-2 所示为用一个小型按钮阀操控一个大口径单作用气缸的例子，按钮阀可以安装在较远处。

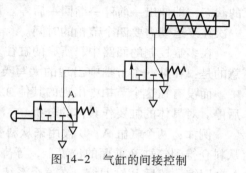

图 14-2　气缸的间接控制

14.1.4　符号绘制规则

缸阀单元的符号绘制如图 14-3 所示。

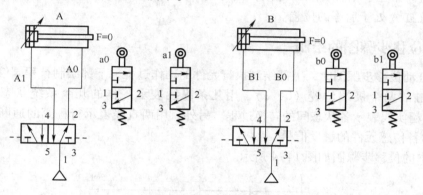

图 14-3　缸阀单元符号

1）用大写的英文字母 A，B，C 等表示不同的气缸。其中：带标号"1"的表示缸的无杆腔进气，带标号"0"的表示缸的有杆腔进气。如：A1 表示 A 缸的无杆腔进气，注意，这时 A 缸有两种状态，一种是 A 缸的活塞杆做伸出运动，另一种是 A 缸的活塞杆伸出后处于停止的位置，称为前停。A0 表示 A 缸的有杆腔进气，这时 A 缸也有两种状态，一种是 A 缸的活塞杆做缩回运动，另一种是 A 缸的活塞杆缩回后处于停止的位置，称为后停。

2）用小写英文字母 a，b，c 等表示同名气缸所带的行程阀。其中：带标号"1"的表示同名缸的伸出限位行程阀，带标号"0"的表示同名缸的缩回限位行程阀。如：a1 表示 A 缸的伸出限位行程阀，同时还表示 A 缸伸出限位行程阀被压下之后所发出来的信号；a0 表示 A 缸的缩回限位行程阀，同时还表示 A 缸缩回限位行程阀被压下之后所发出来的信号。也就是同一个符号，既表示行程阀的名称，又表示该行程阀被压下之后所发出来的控制信号。

3）右上角带"＊"号的信号称其为执行信号，如 a1＊，b1＊，c1＊等。所谓执行信号就是经过逻辑处理的信号，也就是能直接指挥下一个动作的信号。而把不带"＊"号的信号称其为原始信号，如 a1，b1，c1 等，原始信号就是由行程阀等直接发出来的信号，也就是没有经过逻辑处理的信号。

4）用 q 表示启动阀，同时用 q 表示当启动阀压下之后发出来的启动信号。

5）节拍。节拍用于表示某个执行元件完成某个动作所需要的时间。一个缸有四种不同的状态，即伸出→前停→缩回→后停。每个状态所占用的时间为一个节拍，所以，一个缸作一次往复运动需要四个节拍的时间。

在多缸控制的回路中，所有的缸往复运动一次需要几个节拍是由程序来决定的。值得注意的是：在某一个节拍中出现的大写英文字母，表示这个缸在这个节拍中一定处于运动之中。而没有在这个节拍中出现的其他缸，则一定是处于停止状态，要么处于前停，要么处于后停。对具体的缸要作具体的分析。

例如：两个气缸 A，B 被用来从料仓到滑槽传递工件。按下按钮，气缸 A 伸出，将工件从料仓推到气缸 B 前面的位置上，等待气缸 B 伸出将其推入输送滑槽。工件被传递到位后，A 缸回缩，然后 B 缸回缩。在这个系统中，A，B 两个缸共有四个节拍的循环时间。第一节拍：气缸 A 伸出，此时气缸 B 处于后停的位置。第二节拍：气缸 B 伸出，此时气缸 A 处于前停的位置。第三节拍：气缸 A 缩回，此时气缸 B 处于前停的位置。第四节拍：气缸 B 缩回，此时气缸 A 处于后停的位置。

14.1.5 位移步骤图的绘制

绘制气动位移步骤图时，上部绘制执行元件的动作过程，下部绘制行程阀信号。用两横线表示气缸的两个极端位置（0，1），用几条纵线表示工作的几个系统状态（1，2，3，……）。用粗实线表示各状态间的转换过程。另外，用两直线表示行程阀的通断，用小圆圈"。"表示各传感元件的触发信号。

上例中的位移步骤图如图 14-4 所示。

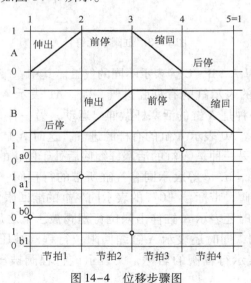

图 14-4 位移步骤图

14.1.6 气动原理图的绘制

1）先绘制系统中所有的缸阀单元；

248

2）根据系统的动作要求连线（若有障碍，要先消除障碍）。

上例中的气动原理如图 14-5 所示。

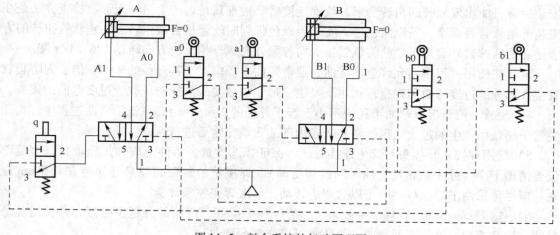

图 14-5　料仓系统的气动原理图

任务 14.2　气动系统的安装和维护

本任务主要介绍气动系统安装与调试的注意事项，气动控制系统的维护、常见故障及排除方法等方面的知识。学生通过学习和技能训练，应掌握各类气动元件安装的注意事项；具有进行气动系统日常维护和定期维护方面的基本技能；初步掌握气动系统常见故障的类型和排除方法。

14.2.1　气动系统的安装与调试

气动系统工作是否稳定可靠关键在于气动元件的选择及安装是否正确。气动系统必须经常检查维护，才能及时发现气动元件及系统的故障先兆并进行处理，保证气动元件及系统正常工作，延长其使用寿命。

1. 管路系统的安装

首先按系统工作原理图绘制管路系统安装图，各个系统的安装图要单独绘制。在安装图中应绘出机体的安装固定方法，并注明连接管子、其他部件和标准件的代号和型号。

在管路安装前要仔细检查各连接管。硬管中不能有切屑、锈皮及其他杂物，否则要清洗后才能安装。连接管外表面及两端接头应完好无损，加工后的几何形状要符合要求，经检查合格后须吹风处理。连接管在安装时要注意如下问题。

1）连接管扩口部分的中心线必须与管接头的中心线重合；否则，当外套螺母拧紧时，扩口部分的一边压紧过度，而另一边则压不紧，导致产生安装应力或密封不严，如图 14-6 所示（图中 D_0 为气管外径）。

2）螺纹连接接头的拧紧力矩要适中，拧得太紧，扩口

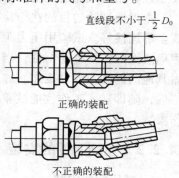

图 14-6　连接管的安装

部分受挤压太大会损坏，拧得不够紧则会影响密封性。

3）软管连接时，在软管接头的接触区内产生的摩擦力不足以消除接头的转动，因此在安装后有可能出现软管的扭转变形。软管连接后要检查其是否产生扭转变形，检查方法是在安装前给软管表面涂一条纵向色带，安装后以色带判断软管是否被扭转。防止软管扭转的方法是在最后拧紧外套螺母之前将软管接头向拧紧外套螺母相反的方向转动 1/6～1/8 圈。

软管在使用过程中不允许急剧弯曲，通常弯曲半径应大于其外径的 9～10 倍。为防止软管挠性部分的过度弯曲和在自重作用下发生变形，往往要采用能防止软管过度弯曲的接头。

4）硬管一般情况下弯曲半径应不小于管子外径的 2.5～3 倍。在管子弯曲过程中，为避免管子圆截面产生的过大变形，常在管子内部装入填充物后进行弯曲。

5）使用焊接式管接头与管子连接时，为保证焊缝质量，零件上应开焊缝坡口，焊缝部位要清理干净（除去氧化皮、油污和镀锌层等）。焊接管的装配间隙最好保持在 0.5 mm 左右。应尽量采用平焊，焊接时可以边焊边转动，一次焊完整条焊缝。

6）连接管的布局要合理。一般来说，管路越短越好，弯曲部分越少越好，并要避免急转弯。短软管只允许作平面弯曲，长软管可以作复合弯曲。

2. 管道系统的检查

管道系统安装完毕后要进行检查。一般检查项目有以下几条。

1）对连接管、管接头、紧固件作全面直观的检查，检查其是否有划伤、碰伤、压扁及严重磨损等现象。

2）检查软管有无严重扭曲、损伤及急剧弯曲的情况。在外套螺母拧紧的情况下，若软管接头处用手能拧动，则应重新紧固安装。

3）对扩口连接的管道，应检查连接管外表面是否有超过允许限度的挤压。

4）管路系统内部清洁度的检查方法是用洁净的细白布擦拭连接管的内壁或让吹出的风通过细白布，观察细白布上有无灰尘或其他杂物，以此判别系统内部的清洁程度。

气动系统安装后应进行吹风处理，以除去安装过程中带入管路系统内部的灰尘及其他杂质。吹风前应将系统的部分气动元件（如单向阀、减压阀、电磁阀、气缸等）用工艺附件或连接管替换。整个系统吹干净后，再把全部气动元件还原安装。

3. 管路系统的调试

管路系统清洗完毕后，即可进行调试。调试的内容之一是密封性试验。管路系统调试前要熟悉管路系统的功能及工作性能指标和调试方法。

密封性试验的目的在于检查管路系统全部连接点的外部密封性。密封性试验前管路系统要全部连接好。试验用压力源可采用高压气瓶，气瓶的输出气体压力不低于试验压力，一般用皂液涂敷法检查密封性。当发现有外部泄漏时，必须将压力降到零，方可拧动外套螺母或做其他的拆卸及调整工作。如果没有发现有外部泄漏，则系统应保压 2 小时。密封性试验完毕后，随即转入工作性能试验。工作性能试验重点检查被测试对象或传动控制对象的输出工作参数。

14.2.2　控制元件的安装

1. 减压阀的安装

减压阀必须安装在靠近需要减压的系统处，阀的安装部位应方便操作，压力表应便于观察。减压阀要垂直安装，根据减压阀的具体结构和安装位置，决定其手柄朝上还是朝下安装。减压阀不用时应旋松调压手柄，以免膜片长期受压引起塑性变形而缩短减压阀的使用寿命。减压阀的安装方向不能搞错，阀体上的箭头即气体的流动方向。在环境恶劣、粉尘多的场合，需要在减压阀之前安装过滤器。油雾器必须安装在减压阀的后面。由外部先导式减压阀构成遥控调压系统时，为避免信号损失及滞后，其遥控管路最长不得超过 30 m；精密减压阀的遥控距离不得超过 10 m。

2. 顺序阀的安装

顺序阀的安装位置要便于操作。在有些不便于安装机控行程阀的场合，可安装单向顺序阀。

3. 电磁换向阀的安装

先要检查电磁阀是否与选型参数一致，比如电源电压、介质压力、压差等。电源电压应满足额定电压波动范围：交流 −15% ~ +10%，直流 −10% ~ +10%。

一般电磁阀的电磁线圈部件应竖直向上安装，如果受空间限制或工况要求必须侧立安装的，需在选型订货时提出。否则可能造成电磁阀不能正常工作。

电磁阀一般是定向的，不可装反，通常在阀体上用"→"指出介质流动的方向，安装时要依照"→"指示的方向安装。不过在真空管路或特殊情况下可以反装。

4. 人工操作阀的安装

人工操作阀应安装在便于操作的地方，操作力不宜过大。脚踏阀的踏板位置不宜太高，行程不能太长，脚踏板上应有防护罩。在有剧烈振动的场合，为安全起见，人工控制阀应附加锁紧装置。

5. 机控阀的安装

机控阀操纵时其压下量不允许超过规定行程。用凸轮操纵滚子或杆件时，应使凸轮具有合适的接触角度。由滚子操纵时，$\theta \leqslant 15°$；由杠杆操纵时，$\theta \leqslant 10°$（见图 14-7）。

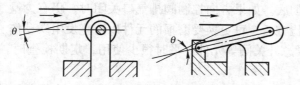

图 14-7　操纵机控阀时的凸轮接触角

机械操纵阀的安装板上应加工腰形安装长孔，以便能调整阀的安装位置。

6. 流量控制阀的安装

用流量控制阀控制执行元件的运动速度时，流量控制阀原则上应装在气缸接口附近。排气节流阀只能安装在排气口处。

14.2.3　气动系统的维护

如果能对气动设备进行定期的维护保养，针对发现的事故苗头，及时采取措施，就能有效地减少和防止事故的发生，延长气动元件和系统的使用寿命。因此，设备使用人员应严格执行制定的设备维护和保养制度。

维护保养工作的中心任务是保证供给气动系统清洁干燥的压缩空气；保证气动系统的密

封性；保证需油雾润滑的元件能得到良好的润滑；保证气动元件和系统能在规定的条件（如压力、流量、电压等）下工作。

气动系统的维护工作可分为日常维护工作和定期维护工作。

1. 气动系统的日常维护

气动系统日常维护的主要内容是冷凝水和系统润滑油的管理。

冷凝水的排放涉及整个气动系统，主要有空压机、后冷却器、气罐、管道系统、空气过滤器、干燥器和自动排水器等元件。在系统工作过程中，要定时按规定进行检查。在系统停止工作后，应将各处冷凝水排放掉，防止在气温低于0℃时导致冷凝水结冰。由于夜间管道内温度继续下降，会进一步析出冷凝水，气动系统在每天启动前，也应将冷凝水排出。同时要查看自动排水器是否正常工作，水杯内存水是否过量。

气动系统中从控制元件到执行元件，凡有相对运动的表面都需要润滑。如果对这些元件润滑不当，会使摩擦阻力增大而导致元件动作不良，使元件相对运动表面磨损加剧而缩短元件的使用寿命，从而产生系统泄漏等危害。

润滑油的性质直接影响润滑效果。通常，高温环境下用高黏度的润滑油，低温下用低黏度润滑油。在气动系统正常工作时，应检查油雾器的滴油量是否符合要求，一般以每 $10\ m^3$ 自由空气供给 $1\ mL$ 的油量为基准，同时要观察油杯中润滑油的颜色是否正常（油中是否混入灰尘和水分等杂质）。

2. 气动系统的定期维护

气动系统的定期维护时间间隔通常为三个月。其主要内容有如下。

1）查明系统各泄漏处，并设法予以解决。

2）通过对方向控制阀排气口的检查，判断润滑油油量是否适度，空气中是否有冷凝水。如果润滑不良，应检查油雾器规格是否合适，安装位置是否恰当，滴油量是否正常等。如果有大量的冷凝水排出，应考虑过滤器的安装位置是否恰当，排除冷凝水的装置是否合适，冷凝水排除是否彻底。如果方向控制阀排气口关闭时，仍有少量气体泄漏，则往往是元件的初期磨损阶段，检查后，可更换受磨损的元件以防止发生误动作。

3）像安全阀、紧急开关阀等元件，平时很少使用，定期检查时，必须确认它们动作的可靠性。

4）让换向阀反复切换，观察换向阀的动作是否可靠。根据换向时声音是否异常，判定铁心和衔铁配合处是否有杂质，铁心和衔铁是否损坏等。

5）反复开关换向阀，观察气缸的动作情况，根据有无漏气，可判断活塞杆与端盖内的导向套、密封件的接触情况、压缩空气的处理质量、气缸是否存在径向载荷等。因气缸活塞杆常露在外面，定期检查时要观察活塞杆是否被划伤、腐蚀和存在偏磨等情况。

在进行定期维护工作时，应注意劳动保护，员工间相互协调配合，及时做好记录，以便日后设备出现故障查找原因和设备大修时参考。

14.2.4 气动系统的维修

各种气动元件通常都给出了它们的耐久性指标，可以大致估算出气动系统在正常工作条件下的使用时间。例如，电磁阀的耐久性一般为1000万次，气缸的耐久性为3000 km，若气缸行程为200 mm，控制气缸的电磁阀的切换频率为每分钟3次，每天工作20 h，每年按250

个工作日计算，则电磁阀可以使用 11 年，气缸只能使用 8 年。故该系统的寿命为 8 年。由于有许多因素没有考虑，所以这是最长寿命估算法。元件中橡胶件的老化，金属件的锈蚀，气源处理质量的好坏，日常保养工作的是否完善，都直接影响气动系统的使用寿命。

气动系统中各类元件的使用寿命差别很大，如换向阀、气缸等有相对运动的元件，其使用寿命较短。而许多辅助元件，由于可动部件较少，相对来说寿命就要长一些，各种过滤器的使用寿命，主要取决于滤芯的寿命，这与气源处理后空气的质量关系很大。另外，如急停开关阀等不经常动作的元件，要保证其动作的可靠性，就必须定期进行维护。因此，气动系统的维修周期要根据系统的使用频度、气动装置的重要性和日常维护、定期维护等情况来确定，一般是每年大修一次。

在维修之前，应根据设备使用说明书和相关资料预先了解各元件的作用和工作原理。必要时，应参考维修手册。在拆卸前，应预先估计哪一部分问题较多。

维修时，对日常工作中经常出现问题的地方要彻底解决。对经常出现问题的元件和接近使用寿命的元件，宜换一个相同规格的新元件。许多元件仅仅是内部少量零件损伤，如密封圈、弹簧等，为了节省费用，可只更换损坏零件。

拆卸前必须切断电源和气源，确认压缩空气已全部排出后方能拆卸。注意仅关闭截止阀，系统中不一定已无压缩空气，所以必须认真分析、检查各部位，并设法将余压排尽。具体可用电磁先导阀的手动调节杆进行排气，观察压力表是否回零。同时应清扫元件和装置上的灰尘，保持环境清洁。

拆卸时，要慢慢旋松每个螺钉，以防元件或管道内有残压。拆卸应以组件为单位进行，一边拆卸，一边逐个检查零件是否正常，将零件按装配顺序排列，并注意零件的安装方向，以便以后装配。对有相对滑动部分的零件，尤其要认真检查。要仔细检查节流孔、喷嘴和滤芯的堵塞情况。要注意观察各处密封圈和密封垫的磨损、损伤和变形情况。

拆下来准备再用的零件，应放在清洗液中清洗。不得用汽油等有机溶剂清洗橡胶件、塑料件。可以使用优质煤油清洗。

零件清洗后，不能用棉丝、化纤品擦干。可用干燥清洁空气吹干，涂上润滑脂，以组件为单位进行装配。注意不要漏装密封件，安装密封件时应注意：有方向性的密封圈不得装反，密封圈不得拧着装。为便于安装，可在密封圈上涂敷润滑脂。要保持密封件清洁，防止棉丝、纤维、切屑末、灰尘等附着在密封件上。安装时，应防止沟槽的棱角处、横孔处碰伤密封件。与密封件接触的配合面不能有毛边，棱角应倒圆。橡胶材料的密封件不要过度拉伸，以免产生永久变形。在安装带密封圈的部件时，应注意不要碰伤密封圈。如果密封圈要通过螺纹部分，可在螺纹上卷上薄膜或使用插入用工具。活塞插入缸筒内壁时，孔端部应倒角 $15° \sim 30°$。

装配时注意不要将零件装反。螺钉拧紧力矩要均匀，力矩大小应合理。

更换的零件必须保证质量。锈蚀、损伤、老化的元件不得再用。必须根据使用环境和工作条件来选择密封件，以保证元件的气密性，使之能稳定地进行工作。

配管时，应注意不要将灰尘、密封材料碎片等异物带入管内。

装配好的元件要进行通气试验。缓慢升压到规定压力，保证升压过程中直至规定压力都不漏气。

部分元件检修后要试验其动作情况。例如气缸试验，开始将其缓冲装置的节流部分调节到最小。然后，调节速度控制阀使气缸以非常慢的速度移动，逐渐打开节流阀，使气缸达到规定速度。这样便可检查气阀、气缸的装配质量是否合乎要求。若气缸在最低工作压力下动作不灵活，必须仔细检查安装情况。

14.2.5 气动系统的常见故障及排除方法

通常，一个新设计安装的气动系统调整好以后，在一段时间内较少出现故障。几周或几个月内都不会出现过早磨损的情况，正常磨损一般在使用几年后才会出现。气动系统和气动元件的常见故障及排除方法如表 14-3 ~ 表 14-9 所示。

表 14-3　气动系统常见故障及排除方法

故　障	原　因	排　除　方　法
元件和管道阻塞	压缩空气质量不好，水气油雾含量过高	检查过滤器、干燥器，调节油雾器的滴油量
元件失压或产生误动作	安装和管道连接不符合要求	合理安装元件与管道，尽量缩短信号元件与主控阀的距离
气缸出现短时输出力下降	供气系统压力下降	检查管道是否泄漏、管道连接处是否松动
滑阀动作失灵或流量控制阀排气口堵塞	管道内的铁锈、杂质等使阀座被粘连或堵塞	清理管道内杂质或更换管道
元件表面有锈蚀或阀门元件严重堵塞	压缩空气中凝结水含量过多	检查、清洗过滤器和干燥器
活塞杆运动速度不正常	由于辅助元件的动作引起系统压力下降，压缩空气中含水量过高，使气缸内润滑不良	提高压缩机供气量或检查管道是否有泄漏、阻塞；检查冷却器、干燥器、油雾器工作是否正常
气缸的密封件磨损过快	气缸安装时轴向配合不好，使缸体和活塞杆上产生支承应力	调整气缸安装位置或加装可调支承架
系统停用几天后，重新启动时，润滑部件动作不畅	润滑油结胶	检查、清洗油水分离器或调小油雾器的滴油量

表 14-4　减压阀常见故障及排除方法

故　障	原　因	排　除　方　法
二次压力升高	阀弹簧损伤 阀座有伤痕或阀座橡胶剥离 阀体中混入灰尘，阀导向部分黏附异物 阀芯导向部分和阀体的 O 形密封圈收缩、膨胀	更换阀弹簧 更换阀体 清洗、检查过滤器 更换 O 形密封圈
压力降很大（流量不足）	阀通径小 阀下部积存冷凝水；阀内混入异物	使用通径大的阀 清洗、检查过滤器
向外漏气（阀的溢流孔处泄漏）	溢流阀座有伤痕（溢流式） 膜片破裂	更换溢流阀座 更换膜片
阀体泄漏	密封件损伤 弹簧松弛	更换密封件 更换弹簧
异常振动	弹簧的弹力减弱或弹簧错位 阀体的中心、阀杆的中心错位 因空气消耗量周期变化使阀不断开启、关闭，与减压阀引起共振	把弹簧调整到正常位置，更换弹力减弱的弹簧 检查并调整位置偏差 更换相应元件

表 14-5　溢流阀常见故障及排除方法

故　　障	原　　因	排 除 方 法
压力虽已上升，但不溢流	阀内部的孔堵塞 阀芯导向部分进入异物	清洗
压力虽没有超过设定值，但在二次侧却溢出空气	阀内进入异物 阀座损伤 调压弹簧损坏	清洗 更换阀座 更换调压弹簧
溢流时发生振动（主要发生在膜片式阀，其启闭压力差较小）	压力上升速度很慢，溢流阀放出流量多，引起阀振动	二次侧安装针阀，微调溢流量，使其与压力上升量相匹配
从阀体和阀盖向外漏气	膜片破裂（膜片式） 密封件损伤	更换膜片 更换密封件

表 14-6　方向阀常见故障及排除方法

故　　障	原　　因	排 除 方 法
不能换向	阀的滑动阻力大，润滑不良 O 形密封圈变形 杂质卡住滑动部分 弹簧损坏 阀操纵力小 膜片破裂	进行润滑 更换密封圈 清除杂质 更换弹簧 检查阀操纵部分 更换膜片
阀产生振动	空气压力低（先导式） 电源电压低（电磁阀）	提高操纵压力，采用直动式阀 提高电源电压，使用低电压线圈
交流电磁铁有蜂鸣声	T 形活动铁心密封不良 杂质进入铁心的滑动部分，使活动铁心不能密切接触 T 形活动铁心的铆钉脱落，铁心叠层分开不能吸合 短路环损坏 电源电压低	检查铁心接触和密封性，必要时更换铁心组件 清除杂质 更换活动铁心 更换固定铁心 提高电源电压
线圈烧毁	环境温度高 因为吸引时电流大，单位时间耗电多，温度升高，使绝缘损坏而短路 杂质夹在阀和铁芯之间，不能吸引活动铁心 线圈上有残余电压	按产品规定温度范围使用 使用高性能电磁阀 使用气动逻辑回路 清除杂质 使用正常电源电压，使用符合电压的线圈
切断电源，活动铁心不能退回	杂质夹入活动铁心活动部分	清除杂质

表 14-7　气缸常见故障及排除方法

故　　障	原　　因	排 除 方 法
外泄漏： （1）活塞杆与密封衬套间漏气 （2）气缸体与端盖间漏气 （3）从缓冲装置的调节螺钉处漏气	衬套密封圈磨损，润滑油不足 活塞杆偏心 活塞杆有伤痕 活塞杆与密封衬套配合面内有杂质 密封圈损坏	更换衬套密封圈，加强润滑 重新安装，使活塞杆不受偏心载荷 更换活塞杆 除去杂质、安装防尘盖 更换密封圈

故　障	原　因	排　除　方　法
内泄漏： 活塞两端串气	活塞密封圈损坏 润滑不良，活塞被卡住 活塞配合面有缺陷，杂质挤入密封圈	更换活塞密封圈 重新安装，使活塞杆不受偏心载荷 除去杂质，缺陷严重者更换零件
输出力不足，动作不平稳	润滑不良 活塞或活塞杆卡住 气缸体内表面有锈蚀或缺陷 进入了冷凝水、杂质	调节或更换油雾器 检查安装情况，消除偏心 视缺陷大小再决定排除故障办法 加强对空气过滤器和分水排水器的管理，定期排放污水
缓冲效果不好	缓冲部分的密封圈密封性能差 调节螺钉损坏 气缸速度太快	更换密封圈 更换调节螺钉 研究缓冲机构的结构是否合适
损伤： （1）活塞杆折断 （2）端盖损坏	有偏心载荷 摆动气缸安装轴销的摆动面与载荷摆动面不一致 有冲击装置的冲击力加到了活塞杆上，使活塞杆承受负载的冲击；气缸的速度太快 缓冲机构不起作用	调整安装位置，消除偏心 确定合理的摆动角度 冲击不得加在活塞杆上，设置缓冲装置 在外部或回路中设置缓冲机构

表 14-8　空气过滤器常见故障及排除方法

故　障	原　因	排　除　方　法
压力降过大	使用过细的滤芯 过滤器的流量范围太小 流量超过过滤器的容量 过滤器滤芯网眼堵塞	更换适当的滤芯 换流量范围大的过滤器 换大容量的过滤器 用洗涤剂清洗（必要时更换）滤芯
从输出端溢出冷凝水	未及时排出冷凝水 自动排水器发生故障 超过过滤器的流量范围	养成定期排水习惯或安装自动排水器 修理（必要时更换） 在适当流量范围内使用或者更换容量大的过滤器
输出端出现异物	过滤器滤芯损坏 滤芯密封不严 用有机溶剂清洗塑料件	更换滤芯 更换滤芯的密封件，紧固滤芯 用清洁的热水或煤油清洗
塑料水杯破损	在有有机溶剂的环境中使用 空气压缩机输出某种焦油 压缩机从空气中吸入对塑料有害的物质	使用不受有机溶剂侵蚀的材料（如使用金属杯） 更换空气压缩机的润滑油，使用无油压缩机 使用金属杯
漏气	密封不良 因物理（冲击）、化学原因使塑料杯产生裂痕 泄水阀，自动排水器失灵	更换密封圈 参看塑料杯破损栏 修理，必要时更换

表 14-9　油雾器常见故障及排除方法

故　障	原　因	排 除 方 法
油不能滴下	没有产生油滴下落所需的压差 油雾器方向安装错误 油道堵塞 油杯未加压	加上文氏管或换成小的油雾器 改变安装方向 拆卸，进行修理 因通往油杯的空气通道堵塞，需拆卸修理
油滴数不能减少	油量调整螺钉失效	检修油量调整螺钉
空气外向泄漏	油杯破损 密封不良 观察玻璃破损	更换油杯 检修密封 更换观察玻璃

项目小结

1. 气动系统的设计与液压系统的设计一样，包括确定方案、回路设计、元件选择和管道设计等相关内容。

2. 在设计气动系统时，要考虑突然停电或突然发生故障时的安全要求。如果气动设备中有夹紧装置，当工件夹紧时，不能因为供气系统的故障而造成夹紧装置松开。

3. 行程顺序控制是气动系统中被广泛采用的一种控制方式。其优点是结构简单，动作稳定，维修容易。行程顺序控制系统可分为多缸单往复系统和多缸多往复系统。

4. 要使气动设备处于良好的工作状态，正确的安装、调试、使用、维护并及时地排除故障，是十分重要的。

5. 气动系统的使用与维护尤其要注意对冷凝水和系统润滑进行管理。

综合训练 14

14-1　气动系统设计的一般步骤是什么？

14-2　气动系统设计时应考虑哪些安全问题？

14-3　用两个双作用单活塞杆气缸 A 和 B、一个顺序阀、一个二位四通电磁换向阀，设计一个顺序动作回路，完成 A1B1A0B0 的循环。

14-4　气动减压阀安装时需要注意什么问题？

14-5　气动系统的日常维护包括哪些内容？

14-6　气缸的常见故障有哪些？

项目 15　气动回路的电气控制与 PLC 控制

项目描述

在自动控制系统中，气动系统的应用越来越广泛，其完成的任务也越来越多，复杂程度和难度也越来越大。如果用纯气动控制方式，则可能不能完全实现其功能，或者即使能实现，其设备的投入及以后的维护也很不方便，所以目前除了一些简单、特殊的应用场合，已很少采用纯气动控制。

电气–气动控制主要由继电器控制回路发展而来，其主要特点是用电信号和电控元件来代替气信号和气压控制元件，例如用电磁阀代替气控阀，用按钮、继电器代替气控逻辑阀和气控组合阀等。电气–气动控制系统的特点是响应快，动作准确，其可操作性和效率远远高于纯气动控制，在气动自动化系统中得到广泛应用。本项目主要介绍气动回路的电气控制系统的概念，讲解电气动控制的基本知识和常见的基本电气控制回路，以及可编程序控制器（PLC）在气动控制系统中的应用简介。

任务 15.1　典型气动系统电气控制的应用

气动系统的电气控制回路包括气动回路和电气回路两部分。气动回路一般是动力部分，电气回路一般是控制部分。通常在设计电气回路之前，要先设计出气动回路，按照气动系统的要求，选择采用何种形式的电磁阀来控制气动执行元件的运动，从而设计电气回路。在整个系统设计中，气动回路图和电气回路图必须分开绘制，气动回路图习惯放置于电气回路图的上方或左侧。本任务主要介绍常用的电气元件符号、一些典型的电气回路以及典型气动系统的电气控制。

15.1.1　常用电气元器件符号及说明

1. 电源

电源符号及说明参见表 15–1。

表 15–1　电源符号及简介

序　号	名　称	功　能	符　号
1	电源负极	电源负极 0 V 接线端	0V
2	电源正极	电源正极 24 V 接线端	+24V
3	接线端	接线端是连接电缆的位置	

序　号	名　　称	功　能	符　号
4	电缆	用于连接两个接线端	
5	T形接线端	最多可连接三条电缆，因此，其具有唯一的电压值	

2. 信号元件

信号元件符号及说明参见表15-2。

表15-2　信号元件符号及简介

序　号	名　　称	功　能	符　号
1	指示灯	如果有电流通过，则指示灯按用户定义的颜色发光	
2	蜂鸣器	如果有电流通过，则在蜂鸣器四周会发出光环或声音	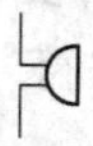

3. 开关触点

开关触点符号及说明参见表15-3。

表15-3　开关触点符号及简介

序　号	名　　称	功　能	符　号
1	常闭触点	常闭触点（动断触点）即继电器被激励而动作后，其触点就断开（图中为动作前的初始状态）	
2	常开触点	常开触点（动合触点）即继电器被激励而动作后，其触点就闭合（图中为动作前的初始状态）	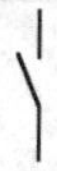
3	转换触点	转换触点共有三个触点，当线圈不通电时，动触点和一个静触点断开并与另一个静触点闭合，线圈通电后，使原来断开的触点闭合、原来闭合的断开，达到转换的目的	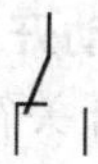

4. 延时触点

延时触点符号及说明参见表15-4。

表15-4　延时触点符号及简介

序　号	名　　称	功　能	符　号
1	延时断开的触点常闭	线圈得电后，触点经过一段延时才断开；线圈失电后，触点瞬时返回（闭合）	
2	延时闭合的触点常开	线圈得电后，触点经过一段延时才闭合；线圈失电后，触点瞬时返回（断开）	
3	延时断开转换触点	线圈得电后，触点经过一段延时才转换；线圈失电后，触点瞬时返回原来的状态	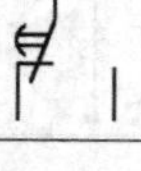

序 号	名 称	功 能	符 号
4	延时闭合的触点常闭	线圈得电后，触点瞬时断开；线圈失电后，触点经过一段延时后返回（闭合）	
5	延时断开的触点常开	线圈得电后，触点瞬时闭合；线圈失电后，触点经过一段延时后返回（断开）	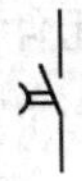
6	延时闭合转换触点	线圈得电后，触点瞬时进行转换；线圈失电后，触点经过一段延时后返回原来状态	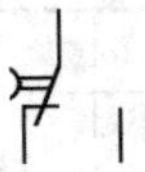

5. 行程开关

行程开关符号及说明参见表 15-5。

表 15-5　行程开关符号及简介

序 号	名 称	功 能	符 号
1	行程开关（常闭触点）	该行程开关由与气缸/液压缸活塞杆相连的行程挡铁操作。当行程挡铁压住该行程开关后，其触点立即断开	
2	行程开关（常开触点）	当行程挡铁压准该行程开关后，其触点立即闭合	
3	行程开关（转换触点）	当行程挡铁压住该行程开关后，其触点立即转换状态	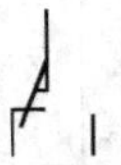

6. 手动开关

手动开关符号及说明参见表 15-6。

表 15-6　手动开关符号及简介

序 号	名 称	功 能	符 号
1	按钮开关（常闭）	按下该按钮开关时，触点断开；释放该按钮开关时，触点立即闭合	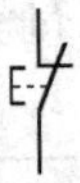 E-
2	按钮开关（常开）	按下该按钮开关时，触点闭合；释放该按钮开关时，触点立即断开	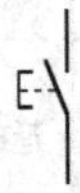 E-
3	按钮转换开关	按下该按钮转换开关时，触点状态转换；释放该按钮开关时，触点立即复位	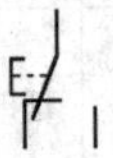 E-
4	按键开关（常闭）	按下该开关时，触点断开；并锁定触点状态	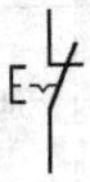 E-

序 号	名 称	功 能	符 号
5	按键开关（常开）	按下该开关时，触点闭合；并锁定触点状态	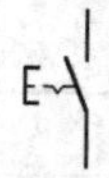 E⌐
6	按键转换开关	按下该开关时，触点状态转换，并锁定触点转换状态	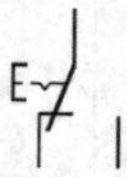 E⌐

7. 压力开关

压力开关符号及说明参见表 15-7。

表 15-7　压力开关符号及简介

序 号	名 称	功 能	符 号
1	压力开关（常闭触点）	当压力超过压力开关设定的压力值时，则该压力开关断开	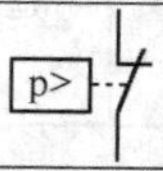 p>
2	压力开关（常开触点）	当压力超过压力开关设定的压力值时，则该压力开关闭合	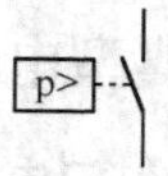 p>
3	压力开关（转换触点）	当压力超过压力开关设定的压力值时，则该压力开关进行状态转换	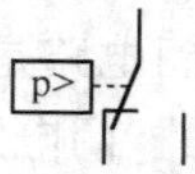 p>

8. 接近开关

接近开关符号及说明参见表 15-8。

表 15-8　接近开关符号及简介

序 号	名 称	功 能	符 号
1	磁感应式接近开关	当开关接近磁场时，开关触点闭合	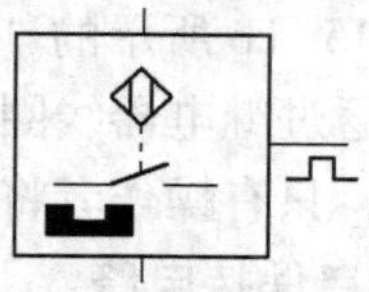
2	电感式接近开关	当开关感应电磁场变化时，开关触点闭合	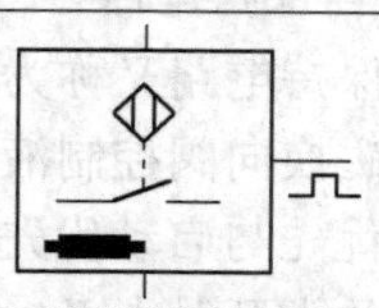
3	电容式接近开关	当静电场变化时，开关触点闭合	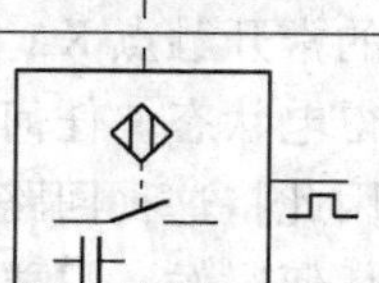
4	光电式接近开关	当光路被阻断时，开关触点闭合	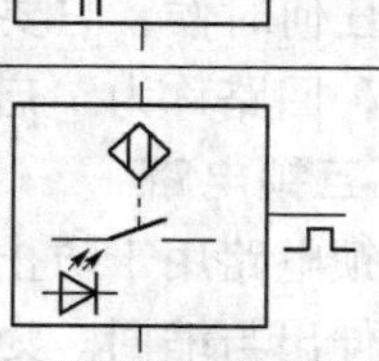

9. 继电器

继电器符号及说明参见表15-9。

表15-9 继电器符号及简介

序 号	名 称	功 能	符 号
1	继电器线圈	当继电器线圈流过电流时，继电器触点闭合；当继电器线圈无电流时，继电器触点立即断开	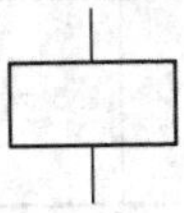
2	延时闭合继电器	当继电器线圈流过电流时，经过预置时间延时，继电器触点闭合；当继电器线圈无电流时，继电器触点立即断开	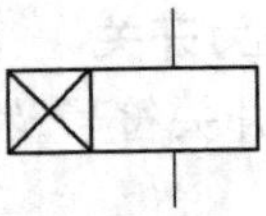
3	延时断开继电器	当继电器线圈流过电流时，继电器触点闭合；当继电器线圈无电流时，经过预置时间延时，继电器触点断开	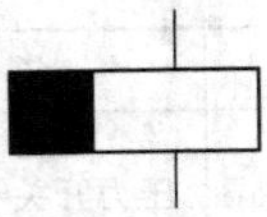

15.1.2 典型电气回路

1. "是"门电路（YES）

"是"门电路是一种简单的通/断电路；能实现"是"门逻辑电路的功能。如图15-1a所示为"是"门电路，按下按钮SB，电路1导通，继电器线圈KA得电励磁，其常开触点KA闭合，电路2导通，指示灯亮。若放开按钮，则指示灯熄灭。

2. "或"门电路（OR）

如图15-1b所示的"或"门电路也称为并联电路。只要按下3个手动按钮中的任何一个，使其闭合，就能使继电器线圈KA通电。

3. "与"门电路（AND）

图15-1c所示的"与"门电路也称为串联电路。只有将按钮SB、SB1、SB2同时按下，电流才通过继电器线圈KA。例如，一台设备为防止误操作，保证安全生产，安装了两个启动按钮，只有操作者将两个启动按钮同时按下时，设备才能运行。

4. 自保持电路

自保持电路又称为记忆电路，在各种液、气动装置的控制电路中很常用，尤其在使用单电控电磁换向阀控制液压缸、气缸的运动时，需要用自保持回路。如图15-1d和e所示分别为停止优先与启动优先自保持电路。按下图15-1d中的按钮SB，继电器线圈KA得电，第2条线上的常开触点KA闭合，即使松开按钮SB，继电器KA的线圈也将通过常开触点KA继续保持得电状态。任何时候只要按下按钮SB1（即使同时按下按钮SB），继电器线圈KA将失电，因此将这种回路称为"停止优先"自保持回路。如图15-1e所示为另一种自保持回路，在任何时候，只要按下按钮SB（即使同时按下按钮SB1），继电器线圈KA将得电，因此将这种回路称为"启动优先"自保持回路。

5. 互锁电路

互锁电路用于防止错误动作的发生，以保护设备、人员安全，如电动机的正转与反转、气缸的伸出与缩回。为防止同时输入相互矛盾的动作信号，使电路短路或线圈烧坏，控制电路应加互锁功能。如图 15-2a 所示，按下按钮 SB，继电器线圈 KA1 得电，第 2 条线上的触点 KA1 闭合，继电器 KA1 形成自保，第 3 条线上 KA1 的常闭触点断开，此时若再按下按钮 SB2，则继电器线圈 KA2 一定不会得电。同理，若先按下按钮 SB2，则继电器线圈 KA2 得电，继电器线圈 KA1 一定不会得电。

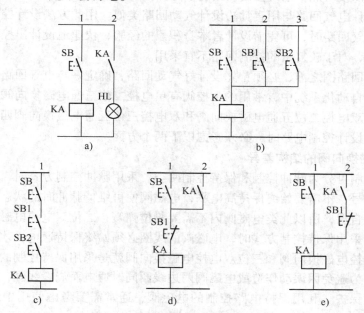

图 15-1　基本电气回路 1

a)"是"门电路　b)"或"门电路　c)"与"门电路

d)自保持电路（停止优先）　e)自保持电路（启动优先）

6. 延时电路

延时电路分为两种，即通电延时电路和断电延时电路。如图 15-2b 所示为通电延时电路，当按下开关 SB 后，延时继电器 KT 开始计时，经过设定的时间后，第 2 条线上的时间继电器触点闭合，电灯点亮。松开 SB 后，延时继电器 KT 立即断开，电灯熄灭。如图 15-2c 所示为断电延时电路，当按下开关 SB 后，时间继电器 KT 的触点也同时接通，电灯点亮，当松开 SB 后，延时断开继电器开始计时，到规定时间后，时间继电器触点 KT 才断开，电灯才熄灭。

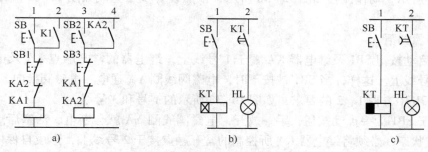

图 15-2　基本电气回路 2

a)互锁回路　b)通电延时回路　c)断电延时回路

15.1.3 典型气动系统的电气控制

在设计电气程序控制系统时，应将电气控制回路和气动动力回路分开画，两个图上的文字符号应一致，以便对照。电气控制回路的设计方法有多种，本节主要介绍直觉法。

用直觉法设计电气回路与用直觉法设计气动回路类似。用此方法设计控制电路的优点是在设计简单的电气回路时，可凭借设计者本身积累的经验，快速地设计出控制回路；缺点是设计方法较主观，对于较复杂的控制回路不宜采用。

在设计电气回路图之前，必须首先设计好气动回路，确定好与电气回路图有关的主要技术参数。在气动自动化系统中，常用的主控阀有单电控二位三通电磁换向阀、单电控二位五通电磁换向阀、双电控二位五通电磁换向阀和双电控三位五通电磁换向阀四种。

在用直觉法设计控制电路时，必须考虑以下两个方面。

1. 分清电磁换向阀的结构差异

电磁阀的控制可分为脉冲控制和保持控制两类。采用脉冲控制方式时，只要给电磁阀的线圈一个脉冲信号，不需要始终保持高电平，电磁阀便可维持脉冲时的状态不变，因其具有记忆功能，无需自保，所以此类电磁阀内不需要复位弹簧，二位双电控电磁换向阀就可采用脉冲控制方式；采用保持控制方式时，电磁阀的线圈必须始终保持通电，才能维持通电时的状态，二位单电控电磁换向阀和三位双电控电磁换向阀就是采用保持控制的。在使用双电控电磁换向阀时，为避免因误动作造成电磁阀两边线圈同时通电而烧毁线圈，在设计控制电路时必须考虑互锁保护。利用保持电路控制的电磁阀，通常需要考虑使用中间继电器来保持记忆。

2. 注意动作模式

如气缸的动作是单个循环，可用按钮开关操作前进，利用行程开关或按钮开关控制回程。若气缸动作为连续循环，则利用按钮开关控制电源的通、断电，在控制电路上比单个循环多加一个信号控制元件（如行程开关），使气缸完成一次循环后能再次动作。

15.1.4 应用实例

1. 二位五通单电控电磁换向阀控制单气缸运动

【例 15-1】 设计一个用二位五通单电控电磁换向阀控制的单气缸自动单往复回路。

解： 利用手动按钮控制单电控二位五通电磁阀来操作单气缸实现单往复循环。气动回路如图 15-3a 所示，动作流程如图 15-3b 所示，依照设计步骤完成如图 15-3c 所示的电气回路图。

设计步骤如下。

1）将启动按钮 SB1 及继电器 KA 置于 1 号线上，继电器的常开触点 KA 及电磁阀线圈 YA 置于 3 号线上。这样，当 SB1 被按下时，电磁阀线圈 YA 通电，电磁阀换向，活塞前进。完成图 15-3b 中方框 1、2 的要求，如图 15-3c 所示的 1 号和 3 号线。

2）由于 SB1 为一点动按钮，手一放开，电磁阀线圈 YA 就会断电，活塞后退。为使活塞保持前进状态，必须将继电器 KA 所控制的常开触点接于 2 号线上，形成自保电路，完成图 15-3b 中方框 3 的要求，如图 15-3c 所示的 2 号线。

3）将行程开关 a1 的常闭触点接于 1 号线上，当活塞杆上的行程挡铁压下 a1 时，切断自保电路，电磁阀线圈 YA 断电，电磁阀复位，活塞退回，完成图 15-3b 中方框 5 的要求。图 15-3c 中 SB2 为停止按钮。

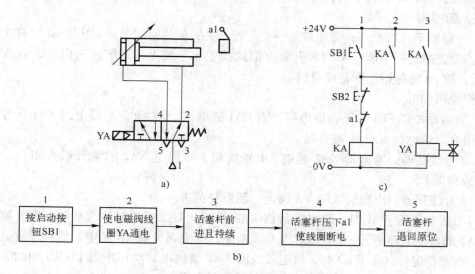

图 15-3　单气缸自动单往复回路
a）气动回路图　b）动作流程图　c）电气回路图

【例 15-2】设计一个用二位五通单电控电磁换向阀控制的单气缸自动连续往复回路。

解：气动回路如图 15-4a 所示，动作流程如图 15-4b 所示。依照设计步骤完成如图 15-4c 所示的电气回路图。

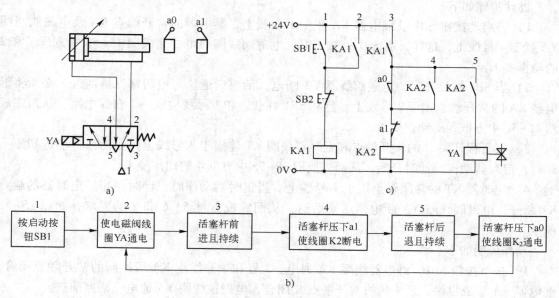

图 15-4　单气缸自动连续往复回路
a）气动回路图　b）动作流程图　c）电气回路图

设计步骤如下。

1）将启动按钮 SB1 及继电器 KA1 置于 1 号线上，继电器的常开触点 KA1 置于 2 号线

265

上。并与 SB1 并联和 1 号线形成一个自保电路。在 +24 V 电源线上加一继电器 KA1 的常开触点。这样，当 SB1 被按下时，继电器 KA1 线圈所控制的常开触点 KA1 闭合，3、4、5 号线上才接通电源。

2）为得到下一次循环，必须多加一个行程开关，使活塞杆退回到压下 a0 后再次使电磁阀通电。为完成这一功能，a0 以常开触点形式接于 3 号线上，系统在未启动之前活塞杆压在 a0 上，故 a0 的起始位置是接通的。

动作说明如下。

1）将启动按钮 SB1 按下，继电器线圈 KA1 通电，2 号线和 3 号线上的 KA1 所控制的常开触点闭合，继电器 KA1 形成自保。

2）3 号线接通，继电器 KA2 通电，4 号线和 5 号线上 KA2 的常开触点闭合，继电器 KA2 形成自保。

3）5 号线接通，电磁阀线圈 YA 通电，活塞杆前进。

4）当活塞杆压下 a1 时，继电器线圈 KA2 断电，KA2 所控制的常开触点恢复原位，继电器 KA2 的自保电路断开，4 号线和 5 号线断路，电磁阀线圈 YA 断电，活塞杆后退。

5）活塞杆退回到压下 a0 时，继电器线圈 KA2 又通电，动作由图 15-4b 图的 2 重新开始循环，这样气缸就连续往复运动，直至按下 SB2 为止。

6）若按下 SB2，则继电器线圈 KA1 和 KA2 断电，活塞后退。SB2 为急停或后退按钮。

【例 15-3】设计一个用二位五通单电控电磁换向阀控制的单气缸延时单往复运动回路。

解：气动回路如图 15-5a 所示，位移 - 步骤图如图 15-5b 所示，动作流程如图 15-5c 所示，依照设计步骤完成如图 15-5d 所示的电气回路图。

设计步骤如下。

1）将启动按钮 SB1 及继电器 KA 置于 1 号线上，继电器的常开触点 KA 及电磁阀线圈 YA 置于 4 号线上，这样，当 SB1 被按下时，电磁阀线圈通电，完成图 15-5c 中方框 1 和 2 的动作要求。

2）当 SB1 被松开时，电磁阀线圈 YA 断电，活塞后退。为使活塞保持前进，必须将继电器 KA 的常开触点接于 2 号线上，且和 SB1 并联，和 1 号线构成一个自保电路，从而完成图 15-5c 中方框 3 的动作要求。

3）将行程开关 a1 的常开触点和定时器线圈 KT 连接于 3 号线上。当活塞杆前进到压下 a1 时，定时器动作，计时开始，从而完成图 15-5c 中方框 4 的动作要求。

4）定时器 KT 的常闭触点接于 1 号线上。当定时器动作时，计时终止，定时器的触点 KT 断开，电磁阀线圈 YA 断电，活塞后退，从而完成方框 5、6 和 7 的要求，如图 15-5d 所示。

动作说明如下。

1）按下按钮 SB1，继电器线圈 KA 通电，2 号和 4 号线上 KA 所控制的常开触点闭合，继电器 KA 形成自保，且 4 号的常开触点 K 闭合，电磁铁线圈 YA 通电，活塞前进。

2）活塞杆压下 a1，定时器动作，经过设定时间 t，定时器所控制的常闭触点断开，继电器 KA 断电，继电器所控制的触点复位。

3）4 号线断开，电磁铁线圈 YA 断电，活塞后退。

4）活塞杆一离开 a1，定时器线圈 KT 断电，其所控制的常闭触点复位。

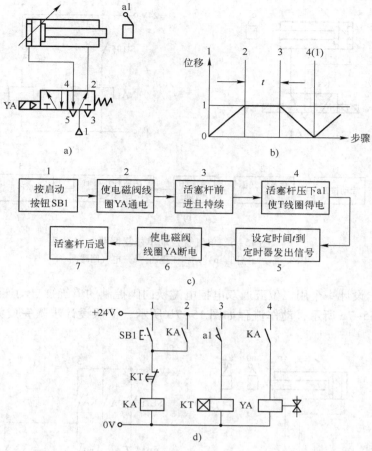

图 15-5　延时单往复运动回路
a）气动回路图　b）位移－步骤图　c）动作流程图　d）电气回路图

2. 二位五通双电控电磁换向阀控制单气缸运动

由上面实例可知：使用单电控电磁阀控制气缸运动时，由于电磁阀的特性，控制电路上必须有自保电路。而二位五通双电控电磁阀具有记忆功能，且阀芯的切换只要一个脉冲信号即可，控制电路上不必考虑自保，电气回路的设计较简单。

【**例15-4**】设计一个用二位五通双电控电磁换向阀控制的单气缸自动单往复回路。利用手动按钮使气缸前进，直至到达预定位置后自动退回。气动回路如图 15-6a 所示，动作流程如图 15-6b 所示，依照设计步骤完成如图 15-6c 所示的电气回路图。

设计步骤如下。

1）将启动按钮 SB1 和电磁阀线圈 YA1 置于 1 号线上。当按下 SB1 后立即松开时，线圈 YA1 通电，电磁阀换向，活塞前进，达到图 15-6b 中方框 1、2 和 3 的要求。

2）将行程开关 a1 以常开触点的形式和线圈 YA0 置于 2 号线上。当活塞前进到压下 a1 时，则 YA0 通电，电磁阀复位，活塞后退（活塞一后退，a1 就复位，YA0 就断电，但双电控电磁阀具有记忆功能，阀仍处于右位，活塞后退能持续），完成图 15-6b 中方框 4 和 5 的要求。其电路如图 15-6c 所示。

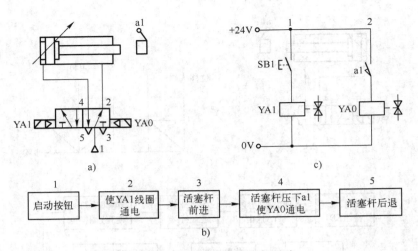

图 15-6　单气缸自动单往复回路

a) 气动回路图　b) 动作流程图　c) 电气回路图

【例 15-5】 设计一个用二位五通双电控电磁换向阀控制的单气缸自动连续往复回路。其气动回路如图 15-7a 所示，动作流程如图 15-7b 所示，依照设计步骤完成如图 15-7c 所示的电气回路图。

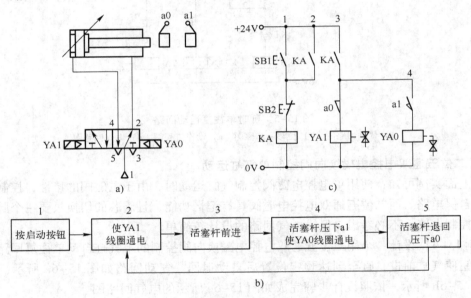

图 15-7　单气缸自动连续往复回路

a) 气动回路图　b) 动作流程图　c) 电气回路图

解：设计步骤如下。

1）将启动按钮 SB1 和继电器线圈 KA 置于 1 号线上，KA 所控制的常开触点接于 2 号线上。当按下 SB1 后立即松开时，2 号线上 KA 的常开触点闭合，形成自保，且 3 号线和 4 号线有电。

2）电磁铁线圈 YA1 置于 3 号线上。当按下 SB1 时，线圈 YA1 通电，电磁阀换向，活塞前进，完成如图 15-7b 所示方框 1、2 和 3 的要求。

3）行程开关 a1 以常开触点的形式和电磁铁线圈 YA0 接于 4 号线上。当活塞杆前进到压下 a1 时，线圈 YA0 通电，使电磁阀处右位，气缸活塞后退，完成如图 15-7b 所示方框 4 的要求。

4）为得到下一次循环，必须在电路上加一个起始行程开关 a0，使活塞杆后退到压下 a0 时，将信号传给线圈 YA1，使 YA1 再次通电。为完成此项工作，a0 以常开触点的形式接于 3 号线上。系统在未启动之前，活塞在起始点位置，a0 被活塞杆压住，故其起始状态为接通状态。SB2 为停止按钮。电路如图 15-7c 所示。

动作说明如下。

1）按下 SB1，继电器线圈 KA 通电，2 号线上的继电器常开触点闭合，继电器 KA 形成自保，且 3 号线接通，电磁铁线圈 YA1 通电，活塞前进。

2）当活塞杆离开 a0 时，电磁铁线圈 YA1 断电（虽然 YA1 断电，但双电控电磁阀具有记忆功能，阀仍处于左位，活塞前进且能持续）。

3）当活塞杆前进到压下 a1 时，4 号线接通，电磁铁线圈 YA0 通电，活塞退回（同理，由于双电控电磁阀具有记忆功能，所以尽管后退过程中 YA0 已断电，但动作仍能持续）。当活塞杆后退到压下 a0 时，3 号线又接通，电磁铁线圈 YA1 再次通电，第二个循环开始，这样气缸就连续往复运动，直至按下 SB2 为止。

如图 15-7c 所示电路图的缺点是：在活塞前进时，按下停止按钮 SB2，活塞无法退回。因为在活塞前进过程中（此时电磁阀处于左位；a0 已释放，YA1 和 YA0 均断电），如果按下停止按钮 SB2，则线圈 KA 断电，2 号、3 号线上的常开触点 KA 断开，但阀仍处于左位，活塞继续前进。当活塞前进到压下 a1 后，由于 3 号线上的触点 KA 已断开，所以仍无法使 YA0 得电，活塞停留在最前端而无法退回到起始位置。如果将按钮开关 SB2 换成按钮转换开关，并把如图 15-7c 所示的电路图改成如图 15-8 所示电路，则按下停止按钮 SB2 后，无论活塞处于前进还是后退状态，均能使活塞马上退回到起始位置。

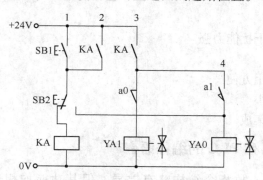

图 15-8　在任意位置可复位的单气缸自动连续往复回路

任务 15.2　可编程序控制器（PLC）在气动控制中的应用

气动系统的电气控制方式有许多优点，但对于一个较复杂的控制系统，如果采用继电器控制方式，虽然能够实现其功能，但其规模将相当大，线路很复杂，如果要改变系统的某个功能，其改造工程量也很大。同时，电气控制系统的维护也较困难。

可编程序控制器（PLC）具有电气控制的优点，同时克服了继电器控制系统线路复杂、改造和维护困难等缺陷。如果要改变系统的某一功能，只要改变 PLC 的程序即可，而硬件部分不需要更改或只要作小部分的改动，大大减少了系统改造的工作量。同时 PLC 还具有功能齐全、工业环境适用性强、操作简单等优点，现已广泛应用于自动化生产的各个领域。本任务简单介绍 PLC 的工作原理和三菱 FX$_{2N}$ 的编程语言，最后通过一个实例来说明 PLC 在气动控制系统中的应用。

15.2.1 PLC 的组成与特点

1. PLC 的硬件结构

PLC 主要由中央处理单元（CPU）、存储器（RAM、ROM）、输入输出单元（I/O）、电源和编程器等几部分组成，其结构框图如图 15-9 所示。

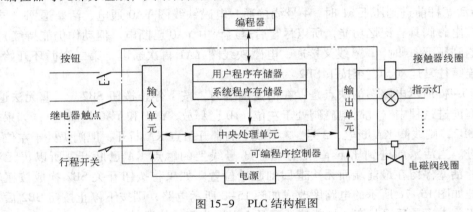

图 15-9 PLC 结构框图

2. PLC 的主要优点

（1）可靠性高、抗干扰能力强

（2）编程简单易学

（3）通用性强、使用方便

（4）速度快，体积小

（5）便于工业控制集成

15.2.2 三菱 FX$_{2N}$ 系列 PLC 的编程语言

RLC 由于品牌不同，故指令结构略有差异，但其功能均相似。目前 PLC 常用的编程语言有梯形图编程语言、指令语句表编程语言、功能图编程语言和高级编程功能语言四种。

1. 梯形图编程语言

梯形图编程语言习惯上叫做梯形图。梯形图沿袭了继电器控制电路的形式，也可以说，梯形图编程语言是在电气控制系统中常用的继电器、接触器逻辑控制基础上演变而来的，具有形象、直观、实用等特点，是应用最广的一种 PLC 编程语言。继电器接触器电气控制电

270

路图和 PLC 梯形图如图 15-10 所示。

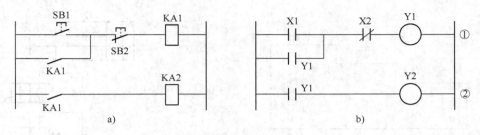

图 15-10　两种控制图
a) 电气控制电路图　b) PLC 梯形图

PLC 梯形图中每个网络由多个梯级构成，每个梯级由一个或多个支路组成，并由一个输出元件构成，但右边的元件必须是输出元件。例如图 15-10b 中梯级图由两个梯级组成，梯级①、②中有 4 个编程元件（X1、X2、Y1 和 Y2），最右边的 Y1、Y2 是输出元件。

梯形图中每个编程元件应按一定的规则加标字母数字串，不同编程元件常用不同的字母符号和一定的数字串来表示，不同厂家的 PLC 使用的符号和数字串往往是不一样的。

2. 指令语句表

这种编程语言是一种与计算机汇编语言相类似的助记符编程方式，用一系列操作指令组成的语句表将控制流程描述出来，并通过编程器送到 PLC 中去。需要指出的是，不同厂家的 PLC 指令语句表使用的助记符并不相同，因此，一个相同功能的梯形图，书写的语句表并不相同。表 15-10 是用三菱公司 FX 系列 PLC 指令语句，完成如图 15-10b 所示功能编写的程序。

表 15-10　梯形图对应的 FX 系列 PLC 指令语句表

步　序	操作符（助记符）	操作数（参数）	说　明
1	LD	X1	逻辑行开始，输入 X1 常开触点
2	OR	Y1	并联 Y1 自保触点
3	ANI	X2	串联 X2 的常闭触点
4	OUT	Y1	输出 Y1 逻辑行结束
5	LD	Y1	输入 Y1 常开触点的逻辑行开始
6	OUT	Y2	输出 Y2 逻辑行结束

15.2.3　应用实例

【例 15-6】 组合机床动力滑台液压系统的 PLC 控制系统

以图 15-11 所示的二次工作进给的组合机床动力滑台液压系统原理图为例来说明，其动作循环和顺序如图中所示。

1）确定输入输出地址编号。选用三菱公司的 F1 - 20MR PLC 就可满足该系统的控制需要。图 15-12 是 F1 - 20MR 的输入输出端子地址编号。

2）操作面板布置。图 15-13 为 PLC 操作面板布置示意图。当选择开关 SA 接通时为手动工作方式，按启动按钮 SB_3，动力滑台快进。按停止按钮 SB_4，动力滑台快退。同时按 SB_3 和 SB_4，动力滑台慢进。当选择开关 SA 断开时，为周期工作方式，按启动按钮 SB_3，滑台运动一周期自动停在原位。

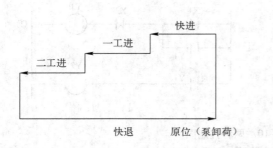

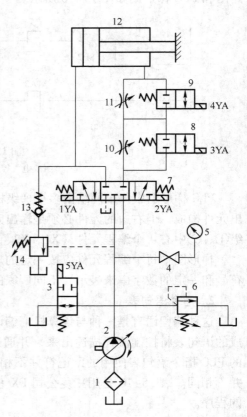

动作顺序表

信号来源	动作名称	电磁铁工作状态				
		1YA	2YA	3YA	4YA	5YA
按下启动按钮SB₃	滑台快进	+	−	+	+	+
压下第一工进行程开关SQ₁	滑台一工进	+	−	+	−	+
压下第二工进行程开关SQ₂	滑台二工进	+	−	−	−	+
压下快退行程开关SQ₃	滑台快退	−	+	+	+	+
压下泵卸荷行程开关SQ₄	泵卸荷	−	−	−	−	−

注：用"＋"表示电磁铁通电；用"－"表示电磁铁断电

图 15-11　二次工作进给的组合机床动力滑台液压系统

1—过滤器　2—变量泵　3、8、9—两位两通电磁换向阀　4—截止阀　5—压力表
6—溢流阀　7—三位五通电磁换向阀　10、11—节流阀　12—液压缸

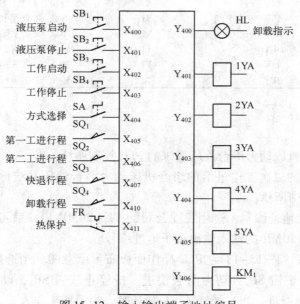

图 15-12　输入输出端子地址编号

272

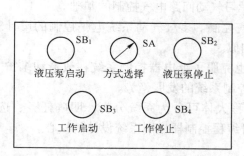

图 15-13　操作面板布置示意图

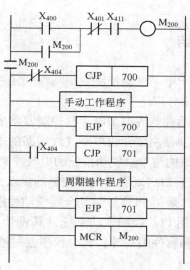

图 15-14　整体梯形图

3）程序设计。所设计的整体梯形图如图 15-14 所示。当选择手动操作时，输入继电器 X_{404}闭合，执行手动操作程序，手动操作程序见图 15-15。当选择周期操作工作方式时，选择按钮 SA 断开，按启动按钮 SB_3，执行周期操作程序。周期操作和手动操作方式下，均采用同样的输出继电器，周期操作程序如图 15-16 所示。

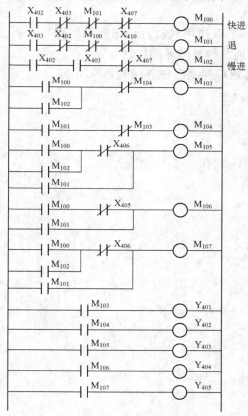

图 15-15　手动操作程序

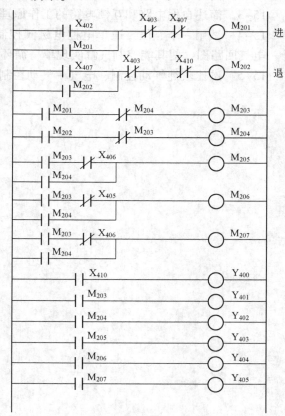

图 15-16　周期操作程序

项目小结

1. 由于电－气动控制系统与纯气动控制系统相比，有许多优点，所以在气动自动化系统中应用十分广泛。

2. 熟悉和掌握典型电－气控制回路是学习气动回路电气控制的基础。

3. 本项目主要介绍单个气缸回路的电气控制。多缸气动系统电气控制的设计思路和电气回路的结构与单缸气动系统的电气控制相似。

4. 由于 PLC 既有继电器控制的优点，也克服了继电器控制系统在改造和维护方面的缺陷，所以，采用 PLC 控制是今后气动程序控制系统的发展趋势。

5. 利用 PLC 控制气动系统，其设计过程大体可分为系统分析、明确任务、选择机型、地址分配和程序编写等，其中程序编写是可编程控制器控制系统设计的核心。

综合训练 15

15-1 时间继电器按照其输出触点动作形式不同，可分为哪两种？试画出其符号及时序图。

15-2 简述电气回路图的绘图原则。

15-3 简述自保电路和互锁电路的工作原理。

15-4 试用一个五位二通单电控电磁阀控制一个双作用气缸，绘出气动回路图。再设计一电气回路图，使其能控制气缸实现单一循环和连续往复循环动作。

15-5 试比较纯气动控制、电气－气动控制和 PLC 控制三种方法的各自特点。

附录 常用液压与气动元件图形符号
（GB/T 786.1—2009）

名　称	符　号	名　称	符　号
定量泵		双作用双杆缸	
变量泵		单作用柱塞缸	
单向定量马达		双向摆动缸	
双向变量马达		单作用增压器	
气马达		单作用气液转换器	
空气压缩机		单向阀	
双向定量摆动气马达		液控单向阀	
单作用单杆缸		双单向阀（液压锁）	
双作用单杆缸		棱阀（或门）	
双压阀（与门）		三位四通电磁方向阀	

275

名　称	符　号	名　称	符　号
快速排气阀		三位四通电液动方向阀	
二位二通机动方向阀		直动式溢流阀	
二位二通电磁方向阀		先导式溢流阀	
二位三通电磁方向阀		直动式减压阀	
二位四通电磁方向阀		先导式减压阀	
二位四通双电磁铁方向阀		直动式顺序阀	
二位四通电液动方向阀		单向顺序阀	
二位五通电磁方向阀		可调节流阀	
调速阀		空气过滤器	
单向调速阀		油雾器	
分流阀		气动三联件	

名　　称	符　　号	名　　称	符　　号
集流阀		冷却器（不带液体冷却）	
压力表		冷却器（液体冷却）	
过滤器		空气干燥器	
气囊式蓄能器		消声器	
气瓶		压力继电器	
气罐		真空发生器	

参 考 文 献

1. 袁广. 液压与气压传动技术 [M]. 北京：北京大学出版社，2008.

2. 腾文建. 液压与气压传动 [M]. 北京：北京大学出版社，2010.

3. 朱梅. 液压与气动技术 [M]. 西安：西安电子科技大学出版社，2004.

4. 雷天觉. 新编液压传动手册 [M]. 北京：北京理工大学出版社，1998.

5. 陈榕林. 液压技术与应用 [M]. 北京：电子工业出版社，2002.

6. 张爱山，肖龙. 液压与气压传动 [M]. 北京：清华大学出版社，2008.

7. 左键民. 液压与气压传动 [M]. 北京：机械工业出版社，1992.

8. 汪功明. 液压与气压传动 [M]. 北京：人民邮电出版社，2011.

9. 芮延年. 液压与气压传动 [M]. 苏州：苏州大学出版社，2005.

10. 吴卫荣. 液压技术 [M]. 北京：中国轻工业出版社，2006.

11. 孙涛. 液压与气动技术 [M]. 长沙：中南大学出版社，2010.

12. 刘延年. 液压系统使用与维护 [M]. 北京：化学工业出版社，2006.

13. 孙淑梅. 液压与气压传动 [M]. 北京：北京理工大学出版社，2011.

14. 肖珑. 液压与气压传动技术 [M]. 西安：西安电子科技大学出版社，2007.

15. 曹建东. 液压传动与气动技术 [M]. 北京：北京大学出版社，2006.

16. 徐从清. 液压与气动技术 [M]. 西安：西北工业大学出版社，2009.